图书情报与档案管理博士文库

网络健康信息风险感知研究

赵蕊菡 著

国家图书馆出版社

图书在版编目（CIP）数据

网络健康信息风险感知研究 / 赵蕊菡著 . — 北京 : 国家图书馆出版社，

2020.11

（图书情报与档案管理博士文库）

ISBN 978-7-5013-6982-9

Ⅰ . ①网⋯　Ⅱ . ①赵⋯　Ⅲ . ①互联网络—网络安全—研究

Ⅳ . ① TP393.08

中国版本图书馆 CIP 数据核字（2020）第 062952 号

书　　名　网络健康信息风险感知研究
著　　者　赵蕊菡
责任编辑　高　爽
封面设计　翁　涌

出版发行　国家图书馆出版社（北京市西城区文津街 7 号　　100034）
　　　　　（原书目文献出版社　北京图书馆出版社）
　　　　　010-66114536　63802249　nlcpress@nlc.cn（邮购）
网　　址　http://www.nlcpress.com
排　　版　九章文化
印　　装　河北鲁汇荣彩印刷有限公司
版次印次　2020 年 11 月第 1 版　2020 年 11 月第 1 次印刷

开　　本　710×1000　1/16
印　　张　17.5
字　　数　281 千字

书　　号　ISBN 978-7-5013-6982-9
定　　价　80.00 元

本书系国家自然科学基金重大研究计划培育项目"面向多主体共享需求的国家大数据资源治理机制设计"的成果（项目编号：91546124）

丛书编委会

总序一

博士，是我国学位结构中的最高层次，博士水平是一个国家高等教育水平的重要标志。高水平研究生教育是世界一流大学和一流学科的主要特征。随着我国高校"双一流"建设的推进，高等院校必须突出人才培养的主体地位，把建设一流的研究生教育体系放在重要位置。

20世纪90年代以来，我国图书情报与档案管理的博士研究生教育质量稳步提升，取得了令人瞩目的成绩。目前，我国已有图书情报与档案管理一级学科博士学位授权点12个，为教学、科研部门和信息机构输送了一批又一批高层次人才。随着国内高校"双一流"建设迅猛发展，研究生教育尤其是博士研究生教育作为科技第一生产力、人才第一资源、创新第一动力的重要结合点，在各项事业的发展中具有不可替代的作用。研究生教育作为国民教育的顶端和国家创新体系的生力军，是高层次拔尖创新型人才的主要来源和科学研究潜力的主要标志。

博士研究生的培养主要是在导师指导下进行科学研究，撰写博士学位论文。对于博士研究生来讲，完成博士学位论文是获得博士学位必不可少的环节。一个学科领域的博士论文可以在相当程度上反映该领域的新思想、新方法、新技术及其未来趋势。博士论文的选题与本领域当前的理论和实际问题密切相关，有的还是某一科研项目的重要组成部分，反映了学科领域的发展现状与水平，对整个学科学术水平的提高有着不可忽视的作用。

近年来毕业的图书情报与档案管理博士研究生在众多的研究专题上取得了不少重要的研究成果，其中有些还改编为专著由不同的出版社出版。但由于较为分散，未能引起人们的充分注意，这些成果的社会作用也就难以得到最大限度的发挥。为了集中反映我国图书情报与档案管理学科博士学位获得者取得的科研成果，中国图书馆学会编译出版委员会和国家图书馆出版社策划出版了《图书情报与档案管理博士文库》（以下简称"文库"），这是一件令人十分高兴的好事情。

收入"文库"的博士学位论文，是经文库编辑委员会推荐并严格审查，从已通过学位论文答辩并获得博士学位者的论文中推选出来的，在论文出版时作者做了修订增补工作，使之更臻完善。收入"文库"的博士学位论文的推选标准是：论文选题为学科前沿，具有开创性和重大的理论价值或现实意义；论文理论方向正确，有独到见解或方法上的创新；论文体现博士研究生良好的学风、文风，材料数据翔实，结构合理，逻辑严密，写作规范。每篇博士学位论文都是博士研究生们多年学习与研究的成果，反映了他们对图书馆学、情报学和档案学研究的科学贡献，从中我们也可以看到博士生指导教师学术思想的影子。因此，我们可以说，它们是图书情报与档案管理研究领域非常有价值的财富。

"文库"的出版，可以使博士研究生的科研成果在社会上得到较为广泛的传播，从而扩大图书情报与档案管理的学科影响；同时，可以对导师如何指导论文起到借鉴作用，也可以成为在读博士研究生撰写论文的范本。因而，出版《图书情报与档案管理博士文库》这一举措必将有力地推动我国图书情报与档案管理学术研究的发展与创新。

《图书情报与档案管理博士文库》在组织编辑出版过程中，得到了各博士生培养单位及有关专家的热情支持，也得到了博士生导师和博士研究生们的热情支持，谨此表示感谢，并希望今后继续得到各方面的支持和帮助，使更多的优秀博士论文入编"文库"。提高图书情报与档案管理学科博士生培养质量是一项复杂的系统工程，需要博士生、导师、培养单位及其他相关各方的共同努力，博士生自身的努力尤其重要。让我们共同努力，为繁荣我国的图书情报与档案管理研究做出贡献。

北京大学哲学社会科学资深教授　吴慰慈

2020年9月

总序二

　　中国图书馆学会编译出版委员会与国家图书馆出版社合作，计划连续出版《图书情报与档案管理博士文库》，每年从全国图书情报与档案管理学科的博士学位论文中，经推荐和评审，择优以专著形式出版若干篇博士论文。这对我国图书情报与档案管理学科的博士生培养和学科发展是很有意义的事。

　　研究生教育尤其是博士研究生教育作为科技第一生产力、人才第一资源、创新第一动力的重要结合点，在各项事业的发展中具有不可替代的作用。博士研究生教育作为国民教育的顶端和国家创新体系的生力军，是高层次拔尖创新型人才的主要来源和科学研究潜力的主要标志。30多年来，我国的图书情报与档案管理学科博士研究生教育有了长足的发展，形成了完整的培养体系。图书情报与档案管理一级学科博士学位授权点已超过十个，每年招收博士研究生百余名，为相关领域的学界和业界输送了数量和质量可观的高层次人才。

　　博士研究生在导师的指导下进行研究性和创新性学习，受到严格的学术训练和浓厚学术氛围的熏陶，完成学业有很高的要求。根据我国博士研究生培养条例的相关规定，要求博士研究生通过博士阶段学习，掌握本学科领域坚实宽广的基础理论和系统深入的专门知识，具有广博的相关学科知识，具备独立从事创新性科学研究的能力。有关研究表明，学者的学术生涯可以分为几个阶段，无论从年龄结构还是从学术积累的角度看，攻读博士学位期间无疑都是最为重要的学习、研究和创新阶段。许多重要的学术成果甚至诺贝尔奖成果都是在攻读博士学位阶段奠定的基础或直接取得的成果。博士研究生在攻读博士学位期间，要求选择学科的前沿问题或重要问题，进行多年的潜心研究，作为其研究成果集中体现的博士学位论文一般都包括本学科及相关学科领域的新问题、新知识、新观点、新思想、新理论和新方法，具有较高的学术水平和学术价值，是当前汗牛充栋的各类书籍中，较为优秀的学术著作，更是博士研究生群体可以直接参阅、借鉴并得益的范本，值得出版和推荐。

我们图书情报与档案管理学科每年产生数以百计的博士学位论文，基本能够反映本学科发展的前沿和趋势。虽然《图书情报与档案管理博士文库》只能出版其中的百分之几，但因为是优中选优，精益求精，更具有学术价值和学术效益。所以《图书情报与档案管理博士文库》的连续出版，既能为本学科积累一种有代表性的学术资源，又能对学科新人的成长有所激励和助益，从而能够促进整个学科的发展。

《图书情报与档案管理博士文库》的收录范围是整个图书情报与档案管理一级学科。我期盼通过"博士文库"这一遴选机制，不断推出图书情报与档案管理领域青年学者的精品力作。

武汉大学人文社会科学资深教授
武汉大学信息管理学院教授
2020年9月

序

随着信息与通信技术（ICT）的发展，网络健康信息资源在开展卫生保健、提前干预疾病、辅助医学治疗及节约医疗成本等方面发挥着重要作用，也正在改变着健康信息用户的行为模式。

但同时，随着网络健康信息资源的来源日益广泛，用户在利用过程中所面临的风险问题也日益凸显。对健康信息的利用直接关乎人类生命或生存状态，而用户对网络健康信息风险的感知会直接影响用户的信息采纳效率以及网络健康信息资源的效益。因此，关注网络健康信息存在的挑战与风险，对于提高网络健康信息的采纳效率，促进用户对网络健康信息资源的深度开发和综合利用具有重要意义。

赵蕊菡博士将网络健康信息的风险感知作为自己的选题，探究影响风险感知的因素以及风险感知对用户采纳网络健康信息意图的影响，从而制定更具针对性的网络健康信息服务策略和公共政策，促进互联网健康信息服务业的发展。《网络健康信息风险感知研究》的出版将对本领域的理论研究和实践研究起到推动作用。

该著作通过系统梳理网络健康信息的发展阶段，调查我国用户在网络健康信息采纳行为中存在的风险特征，并对其感知偏差进行分析。采用扎根理论的研究方法，初步构建网络健康信息的多维度风险感知结构，并结合实证研究，构建了包括隐私风险、心理风险、信息来源风险在内的网络健康信息多维度风险感知量表。而后，对网络健康信息风险感知的影响因素和影响路径进行理论推演与实证检验，构建了网络健康信息风险感知影响模型，并通过实证研究验证了个体差异、健康认知能力（感知信息质量、健康自我效能、网络健康素养）和风险态度对网络健康信息多维度风险感知的影响。在此基础上，该书对网络健康信息资源社会采纳效率提升提出实践建议。

综观全书，我认为该书具有以下特点：

第一，在网络健康信息风险感知和风险偏差识别方面取得了新进展。该书针对本领域的研究前沿和现实需求，采用定性与定量相结合的研究方法，将网络健康信息风险感知体系提炼为6个维度，并确定了其中3个维度的测量量表。该研究具有十分重要的探索意义和现实参考价值，具有较强的创新性。

第二，为网络健康信息的内容管理和过程管理提供了新的发展视角。该书从风险管理的角度出发，通过识别影响用户采纳网络健康信息的风险要素，帮助网络健康信息的参与者（公共政策制定者、网络健康信息提供者、图书馆等信息服务机构和用户自身）更好地了解制约网络健康信息采纳效率的因素，通过消除或规避网络健康信息带来的风险，以促进网络健康信息的良性发展，有利于实现"健康中国2030"国家战略，促进全面小康社会的建设。

第三，研究过程规范。该书以实证研究为基础，采用了定性与定量研究相结合的方法，灵活运用问卷调查、访谈、文献分析等研究方法，运用因子分析、回归分析、结构方程模型等多种统计分析方法处理数据和验证研究假设。通过严格的科学研究程序与方法的应用，获得令人信服的结论，保证了研究成果的科学性和适用性，所提出的网络健康信息风险感知多维度量表更具有应用价值。

赵蕊菡博士是一位较为优秀的青年学者。攻读博士学位期间，作者在"iConference 2017"等本领域重要国际会议上发表的论文为该书的完成奠定了坚实的基础，该书即是其在博士论文基础上形成的专著。赵蕊菡博士毕业后到郑州航空工业管理学院任教，对网络健康信息管理领域的相关问题开展了持续的研究工作。该书既是赵蕊菡博士研究工作的阶段性总结，也是其今后科学研究的新起点。

网络健康信息伴随着公众健康意识的增强和信息技术的进步，将不断产生新的研究问题。希望作者以本书出版为契机，在相关领域继续深入开展研究工作，取得更大的成绩。

武汉大学研究生院院长　陈传夫

2019年9月

目　录

绪　论 …………………………………………………………（ 1 ）

1　网络健康信息相关概念 ………………………………（ 15 ）

　1.1　网络健康信息 ………………………………………（ 15 ）

　1.2　网络健康信息风险感知 ……………………………（ 18 ）

　1.3　网络健康信息采纳 …………………………………（ 21 ）

2　研究综述 ………………………………………………（ 25 ）

　2.1　风险感知相关研究综述 ……………………………（ 25 ）

　2.2　网络健康信息技术采纳行为研究综述 ……………（ 31 ）

　2.3　风险感知视角下网络健康信息采纳行为研究 ……（ 35 ）

　2.4　研究中存在的问题 …………………………………（ 45 ）

3　网络健康信息风险特征与感知偏差 …………………（ 48 ）

　3.1　网络健康信息风险特征 ……………………………（ 48 ）

　3.2　网络健康信息社会采纳的风险 ……………………（ 55 ）

　3.3　网络健康信息风险感知的阻碍因素 ………………（ 61 ）

　3.4　网络健康信息感知偏差影响认知效率 ……………（ 65 ）

4　基于扎根理论的网络健康信息风险感知探索研究 …（ 71 ）

　4.1　实验设计与研究方法 ………………………………（ 71 ）

　4.2　实验结果分析 ………………………………………（ 77 ）

　4.3　实验效度检验 ………………………………………（ 91 ）

　4.4　实验结果讨论 ………………………………………（ 96 ）

5 网络健康信息风险感知维度量化研究 ·····················（105）

    5.1 实验设计与研究方法 ·····························（105）

    5.2 实验结果分析 ·································（108）

    5.3 信效度检验 ···································（113）

    5.4 网络健康信息多维度风险感知解析 ··············（119）

6 基于扎根理论的网络健康信息风险感知影响因素识别研究 ······（123）

    6.1 网络健康信息风险感知影响因素的探索研究·········（124）

    6.2 影响网络健康信息风险感知的因素解析 ···········（133）

    6.3 网络健康信息风险感知对采纳意图的影响路径解析 ···（135）

7 网络健康信息风险感知影响因素检验 ·····················（137）

    7.1 研究变量与研究假设 ·························（137）

    7.2 研究变量的测量 ·······························（151）

    7.3 实验样本 ····································（155）

    7.4 测量题项的描述性统计 ·······················（158）

    7.5 实验结果 ····································（168）

8 网络健康信息风险感知影响模型构建与检验 ···············（193）

    8.1 网络健康信息多维度风险感知的影响模型 ·········（193）

    8.2 网络健康信息风险感知影响模型的研究假设 ········（196）

    8.3 基于结构方程模型的假设检验 ·················（201）

9 网络健康信息资源社会采纳效率提升路径 ·················（208）

    9.1 加强风险管控，减少用户风险感知偏差 ···········（208）

    9.2 多维度风险感知需要区别化的风险控制策略 ········（211）

    9.3 用户群体特征需要差异化的风险沟通机制 ·········（213）

    9.4 采纳效率受到网络健康信息风险感知的负向影响 ·····（220）

    9.5 网络健康信息资源社会采纳效率提升实践建议 ······（225）

10 结论与展望 ··································（238）

    10.1 讨论与结论 ··································（238）

10.2　研究局限及展望 ……………………………………………………（241）

附　录 ………………………………………………………………………（243）

附录一　网络健康信息风险感知访谈提纲 ………………………（243）

附录二　网络健康信息风险感知量表问卷 ………………………（245）

附录三　网络健康信息风险感知作用机制调查问卷 …………（249）

附录四　网络健康信息管理相关法律、法规、规章内容

　　　　摘录 ……………………………………………………（254）

后　记 ………………………………………………………………………（258）

图目录

图 0-1　研究设计框架图 ……………………………………………（ 12 ）

图 3-1　用户获取网络健康信息的渠道分布 ……………………（ 49 ）

图 3-2　采纳网络健康信息的目的 ………………………………（ 53 ）

图 3-3　网络健康信息对用户健康行为的影响 …………………（ 55 ）

图 4-1　扎根理论的研究程序 ……………………………………（ 75 ）

图 5-1　网络健康信息风险感知影响模型验证性因子分析结果 …（118）

图 7-1　网络健康信息风险感知指标排序 ………………………（158）

图 7-2　不同性别对隐私风险感知测量题项的均值排序 ………（159）

图 7-3　不同性别对心理风险感知测量题项的均值排序 ………（160）

图 7-4　不同性别对信息来源风险感知测量题项的均值排序 …（160）

图 7-5　不同年龄对隐私风险感知测量题项的均值排序 ………（161）

图 7-6　不同年龄对心理风险感知测量题项的均值排序 ………（162）

图 7-7　不同年龄对信息来源风险感知测量题项的均值排序 …（163）

图 7-8　不同教育程度对隐私风险感知测量题项的均值排序 …（164）

图 7-9　不同教育程度对心理风险感知测量题项的均值排序 …（165）

图 7-10　不同教育程度对信息来源风险感知测量题项的均值
　　　　排序 ……………………………………………………（165）

图 7-11　一般用户与医护人员对隐私风险感知测量题项的
　　　　均值排序 ………………………………………………（166）

图 7-12　一般用户与医护人员对心理风险感知测量题项的
　　　　均值排序 ………………………………………………（167）

1

图 7-13 一般用户与医护人员对信息来源风险感知测量题项的

　　　　　　均值排序 ……………………………………………（167）

图 8-1 网络健康信息多维度风险感知与影响因素关系概念图 …（193）

图 8-2 网络健康信息风险感知影响模型检验结果………………（206）

表目录

表 1-1 信息采纳行为理论模型与行为变量表 …………………（ 23 ）

表 4-1 深度访谈对象基本情况 …………………………………（ 76 ）

表 4-2 受访对象 I2 的深度访谈记录 …………………………（ 78 ）

表 4-3 受访对象 I11 的深度访谈记录 …………………………（ 81 ）

表 4-4 网络健康信息多维度风险感知初始编码构建（部分）…（ 85 ）

表 4-5 网络健康信息多维度风险感知结构编码结果 …………（ 86 ）

表 4-6 文献比较和验证 …………………………………………（ 90 ）

表 4-7 受访对象 I20 的深度访谈记录（理论饱和度检验）……（ 93 ）

表 5-1 风险感知量表预调研样本人口统计学特征………………（106）

表 5-2 风险感知量表正式问卷样本人口统计学特征 …………（107）

表 5-3 KMO 和 Bartlett's 球形检验 …………………………（111）

表 5-4 探索性因子分析结果 ……………………………………（112）

表 5-5 网络健康信息风险感知量表的内部一致性系数 ………（114）

表 5-6 风险感知量表内容效度检验 ……………………………（115）

表 5-7 风险感知量表收敛效度检验 ……………………………（116）

表 5-8 结构方程模型的拟合指标及评价标准 …………………（117）

表 5-9 风险感知量表区分效度检验 ……………………………（119）

表 5-10 网络健康信息风险感知测量量表 ……………………（119）

表 6-1 受访对象 I11 的深度访谈记录 …………………………（124）

表 6-2 网络健康信息风险感知影响因素编码结果……………（126）

表 7-1 研究假设小结 ……………………………………………（150）

表 7-2　实证检验研究样本人口统计学特征 ……………………（156）

表 7-2　变量的正态性检验 ………………………………………（169）

表 7-3　分量表项目分析结果 ……………………………………（170）

表 7-4　网络健康信息风险感知探索性因子分析结果 …………（171）

表 7-5　影响网络健康信息风险感知各个维度要素之间的相关
　　　　分析 ………………………………………………………（173）

表 7-6　网络健康信息风险感知各维度影响因素之间的相关
　　　　分析（控制个体差异）……………………………………（174）

表 7-7　独立样本 T 检验结果 ……………………………………（175）

表 7-8　年龄对网络健康信息风险感知影响方差分析表 ………（176）

表 7-9　年龄对网络健康信息风险感知影响多重比较结果 ……（177）

表 7-10　教育程度对网络健康信息风险感知影响方差分析表 …（177）

表 7-11　Games-Howell 检定法多重比较结果 …………………（178）

表 7-12　职业变量的配对样本非参数检验 ……………………（179）

表 7-13　虚拟变量的转化设置 …………………………………（180）

表 7-14　隐私风险影响因素的多元回归分析结果 ……………（182）

表 7-15　心理风险影响因素的多元回归分析结果 ……………（185）

表 7-16　信息来源风险影响因素的多元回归分析结果 ………（187）

表 7-17　假设验证结果：隐私风险 ……………………………（190）

表 7-18　假设验证结果：心理风险 ……………………………（191）

表 7-19　假设验证结果：信息来源风险 ………………………（192）

表 8-1　初始验证性因子分析结果 ………………………………（202）

表 8-2　初始模型的结构参数 ……………………………………（203）

表 8-3　修正模型与原模型验证性因素对比分析结果 …………（204）

表 8-4　修正假设模型的路径系数与假设验证 …………………（204）

表 8-5　风险感知与采纳意图的假设验证结果 …………………（205）

表 10-1　网络健康信息风险感知测量量表 ……………………（239）

绪　　论

一、信息技术的发展为健康信息带来机遇与挑战

1.互联网成为健康信息的重要来源

随着用户健康意识的增强，互联网正在成为人们重要的健康信息来源。世界卫生组织认为，"健康"不仅指个体的躯体没有疾病，还要包括其个体需要具备完好的心理和社会功能状态[①]，三者之间既密切联系又彼此独立。近年来，随着物质生活水平的提高，用户对健康的关注已不再局限于临床指标或具体疾病。《2017中国卫生和计划生育统计年鉴》指出，在城乡居民家庭收支情况中，医疗保健支出的比例不断增加，从1995年的3.1%增长到2016年的7.1%[②]。2015年，中国科学技术协会发布的第九次中国公民科学素养调查结果显示，有69.8%的用户对医学与健康信息最感兴趣[③]。用户对自我健康的关注程度不断增加，健康意识不断增强。海量存在的互联网信息，以其具有的便利性、多元化和匿名性等特点，已经成为用户获取健康信息资源的重要渠道。

健康信息资源在开展卫生保健、提前干预疾病及辅助医学治疗等方面发挥着重要作用。信息与通信技术（ICT）的发展，对医学的各个领域，包括医学研究、医学教育和医疗实践都产生了强大而持久的影响。从用户方面来说，互联网为其提供了丰富、有价值的资料，他们通过网络学习健

[①]　WORLD HEALTH ORGANIZATION. Basic documents（Forty-eighth edition）[EB/OL].［2018-04-12］. http://apps.who.int/gb/bd/PDF/bd48/basic-documents-48th-edition-en.pdf.

[②]　国家卫生和计划生育委员会. 2017中国卫生和计划生育统计年鉴［M］. 北京：中国协和医科大学出版社,2017: 95.

[③]　中国科协科普部. 中国科协发布第九次中国公民科学素质调查结果［J］. 科协论坛,2015（10）:37-38.

康知识,提高生活质量;从患者或其亲属方面来说,他们通过网络了解疾病知识,并通过讨论组等互动平台结识病友,获得情感支持,以便更积极地参与治疗;从医务人员方面来说,可以通过网络查阅专业知识,或者与同事交换患者疾病信息,获取最新的医疗知识和技术,更好地开展临床实践工作。研究表明,使用传统医学信息源(如医务人员、医学期刊等)的人群和在网上搜索健康信息的人群之间存在着显著差异。与使用传统信息渠道相比,使用互联网搜索相关健康信息的人群年龄较年轻,收入较高,教育程度也更优越[①]。此外,具有通过互联网获取健康信息习惯的人相比于没有这么做的人群,拥有更高的健康信息取向、更强的健康信念和更健康的生活方式[②]。

随着新的信息时代的来临,医学知识不再只为医疗专业人士独占,患者可以从互联网上随时了解个人的信息及病情,打破知识鸿沟,促进医患关系的改善。网络提供搜索引擎供用户查询各种网络健康信息,能够很好地解答患者的疑问,这使得很大一部分患者在就诊前会预先通过互联网查询相关信息,改变了用户获取专业医疗信息的方式。由于疾病或某人的健康状况属于个人隐私,个人出于隐私保护的诉求不愿意去医院就诊,而选择利用网络健康信息进行自我医疗诊断[③]。新一代的知情医疗消费者正悄然崛起,他们通过互联网学习大量准确的医疗信息管理自身病症,对于自身的治疗能够做出选择,这使得患者参与的医疗网络成为越来越重要的医疗资源。

种种现象表示,用户已经意识到并开始主动进行健康管理,通过学习健康知识,了解和监测自身健康状况,并积极寻找改善健康的办法。网络健康信息的发展,使得患者和健康用户不仅能够获取交互式和自适应的健康信息,而且还促进健康行为和自我照顾,协助用户做出明智的健康决策,

---

① DART J, GALLOIS C, YELLOWLEES P. Community health information sources—a survey in three disparate communities [J]. Australian health review,2008,32(1):186-196.

② DUTTA-BERGMAN M J. Health attitudes, health cognitions, and health behaviors among Internet health information seekers: population-based survey [J]. Journal of medical Internet research,2004,6(2):e15.

③ 何炬. 网络健康信息的传播效果研究 [D]. 成都:电子科技大学,2015:1.

并提供虚拟社区信息交流和社会支持的机会，预防疾病的发生和发展。

医疗健康领域具有专业的特殊性和体制的复杂性，因此与其他领域相比，医疗健康领域的互联网化进程仍处于比较初级的阶段。但随着互联网环境的变化，网络健康信息在政策、社会及技术环境方面都产生了新的变化，具备了全新的发展条件。

在政策方面，2016年10月，助力网络健康信息发展的《“健康中国2030”规划纲要》提出发展基于互联网的健康服务新业态[①]。而后，相关的配套政策纷纷出台：2016年11月，国家卫计委发布《关于加强健康促进与教育的指导意见》，要求创新健康教育的方式和载体，充分利用互联网、移动客户端等新媒体以及云计算、大数据、物联网等信息技术传播健康知识，提高健康教育的针对性、精准性和实效性，打造权威健康科普平台[②]；2016年12月，国务院印发的《“十三五”卫生与健康规划》提出，在“十三五”期间要积极推动健康医疗信息化新业态快速有序发展，促进云计算、大数据、物联网、移动互联网、虚拟现实等信息技术与健康服务的深度融合，提升健康信息服务能力[③]。这些顶层战略的出台，为“互联网+医疗”、人工智能和大数据与医疗领域的结合带来了新的发展机遇。

互联网环境变化也为网络健康信息发展提供新机遇。“互联网+”医疗健康是以互联网为载体、以信息技术为手段（包括通信技术、云计算、物联网、大数据等）、与传统医疗健康服务深度融合而形成的新型医疗健康服务业态的总称[④]。CNNIC报告指出，医疗O2O（online to offline，即线下服务线上推销）发展刚刚起步，用户需求较为强烈，未来具有较大的发展潜力[⑤]。而网络环境及技术不断完善，医疗改革不断深入，医疗健康社

---

①　中华人民共和国中央人民政府. 中共中央国务院印发《“健康中国2030”规划纲要》[EB/OL]. [2018-03-26]. http://www.gov.cn/zhengce/2016-10/25/content_5124174.htm.

②　国家卫生计生委宣传司. 关于加强健康促进与教育的指导意见 [EB/OL]. [2018-03-26]. http://www.nhfpc.gov.cn/xcs/s7846/201611/05cd17fa96614ea5a9f02bd3f7b44a25.shtml.

③　中华人民共和国中央人民政府. 国务院关于印发“十三五”卫生与健康规划的通知 [EB/OL]. [2017-06-24]. http://www.gov.cn/zhengce/content/2017-01/10/content_5158488.htm.

④　孟群.“互联网+”医疗健康的应用与发展研究 [M]. 北京：人民卫生出版社, 2015：4.

⑤　中国互联网络信息中心. 第35次中国互联网络发展状况统计报告 [EB/OL]. [2017-06-24]. http://www.cnnic.cn/hlwfzyj/hlwxzbg/201502/P020150203551802054676.pdf.

会需求日益凸显，都为"互联网+"环境下网络健康信息的发展提供了新机遇。就医难已经成为我国普遍存在的问题，而在线问诊因其具有的便利性和价格便宜等特点，迎合用户对于网络自主医疗的需求，患者可以利用互联网自诊，在线解决一定的医疗问题。例如，在这一领域切入较早的"春雨医生"在线问诊网站，其产品主要分为自诊和问诊两个模块，基于其海量的疾病及症状数据库，同时整合相关医生、医院、药店、药品等综合信息，集合春雨平台上千万用户与医生的互动数据，形成智能疾病搜索引擎，这使得患者通过春雨的症状自查系统，在搜索引擎中查询病症，即可迅速得到全面、丰富和精确的解答[①]。此外，患者通过网络获取疾病信息，有助于减轻心理焦虑，提高个体的健康能力，并有效减少门诊用户的数量，从而改善患者对于门诊就医的体验，提高大型公立医院的服务效能。

2.用户采纳网络健康信息的行为日益普遍

对健康知识的需求驱动了用户的健康信息采纳行为，这其中既包括了患者利用健康信息来了解他们的疾病和诊疗信息，也包括了健康人利用健康信息进行健康风险评估和疾病预防。随着网络健康信息资源的日益增多，以及用户更加关注健康问题，越来越多的用户正在使用互联网获取网络健康信息，并运用于解决自身的健康问题。美国皮尤研究中心发布的 *Health Online 2013* 报告显示，有72%的美国互联网用户通过网络获取过医学健康相关的信息，这包括与严重疾病、一般信息和轻微健康问题等相关的所有搜索内容[②]。2007年，土耳其官方调查结果显示，37%的土耳其人利用互联网获取健康信息[③]。Alghamdi 和 Moussa 对沙特利雅得市的一所公立大学医院抽样调查发现，有87.8%的受访者使用互联网，其中半数以上（58.4%）

---

① 李未柠,王晶,互联网医疗中国会. 互联网+医疗:重构医疗生态 [M]. 北京:中信出版社,2016: 7-8.

② PEW RESEARCH CENTER. Health online 2013 [EB/OL]. [2017-06-24]. http://www.pewinternet.org/2013/01/15/health-online-2013/.

③ YASIN B, HILAL Ö. Gender differences in the use of internet for health information search [J]. Ege akademik bakış dergisi,2011,11（2）: 229-240.

利用互联网获取网络信息①。荷兰的类似研究也发现，47%的互联网用户利用网络获取健康信息②。2007年，一项来自欧洲七国的研究显示，44%的受访者在互联网上搜索健康信息，27%参与了网络互助小组，30%的互联网用户通过网络与医生进行追踪沟通③。到2016年这一比例已上升到48%④。2016年发布的第39次《中国互联网络发展状况统计报告》显示⑤，有1.95亿（26.6%）的中国网民使用过互联网医疗服务，其中，用户使用医疗保健信息查询的功能最频繁，达到了10.8%。从这些调查数据可以看出，互联网已成为民众查询健康信息的重要工具，并呈现出不断上升的趋势。

用户采纳网络健康信息主要用于获取关于疾病的条件、症状和治疗方案的建议信息。研究表明，频繁地在网上获取健康信息，有利于健康决策能力的提高⑥。根据2011年美国的调查显示，受访者大多对网络健康咨询评价较高，66%的互联网用户在网上查找特定疾病或健康问题的信息，其他经常被查找的与医疗相关的信息还包括医生信息、医院信息、健康保险相关信息等。超半数的受访者将网络作为专业咨询的补充，有些受访者表示他们甚至不与医生进行讨论，直接采纳网络健康建议来决定医疗方式⑦。

---

①　ALGHAMDI K M, MOUSSA N A. Internet use by the public to search for health-related information [J]. International journal of medical informatics, 2012, 81 (6): 363-373.

②　DE BOER M J, VERSTEEGEN G J, VAN WIJHE M. Patients' use of the Internet for pain-related medical information [J]. Patient education and counseling, 2007, 68 (1): 86-97.

③　ANDREASSEN H K, BUJNOWSKA-FEDAK M M, CHRONAKI C E, et al. European citizens' use of E-health services: a study of seven countries [J]. BMC public health, 2007, 7 (1): 53.

④　Euroepan Commission.Internet access and use statistics — households and individuals [EB/OL]. [2017-06-24]. http://ec.europa.eu/eurostat/statistics-explained/index.php/Internet_access_and_use_statistics_-_households_and_individuals.

⑤　中国互联网络信息中心. 第39次《中国互联网络发展状况统计报告》[EB/OL]. [2017-06-24]. http://202.114. 96.204/cache/10/03/cnnic.net.cn/9e017bfa6ef25a2a6ac17ac19a3f29ac/P020170123364672657408.pdf.

⑥　AYERS S L, KRONENFELD J J. Chronic illness and health-seeking information on the Internet [J]. Health, 2007, 11 (3): 327-347.

⑦　FOX S. Health Topics: 80% of internet users look for health information online [EB/OL]. [2017-06.24]. http://www.pewinternet.org/files/old-media//Files/Reports/2011/PIP_Health_Topics.pdf.

此外，用户还通过参加网络互助小组和咨询医疗专业人士的方式采纳网络健康信息。有研究表明，四分之一的网络健康信息用户通过在线虚拟支持社区进行讨论，并认为从中能比直接接触医生获取更多的情绪、财务和深层信息的支持[①]。对网络健康信息的采纳可以通过明确不同方式下的医疗诊断差异、鼓励患者与医生积极互动来改善健康结果。

互联网正在成为用户获取健康信息的主要来源。然而，目前大多数对于网络健康信息的研究主要是从搜寻行为的角度来观察网络健康信息对用户的影响，却较少从信息采纳的角度来研究影响用户充分认识并利用网络健康信息的主题。了解用户的网络健康信息采纳行为可能有助于政府机构制定政策，改善资源分配以更好地传播优质健康信息并向用户告知其准确性。此外，它还可以为网络健康信息网站的设计提供见解，并提高用户采纳网络健康信息的有效性。

3.网络健康信息风险因素需要识别和分析

网络健康信息已经成为用户获取健康信息最重要的信息来源之一。随着网络健康信息资源的日益增多，人们对具有公信力、方便快捷而又个性化的网络健康信息的需求愈加强烈。网络健康信息在节约医疗成本、提供高效的定制信息以满足个人需求、避免尴尬等方面发挥了重要的作用，但在网络上，各种健康建议泛滥，许多内容以健康建议为幌子，事实上却是医疗健康产品广告或是毫无根据的健康主张。即使研究人员、专业组织和政府机构已经制定了指导方针或发出预警，以提高用户对于不规范的在线网络健康信息的警觉，但健康网站仍被视为是发布虚假信息的便利平台，被不法商家用来提供欺诈性的健康指导或咨询服务，甚至进行非法推广、销售药品（包括假药、掺假或未经批准的药品）和其他产品，对健康构成威胁。早在2013年，国家工商总局、中宣部等13部门已经联合发布虚假违法广告专项整治实施意见，将医药类网站发布的广告纳入重点监管和监控范围，然而在2016年，大学生魏则西的过世，让利用网络健康信息所带来的风险问题再次成为大众关注的焦点。

---

① CLINE R J W, HAYNES K M. Consumer health information seeking on the Internet: the state of the art [J]. Health education research, 2001, 16(6): 671-692.

网络健康信息存在诸多风险问题，然而用户对于网络健康信息的风险认知却存在不足，许多在线获取健康咨询的人都信任他们在网络上发现的信息和建议①，但也有相当一部分人认为，质量问题是阻碍网络健康信息发展的重要问题②。用户对于网络健康信息风险的不同认知会对用户的采纳行为产生影响，同时，要避免网络健康信息导致的负面后果，因此，须研究用户对网络健康信息风险的认知状况及相关的影响要素，从普通用户的角度研究网络健康信息采纳行为，从而有助于政府机构制定政策，改善资源分配，以更好地传播优质网络健康信息、向普通用户告知网络健康信息的准确性；此外，还可以为网络健康信息网站的设计提供设计思路，以消除或降低用户在使用网络健康信息网站时的风险顾虑，提高使用网络健康信息的有效性。

因此，本书试图解决以下研究问题：

（1）在用户采纳网络健康信息的过程中，是否会感知到风险因素？用户感知到的风险因素包含哪些维度？

（2）哪些因素会对用户网络健康信息的风险感知造成影响？这些因素的影响强度和影响方向是什么？

（3）用户对网络健康信息风险的感知是否会影响他们的采纳行为？应如何规避风险，提高用户对网络健康信息的采纳效率？

二、研究利于测量和管控网络健康信息风险

第一，构建测量网络健康信息风险感知的工具。本书是立足于用户层面，将风险感知理论应用于网络健康信息采纳行为而进行的一项基础性应用研究。本书的理论研究意义主要体现在两个方面：①将风险感知理论的研究延伸到网络健康信息行为研究领域，发展了网络健康信息风险感知的

①　MEAD N, VARNAM R, ROGERS A, et al. What predicts patients' interest in the internet as a health resource in primary care in England? [J]. Journal of health services research & policy, 2003, 8（1）: 33-39.

②　EYSENBACH G, POWELL J, KUSS O, et al. Empirical studies assessing the quality of health information for consumers on the world wide web: a systematic review [J]. Journal of the American medical association, 2002, 287（20）: 2691-2700.

定义，开发了有效的测量工具，支持风险感知理论在网络健康信息行为领域中的实证研究发展；②在健康信息行为研究方面，提出网络健康信息风险感知影响模型，弥补现有的网络健康信息行为研究中，重视搜寻行为研究而忽略采纳行为研究、重视受感知利益（感知有用性）影响的采纳行为研究而忽视受风险感知影响的采纳行为研究的不足。本书为网络健康信息采纳行为领域的理论研究发展提出了新的研究问题和研究思路。

第二，制定有针对性的风险消控机制。用户的风险感知程度会直接影响用户对健康信息需求的急迫性和目的性，进而对用户在网络上的互动程度也产生影响。研究发现，当用户的身体状况较差时，他们更容易感知健康风险，并对健康信息具有更加明确的关注目标，与网络健康咨询的互动程度也就越高[①]。作为健康行为改变的关键因素，提高风险评估是公共卫生信息和健康行为干预的一个中心目标，因此，了解风险的不确定性将提高健康信息的传播。在"互联网+"医疗迅速发展的今天，描述和解释影响用户在采纳网络健康信息时的风险感知要素，可帮助公共政策制定者和网络健康信息提供商深入理解网络健康信息采纳行为中的用户心理，从而在制定网络健康信息公共政策及服务策略时，有效满足用户的健康需求，消除或降低用户对网络健康信息风险的担忧，以便尽可能消除用户在网络健康信息采纳过程中的阻碍因素，提升网络健康信息的采纳效率，促进网络健康信息服务行业更快更好地发展。

第三，提高用户风险管控能力。影响风险感知的研究发现，人员的风险感知依次为事件概率，严重程度的评估，或者其他因素会扭曲评估过程。Lichtenstein等人发现不寻常或低概率的事件容易被高估和记忆，这种趋势被称为"认知可用性"，用于解释用户倾向于高估已知风险[②]。一部分网络用户由于过于担心自己的健康，在互联网上进行过度或反复的健康信息搜寻，这种焦虑的信息获取现象被称为网络疑病

---

① 王锰. 美国网络健康信息用户获取行为的影响因素研究 [J]. 信息资源管理学报，2013,3（3）:47-58.

② LICHTENSTEIN S, SLOVIC P, FISCHOFF B, et al. Judged frequency of lethal events [J]. Journal of experimental psychology: human learning and memory, 1978,4（6）: 551-578.

（cyberchondria）[①]。健康焦虑的患者在互联网环境下常常过分焦虑自身的健康状况，他们在网上搜寻的信息并不能帮助他们减少焦虑。普通网络用户由于缺乏专业性的医疗知识和信息素养，在利用网络健康信息进行自助医疗的过程中更容易通过自身的感受和经验而非客观的医疗标准做出决策，从而增加医疗风险。因此，提高个人健康信息风险感知的评估能力，将有效增强用户对网络健康信息的采纳效率。风险降消策略，可对信息弱势人群施加关注，努力缩小健康获得和健康产出的社会差距，并推进建设全方位、全生命周期的健康服务，促进健康公平人人可及。

三、本书的结构

本书的研究主题是"网络健康信息风险感知研究"。这项研究是将风险感知理论在信息采纳行为领域的进一步发展，主要研究网络健康信息用户的风险感知水平和采纳行为两者之间的关系和影响因素。首先，本书认为，用户在进行网络健康信息采纳行为时，对于其中存在的风险因素应该有一定的感知能力，包括对网络健康信息风险感知的概念的界定，测量工具的开发及其测量信度和效度的检验。其次，用户在感知网络健康信息风险时会因为个体、能力和态度等差异，对风险感知的认知存在不同，因此，需要识别影响风险感知的因素，并在此基础上提出具有针对性的、科学有效的风险沟通策略。最后，基于健康行为改变理论，风险感知所代表的不确定性，会给用户在采纳网络健康信息时的意图造成阻碍，因此，需要研究网络健康信息风险感知对采纳意图的影响，以便于网络健康信息服务提供和接受的各个层面的参与者，包括政府、网络健康信息提供商、图书馆等信息服务机构以及用户自身，通过消降风险，引导科学的网络健康信息采纳行为，促进网络健康信息产业的发展。

本书的具体内容包括：

（1）网络健康信息风险的识别和测量。本书将网络健康信息风险感知作为一个全新的理论结构，因此本书的基础需要明确该理论的概念内

---

① STARCEVIC V, BERLE D. Cyberchondria: towards a better understanding of excessive health-related Internet use [J]. Expert review of neurotherapeutics, 2013, 13（2）: 205-213.

涵，测量出维度结构，开发出对应的测量量表。首先，通过文献研究，明确概念，总结已有的研究成果，并发现研究中存在的不足，在此基础上界定本书网络健康信息风险感知的概念；其次，通过访谈法，使用扎根理论的研究方法，初步建立网络健康信息风险感知的理论框架；最后，通过实证分析研究，编制网络健康信息风险感知量表，验证量表的信度和效度。

（2）影响网络健康信息风险感知的因素识别。在第一阶段的研究基础上，通过系统的文献梳理，识别出影响网络健康信息风险感知的潜在因素，包括个体差异、感知信息质量、网络健康素养、健康自我效能、风险态度。而后采用问卷调查的方法，利用多元线性回归分析，对这些影响因素的作用强度和作用方向进行实证数据的检验。在识别出影响网络健康信息风险感知因素的基础上，制定针对不同受众特点的风险沟通策略。

（3）网络健康信息风险感知影响模型构建。用户采纳网络健康信息用以改善健康行为。本书通过问卷调查的方式，以网络健康信息风险感知的各个分维度为前导变量，通过理论推演，构建用户风险感知各个分维度变量对网络健康信息采纳行为意图的多中介影响模型，并对其进行实证数据的检验。

全书除绪论部分，共分为十章，各章内容概述如下：

第一章，介绍网络健康信息相关概念。

第二章，进行网络健康信息风险感知及采纳行为研究综述。对风险感知研究、网络健康信息技术采纳行为和风险感知视角下的网络健康信息采纳研究进行全面的国内外文献综述。

第三章，进行网络健康信息风险特征与感知偏差研究。对我国用户在网络健康信息采纳行为存在的风险特征开展调研，分析网络健康信息社会采纳存在的风险，并对其感知偏差进行分析。

第四章，基于扎根理论展开对网络健康信息风险感知的探索研究。基于扎根理论的研究方法，以访谈法为主，对网络健康信息多维度风险感知进行探索性研究，初步构建网络健康信息的多维度风险感知结构。

第五章，进行网络健康信息风险感知维度量化研究。对网络健康信息风险感知的维度结构进行量化研究，确定最终的风险感知多维度量表和对应的测量项，并验证网络健康信息多维度风险感知量表的合理性和科学性。

第六章，基于扎根理论展开对网络健康信息风险感知影响因素的识别研究。运用扎根理论的方法，从访谈资料中解析出影响网络健康信息风险感知的因素，识别出包括健康信息素养能力、感知自我效能、感知信息质量、采纳意图、感知利益、信任在内的影响因素，基于风险感知理论和信息技术采纳理论，对网络健康信息多维度风险感知与其影响因素之间的关系进行探索，为后文的实证研究奠定理论基础。

第七章，进行网络健康信息风险感知影响因素的检验研究。通过实证研究的方法来定量分析影响网络健康信息多维度风险感知的要素。

第八章，进行网络健康信息风险感知影响模型构建与检验研究。对网络健康信息风险感知的前置因素变量和影响后果变量进行研究假设，构建网络健康信息多维度风险感知与影响因素关系模型，并运用结构方程模型进行检验。

第九章，进行网络健康信息资源社会采纳效率提升路径研究。首先对实证研究的结果进行分析。从用户风险感知与客观风险的感知偏差的角度，提出加强网络健康信息风险管控；根据网络健康信息风险感知三维度结构，提出制定区别化的风险控制策略；根据用户自身的特征对风险感知产生的影响，提出根据用户的个体差异、健康认知能力差异和风险态度的不同，制定差异化的风险沟通机制；根据网络健康信息风险感知对采纳意图的影响路径研究，提出感知利益和信任在风险感知影响采纳意图的作用路径中的影响。最后，本章研究对提升网络健康信息资源的社会采纳效率提出了建议，并分别从参与网络健康信息风险管理的各个主体角度出发，针对政府、互联网企业、图书馆等信息服务机构和用户，提出不同的网络健康信息资源社会采纳效率提升的实践建议，以更好地发展和利用网络健康信息。

第十章，总结本书的结论，对未来研究工作进行展望。

各章的逻辑关系如图0-1所示。

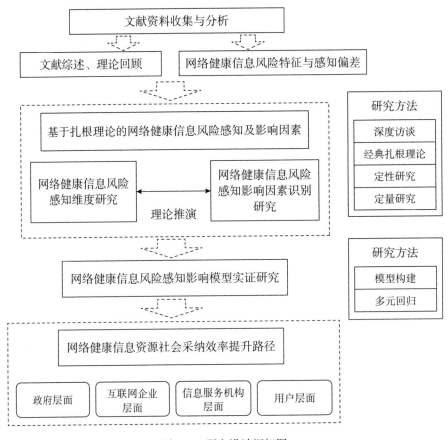

图 0-1 研究设计框架图

四、本书的研究方法

本书采用的数据收集办法主要包括：①文献调研法。通过大量收集国内外有关网络健康信息采纳行为和风险感知的研究文献，跟踪相关研究的新动向，了解不同研究者和研究机构的研究视角和研究进展，全面掌握该领域的研究现状及发展趋势。②半结构化访谈法。通过对实验者进行单独采访，深入探讨健康信息用户的网络健康信息采纳行为及其中的风险感知因素、影响因素等主观方面的内容。③问卷调查法。在理论推演的基础上，使用调查问卷对建立的研究假设进行验证性分析，保证研究结果的科学性和有效性，提高研究结论的信度与效度。本书主要设计了两份问卷，分别用来完成第五章、第七章、八章的研究。

本书采用的数据分析方法主要包括：①内容分析法。主要用于对实验研究法的实验对象进行实验后的访谈。在对访谈记录进行质化研究时，研究主要采用内容分析法，获得信息采纳过程中用户体验与风险感知的内容特征，同时提取关键性影响要素，与通过实验研究法所获得要素相结合，共同开发出中国公众网络健康信息采纳行为风险感知的多维度构思，以各分维度对应条目作为量表题项，编制出中国公众网络健康信息采纳行为风险感知的初始量表。②扎根理论。尽管对风险感知进行多维度识别是风险感知研究中重要的组成部分，然而根据文献综述和理论回顾可以发现，目前对网络健康信息风险感知的研究还缺乏对各个维度进行全面评估的工具。此外，对于各个风险维度的测量维度也缺乏科学标准，目前并没有成熟的量表可以用来测量网络健康信息风险感知。风险感知作为心理学的研究范畴，依赖于用户的自我体验，具有强烈的主观性。同时，网络健康信息需要用户在某个情境下接触（如利用搜索引擎检索获取，或通过社交软件直接获取等），对行为发生所处的情境也具有很强的依赖性，因此，并不能照搬以往的研究。本书试图使用扎根理论这一质性研究方法，从前人留下的理论研究空间中进行探索研究。③统计分析法。对问卷调查获取的数据，主要借助了SPSS 22.0和AMOS 24.0进行处理，主要从以下几个方面进行统计：a.在构建网络健康信息风险感知测量量表时，使用探索性因子分析，通过采用主成分因素法，最大方差直交旋转方式抽取因子，从网络健康信息风险感知量表的31个选项中抽取了3个特征值大于1的因素，组成网络健康信息风险感知维度。b.调查问卷数据资源的信效度分析：本书对网络健康信息风险感知量表的信度使用Cronbach检验，效度使用内容效度和结构效度检验（验证性因子分析）来确保量表的结果可信和有效；对网络健康信息风险感知作用机制调查问卷的信度分析使用正态性检验、项目分析和探索性因子分析来确保问卷得到数据可信。c.使用独立样本T检验分析不同性别的公众在网络健康信息风险感知上是否存在显著差异；使用单因素方差分析法检验分析不同年龄、教育程度的公众在网络健康信息风险感知上是否存在显著差异；使用配对样本非参数检验对一般公众和医务人员在网络健康信息风险感知上的显著性进行检验；采用多元线性回归的分析方法，研究个体因素、健康认知能力和风险态度对公众网络健康信息风险感知（隐私风险、心理风险、信息来源风险）的影响。d.运用结构方程模型对网络健康信息风险感知及其影响因素之间的作用关系模型进行验证，并通过模型修正，最终得出具有一定解释力的网络健康信息风险感知影响模型。

五、网络健康信息风险感知研究的创新之处

本书在对风险感知理论和用户信息行为理论的研究基础上，结合我国国情和网络健康信息发展的实际情况，综合运用理论分析与实证分析的方法，揭示了网络健康信息风险感知的多维度结构、影响因素，构建了网络健康信息风险感知影响模型。本书的创新之处主要体现在以下三个方面：

第一，开发了网络健康信息风险感知测量量表。本书将风险感知研究拓展到网络健康信息行为领域中，构建了网络健康信息多维度风险感知结构，包括隐私风险、心理风险和信息来源风险3个维度，共14项风险测量项目。其中，信息来源风险是首次被用来解释在网络健康信息行为中用户的风险感知特征。本书可以作为网络健康信息行为领域的实证研究中一种有效的测量工具。

第二，挖掘并验证了影响网络健康信息风险感知的潜在因素。本书主要探究了个体差异（包括性别、年龄、教育程度和职业）、健康认知能力（包括感知信息质量、健康自我效能和网络健康素养）、风险态度等三个方面的因素对网络健康信息风险感知的影响。其中，网络健康素养因素是首次被用来验证其对风险感知的影响。本书辨明了各影响因素的作用能力及作用方向，对现有的风险感知理论研究和健康信息行为研究都提供了有益的补充。

第三，基于对用户风险感知的准确评估，构建了网络健康信息风险感知影响模型。该模型从网络健康信息用户的视角出发，基于"前置因素（个体差异、健康认知能力、风险态度）→网络健康信息多维度风险感知→影响后果（采纳意图）"的研究逻辑，建立研究模型，提出假设，并进行实证探讨和模型检验。该模型揭示了网络健康信息风险感知通过感知价值、信任的中介效应，对采纳意图产生负向影响，从而为理解用户对网络健康信息的采纳效率和决策机制提供了新的视角。

1 网络健康信息相关概念

1.1 网络健康信息

1.1.1 健康信息内涵

健康信息（health information），泛指与人类身心健康、疾病、营养、养生等相关的信息；不只是病人需要的信息，也是健康人为了预防疾病和风险评估所需的信息[①]。美国医学图书馆联盟认为，"健康信息"泛指与大众、病患及其家属有关的健康和医学信息，包括医疗、预防、保健、康复、生殖健康、健康教育等[②]，健康信息"除提供与健康与医疗相关的信息，即除了症状、诊断、疾病等治疗信息之外，还应包括健康促进、预防医学、健康决策影响因素及使用与健康相关的信息系统等内容"。欧盟认为健康信息包括"损伤、疾病、营养、健康改善"等信息[③]。《电子卫生道德行为准则》（*eHealth Code of Ethics*）定义健康信息"包括与保持健康、预防和管理疾病，以及任何与健康和健康决策相关的信息"，它还包括有

---

① BRASHERS D E, NEIDIG J L, HAAS S M, et al. Communication in the management of uncertainty: the case of persons living with HIV or AIDS [J]. Communication monographs, 2000, 67(1): 63-84.

② 刘小利. 网络环境下患者健康信息查询行为研究 [D]. 武汉:华中科技大学, 2012: 13.

③ Final report of the expert group on quality of life indicators. 2017 edition [EB/OL]. [2018-03-27]. http//ec.europa.eu/eurostat/documents/7870049/7960327/KS-FT-17-004-EN-N. pdf/f29171db-e1a9-4af6-9e96-730e711e02f.

关保健产品和卫生服务决策的信息[①]。

Sangel 和 Wolf认为健康信息应该包括有计划推广的健康促进或预防性健康行为的知识、特殊的疾病或慢性病所需的治疗与服务、医疗救护提供者的硬件设施与各科医学资料及健康保险等相关资料[②]。Elliot 和 Polkinhorn认为,健康信息泛指所有医疗、保健的相关信息,包括医学知识、健康知识,以及与消费者健康服务的相关信息等[③]。Gardner 等认为在现实的医疗环境中,健康信息呈现出四种主要的界定分野:一是健康医疗专业人员和患者共同的信息和知识需求;二是用于描述、评估以及完善医疗过程的信息;三是用于开发、实施与完善临床决策支持系统的信息工具;四是引导病患参与医疗过程和临床决策过程的信息[④]。吕资之认为健康信息是指一切有关人的健康的知识、技术、技能、观念和行为模式,即健康传播过程中传受双方所制作、传递和分享的内容[⑤]。吴思静等认为健康信息就是"与人的身体健康相关的信息,包括人们接受治疗的信息、接种免疫信息、参与有关健康宣传活动的信息等"[⑥]。在健康信息传播体系中,健康信息的用户包括医学专业人员、健康信息的获取者和医疗服务的消费者,包括患者、患者家属以及关注健康的人群。

1.1.2 网络健康信息内涵

网络健康信息是指在网络环境中的健康信息,泛指在网络环境中与人

①　Internet Healthcare Coalition. eHealth code of ethics [EB/OL]. [2018-03-27]. http://www.ihealthcoalition.org/ethics/ehealthcode0524.html.

②　SANGL J A, WOLF L F. Role of consumer information in today's health care system [J]. Health care financing review,1996,18(1): 1-8.

③　ELLIOT B J, POLKINHORN J S. Provision of consumer health information in general practice [J]. BMJ,1994,308(6927): 509-510.

④　GARDNER R M, OVERHAGE J M, STEEN E B, et al. Core content for the subspecialty of clinical informatics [J]. Journal of the American medical informatics association,2009,16(2): 153-157.

⑤　吕资之.健康教育与健康促进 [M].2版.北京:北京医科大学出版社,2002:64.

⑥　吴思静,郭清,赵发林,等.国内外健康信息管理现状 [J].健康研究,2010,30(5): 321-323.

们身心健康、疾病、营养、养生等相关的一系列信息[①]。网络健康信息具有及时性、可获得性、便于传递等特点，更是网络健康信息生态系统的基石，网络健康信息的流动也促使网络健康信息生态系统不断进化。

网络健康信息可以有多种分类方法：

第一，从信息内容上看，可以分为：资讯科普类信息，如疾病专题、保健信息、门诊挂号信息、住院信息等；健康咨询（寻医问药）类信息，在信息用户通过电子邮件、网页问答或实时通信工具向医生咨询以及反馈过程中产生的相关信息等；个人就诊或体检过程中产生的相关信息，包括在就医过程中，即从挂号就诊、医学检验、疾病确诊过程中产生的档案类信息等。

第二，从信息服务功能和信息获取途径进行分类。有学者根据信息服务功能，将健康信息分为七大类：医疗机构情况及就医流程介绍信息、医学保健常识信息、在线咨询信息、Email咨询信息、病案讨论互动信息、在线专业期刊信息和查询类信息。研究发现，经常在互联网上被搜索的健康话题包括以下内容：①疾病或病症的背景信息以及症状和治疗方法；②药物；③诊断工具；④新的或实验性的治疗方法；⑤饮食；⑥锻炼；⑦支持团体。

因此，本书结合信息技术的最新发展，总结归纳现有信息分类标准，以信息发布来源不同为主要划分标准，网络健康信息可以被分为四大类：①网站发布类信息，信息发布机构包括医疗机构（医院网站等）、医疗团体（医师学会等）、政府监管部门、商业经营性机构（健康信息类网站，如寻医问药等）、医学期刊或综合数据库（万方数据库等）、健康信息门户（搜狐医疗频道等）、专业人士或一般个人构建的个人网站（博客等）等。不同的网站发布类信息可提供就诊服务信息、资讯科普、健康咨询、查询类信息、就医档案类等多种不同类型的信息。②以Email发送的与健康相关的信息，包括健康信息推送、个人咨询类的电子邮件反馈结果，此类信息多是由用户发送电子邮件到专业医师或网站维护者邮箱，并可

---

① 宋丹,周晓英,郭敏. 网络健康信息生态系统构成要素分析 [J]. 图书与情报,2015（4）:11-18.

通过网站或电子邮件等形式获取回复。③社交论坛类信息，这类信息是在用户对共同话题的讨论过程中产生，如医学论坛网为专业医疗人员提供病案讨论专区，同时便于其他注册用户查询讨论结果。④移动通讯类信息，如微博、微信推送到移动端的健康保健类信息，医院或健康APP中记录和推送的相关信息，用户可通过移动网络终端获取信息。

随着互联网和信息技术的发展，本书中所述的网络健康信息包括发表在网站、社交论坛和移动终端的所有医疗、健康的相关信息，包括医学知识、健康知识，以及与消费者健康服务相关的信息等。

1.2 网络健康信息风险感知

1.2.1 风险感知与风险评估辨析

在界定风险感知的概念之前，首先需要明晰客观风险的概念。风险感知与客观风险存在区别。根据Ballard的定义，客观风险是指某个事件或行为可预知到的不良后果及这种不良后果发生概率的组合[①]。因此，客观风险具有唯一性，可以准确测量。而风险感知是一个心理学概念，主要来源于人们的主观认知，不同人所感知到的风险是不一样的。因此，风险感知是指个体对事物风险的主观判断；实际风险则是经过严格科学评估后所得出的客观风险。

风险感知的概念最初是1960年由Bauer从心理学延伸出来的。他认为个人的任何行为都会导致无法预料的后果，这些不被希望或意想不到的后果是个人无法控制的，并会产生某些不愉快的后果，给个人造成一定的损失，这种对结果的不确定性就是个人行为的风险感知[②]。而后，许

---

① BALLARD G M. Industrial risk: safety by design [M]// ANSELL, WHARTON F. Risk: analysis, assessment and management. Chichester, UK: John Wiley & Sons, 1992: 95-104.

② BAUER R A. Consumer behavior as risk taking [C]// Hancock. R. S., Dynamic marketing for a changing world. Proceedings of the 43rd conference of the American marketing association, 1960: 389-398.

多学者在他们的研究中进一步定义了风险感知。Slovic 认为，风险感知是"人们对有害的行为和可能带来危险的技术所带来的不良后果的一种主观判断和评估"[①]。Cunningham 认为，风险感知是"如果一项行为可能造成不利的后果并带来损失，个人对于可能带来不利后果的主观感受"[②]。Peter 和 Ryan 认为风险感知是对目标行为预期损失的主观感知[③]。Mitchell 将风险感知视为一个人的主观评估和感知，其中行为可能导致损失[④]。在行为研究领域，研究人员更强调风险感知的主观性，认为虽然客观风险持续存在，但只有个体感知到的主观风险才可能影响其行为。

1.2.2 风险感知理论

风险感知是指个体对事物存在风险的主观判断[⑤]。对风险感知的研究是测验人们对事件、活动，或某些新技术的潜在危险性与表征所做出的判断。人们的风险感知会影响风险决策和行为，人们的主观风险感知对风险决策和行为的影响常常超过了通过理性分析认识客观风险而对决策和行为的影响。即使某些客观风险发生的概率非常小，但多数用户依然倾向于依赖个人的主观判断来评估风险。因此，风险感知就成为决策科学、行为科学、经济学和心理学中重要的概念和研究内容。

目前，研究风险感知的理论方法包括：心理学方法（基于心理测量范式模型）、社会学方法（基于社会心理学）和跨学科方法（社会放大效应模型研究）。

① SLOVIC P. Perception of risk [J]. Science, 1987, 236 (4799): 280-285.
② CUNNINGHAM S M. The major dimensions of perceived risk: Risk taking and information handling in consumer behavior [M]. Boston, USA: Harvard University Press, 1967: 507-523.
③ PETER J P, RYAN M J. An investigation of perceived risk at the brand level [J]. Journal of marketing research, 1976, 13 (2): 184-188.
④ MITCHELL V W. Consumer perceived risk: conceptualisations and models [J]. European journal of marketing, 1999, 33 (1/2): 163-195.
⑤ SMITH D, RIETHMULLER P. Consumer concerns about food safety in Australia and Japan [J]. International journal of social economics, 1999, 26 (6): 724-742.

　　心理学方法始于研究人们是如何处理信息的。研究发现，人们在分类和简化信息时会使用认知启发式方法，从而会导致理解上的偏差。在此基础上，建立了基于心理测量范式的模型，确定了诸多影响个体对风险认知的因素，包括恐惧、新鲜感、耻辱感和其他因素[1]。风险认知受到感知用户情绪状态的影响，正面的情绪导致乐观的风险感知，而负面情绪导致更悲观的风险观点。Slovic将心理测量范式运用于风险认知的测量[2]，其中，对多维风险特征的测量是对心理测量原理最独特的发展，是基于风险问题的特异性而设计的。风险特征维度由二级评价指标组成，在各个风险特征上评价多个风险因素，并在此基础上形成风险认知地图。

　　认知心理学认为，大多数用户更关注对日常生活产生直接影响的问题，而忽略那些影响后代的长期问题。据此，Langford等人提出风险感知概念模型[3]，建立深层认知结构与表层产物之间的路径链接，并结合了行为规划理论、社会学习理论、认知产物理论的概念性表述。

　　风险感知的社会放大效应观察到，情感和污名会影响用户的风险感知。研究发现，风险感知的放大过程所导致的影响，有时候会超过灾难本身的直接影响。Slovic等人发现，风险感知是可以量化和预测的，当人们认为有益时，对风险的容忍度会增大[4]，而用户理解风险的程度、唤起恐惧感的程度和暴露到风险中的人数，都会引发用户内心的恐惧感和失控感，一个人越是畏惧一项活动，其风险感知就越高，这个人就越愿意降低风险[5]。

　　风险感知反映了可能发生负面事件的主观概率，是个体行为改变理论的基石。对部分用户而言，风险感知的影响较大，或是直接决定行为，如健康信念模型，或是通过态度间接决定行为，如主观预期效用、理性行为理论、

　　① TVERSKY A, KAHNEMAN D. Judgment under uncertainty: heuristics and biases [M]// Utility, Probability, and Human Decision Making. Netherlands: Springer, 1975: 141-162.

　　② SLOVIC P. Perception of risk [J]. Science, 1987, 236(4799): 280-285.

　　③ LANGFORD I H, MARRIS C, MCDONALD A L, et al. Simultaneous analysis of individual and aggregate responses in psychometric data using multilevel modeling [J]. Risk analysis, 1999, 19(4): 675-683.

　　④ SLOVIC P. Perception of risk [J]. Science, 1987, 236(4799): 280-285.

　　⑤ SLOVIC P, FISHCHHOFF B, LICHTENSTEIN S. Why study risk perception? [J]. Risk analysis, 1982, 2(2): 83-93.

计划行为理论和综合行为模型。而有些理论则认为，对行为变化而言，风险感知是必要的，但还不够，用户行为的改变取决于接受者对信息中风险、反应和自我效能要素的评估，如保护动机理论和扩展并行过程模型。

本书将网络健康信息风险感知定义为，人们对使用网络健康信息所导致的负面结果的看法。当人们认为使用网络健康信息的风险很高时，他们可能感受到更多的不确定性，从而对使用网络健康信息感觉不舒适或对信息感到担忧。

1.3 网络健康信息采纳

1.3.1 信息采纳内涵

"采纳"，是接受并采用之意，尤其是指信息技术应用程序经过选择或认同，而接受且合并到日常实践之中①。该词来源于技术采纳理论（technology adoption theory），其理论成果被广泛应用于社会科学各个领域。与类似的概念"信息接受"（information acceptance）相比，信息采纳更强调行为主体的主动性和自觉性。

信息采纳行为缘于内部动机，即信息需求。对采纳的定义主要围绕用户的行为过程展开，这一过程涉及包括行为、行为意图和态度在内的多个方面。其中，行为指的是使用信息技术；行为意图用来衡量用户实施特定行为（使用）的意图的强弱；态度本质上是人们对行为的认知反映，即个体对于使用技术的正面或是负面的感觉。Cheung等认为，信息采纳"是一个过程，在此过程中人们进行有目的的信息利用"②。Rogers根

---

① ROGERS E M. Diffusion of Innovations [J]. Journal of continuing education in the health professions, 1963, 17（1）: 62-64.

② CHEUNG C M K, LEE M K O, RABJOHN N. The impact of electronic word-of-mouth: The adoption of online opinions in online customer communities [J]. Internet research, 2008, 18（3）: 229-247.

据知识扩散理论，定义采纳是"充分利用创新的决定"①。宋雪雁认为，信息采纳连接了信息寻求、检索、选择与吸收利用等各个阶段，是主体有目的地分析、评价、选择、接受和利用信息的过程，并最终影响主体的后续行为②。徐峰认为，信息技术采纳是指以组织的视角，发现与组织特征匹配度高的信息系统并做出投资决策和技术使用行为③。

目前，对于信息采纳的定义并不统一，研究信息采纳行为的模型也并不适用于研究所有个体和组织的信息采纳行为。在网络健康信息采纳领域，本书认为，网络健康信息采纳是指患者、亲友及一般公众通过使用互联网寻找和获取可信的健康信息，并将之作为增长个人健康知识、辅助健康决策、改善健康行为的一个行为过程。

1.3.2 信息技术采纳理论

1948年，"信息行为"这一概念在科学信息会议上被正式确认为数字图书馆学的研究对象④。经过众多研究人员长时期的理论探索与实践，信息行为领域研究已经具备丰富的理论体系。其中，采纳行为理论是技术采纳领域中最为活跃的研究分支⑤。信息技术采纳研究是指用户在接受信息技术的过程中，对决定性因素及其内部的逻辑关系的探索研究⑥。相关研究依据社会学和心理学的相关理论，对技术采纳过程中的组织行为和

① ROGERS E M. The innovation-decision process[M]// Diffusion of innovations. 5th ed. New York：Free Press of Simon & Schuster,2003：473.

② 宋雪雁. 用户信息采纳行为模型构建及应用研究 [D]. 长春:吉林大学,2010: 26.

③ 徐峰. 基于整合TOE框架和UTAUT模型的组织信息系统采纳研究 [D]. 济南:山东大学,2012: 18.

④ 于良芝."个人信息世界"——一个信息不平等概念的发现及阐释 [J]. 中国图书馆学报,2013,39(1):4-12.

⑤ VENKATESH V, DAVIS F D, MORRIS M G. Dead or alive? The development, trajectory and future of technology adoption research [J]. Journal of the association for information systems,2007,8(4): 267-286.

⑥ 孙赫,任金政. 技术采纳研究现状及发展趋势的可视化分析 [J]. 西北工业大学学报(社会科学版),2015,35(4):41-45.

个体行为进行分体，对行为产生机理、影响因素进行解释分析[①]。尽管研究人员对基于行为建模的信息技术采纳研究进行了讨论，也存在部分争议[②③]，但新的研究主题依然不断衍生，如采纳前研究、采纳后研究、满意度研究、持续使用研究等，用户视角下的信息采纳行为研究依然具有重要的研究意义。

信息采纳行为贯穿其他信息行为，连接并包含了信息需求、信息检索、信息搜寻等各个阶段[④]。学者针对信息采纳行为理论构建了丰富的理论模型，利用多种较广泛、影响力较大的理论模型包括理性行为理论、计划行为理论、技术接受模型、创新扩散理论、任务—技术匹配模型等。这些模型在对采纳行为的认识、模型中变量的选择、各个变量之间的关系描述上存在差异[⑤]（见表1-1）。

表1-1 信息采纳行为理论模型与行为变量表

理论模型	行为变量
理性行为理论 Theory of Reasoned Action（TRA）	对行为的态度
	主观规范
计划行为理论 Theory of Planned Behavior（TPB）	对行为的态度
	主观规范
	行为控制认知
技术接受模型 Technology Acceptance Model（TAM）	感知有用性
	感知易用性

---

① 何钦.UTAUT模型在我国信息采纳中的研究现状［J］.科技信息,2011（11）:63,90.

② BENBASAT I, BARKI H. Quo vadis TAM? ［J］. Journal of the association for information systems,2007,8（4）: 7.

③ GOODHUE D L. Comment on Benbasat and Barki's "Quo Vadis TAM" article ［J］. Journal of the association for information systems,2007,8（4）: 219-222.

④ 宋雪雁,王萍.信息采纳行为概念及影响因素研究［J］.情报科学,2010,28（5）:760-762,767.

⑤ 宋雪雁.用户信息采纳行为模型构建及应用研究［D］.长春:吉林大学,2010:26.

续表

理论模型	行为变量
创新扩散理论 Innovations Diffusion Theory（IDT）	相对优势
	兼容性
	复杂性
	可试用性
	观察性
任务—技术匹配模型 Task-Technology Fit（TTF）	任务特征
	技术特征
社会认知理论 Social Cognitive Theory（SCT）	绩效结果预期
	个人成就预期
	自我效能
	情感
	焦虑
信息系统成功模型 Information System Success Model（ISSM）	系统质量
	信息质量

2　研究综述

2.1　风险感知相关研究综述

风险感知理论已被广泛应用于公共卫生领域，是健康和风险沟通领域的重要概念组成部分，可以激励医疗决策和健康行为。在健康行为的塑造中，风险感知理论受到广泛的应用。在包括健康信念理论、保护激励理论和平行过程扩展理论在内的诸多健康行为理论中，风险感知理论成为阐释健康行为的重要概念。风险感知理论可以被用来对不同类型的健康行为进行研究。如Chen等研究了风险感知对嚼槟榔行为的影响[1]。Cocosila和Archer认为，多维度风险感知是阻碍用户采纳移动健康服务的主要因素[2]。Yeomans-Maldonado和Patrick研究了在酒精和大麻毒品联合使用这一风险行为中，风险感知所发挥的影响[3]。

健康信息与人们的生命和身体健康密切相关，用户感知的健康信息和在获取信息时所承担的风险决定其采纳行为。莫秀婷和邓朝华发现，用户在使用社交网站获取健康知识时会进行风险评估[4]。Li等人通过分析医疗可

---

① CHEN C M, CHANG K L, LIN L, et al. Health risk perception and betel chewing behavior—the evidence from Taiwan [J]. Addictive behaviors, 2013, 38(11): 2714–2717.

② COCOSILA M, ARCHER N. Adoption of mobile ICT for health promotion: an empirical investigation [J]. Electronic markets, 2010, 20(3): 241–250.

③ YEOMANS-MALDONADO G, PATRICK M E. The effect of perceived risk on the combined used of alcohol and marijuana: results from daily surveys [J]. Addictive behaviors reports, 2015(2): 33–36.

④ 莫秀婷, 邓朝华. 基于社交网站采纳健康信息行为特点及其影响因素的实证研究 [J]. 现代情报, 2014, 34(12): 29–37.

25

穿戴设备的风险感知和感知利益后发现，当个人的感知利益高于感知到的隐私风险时会更倾向于采纳该设备；个人感知的隐私风险由健康信息敏感性、个人创新性、法律保护和感知信誉组成[①]。Sajid和Abbas研究了在基于云计算的健康服务中涉及的数据安全和隐私问题，为了减少此处涉及的风险因素，需要安全性、隐私性和数据保密性，使个人更易于采纳新的健康服务技术[②]。

目前，风险感知理论的研究集中于风险感知的维度划分和风险感知的影响变量研究上。

2.1.1　风险感知的维度划分

Cox和Cunningham将研究视角拓展到对风险感知内容要素的探讨：Cox认为风险感知应该由多个维度构成，提出消费者的风险感知与财务或社会心理有关[③]；Cunningham认为，消费者风险感知可能包括社会风险、财务风险、身体风险、时间风险和绩效风险等维度[④]。在此之后，众多学者对风险感知的维度进行了大量研究，并认可风险感知是一个多维度的概念。风险感知的维度随着特定环境的不同存在差异，而且彼此独立[⑤]。

在国际与消费行为相关的风险感知多维度研究中，学者认为存在着财务风险、心理风险、社会风险、绩效风险、隐私风险和时间风险。学者们在解释消费风险感知时，往往从这些风险维度出发进行研究。Roselius将

---

① LI H, WU J, GAO Y, et al. Examining individuals' adoption of healthcare wearable devices: an empirical study from privacy calculus perspective [J]. International journal of medical informatics, 2016(88): 8-17.

② SAJID A, ABBAS H. Data privacy in cloud-assisted healthcare systems: state of the art and future challenges [J]. Journal of medical systems, 2016, 40(6): 155.

③ COX D F. Risk handling in consumer behavior: an intensive study of two cases: risk taking and information handling in consumer behavior [C]. Boston: Harvard University Press, 1967: 34-81.

④ CUNNINGHAM S M. The major dimensions of perceived risk: risk taking and information handling in consumer behavior [C]. Boston: Harvard University Press, 1967: 82-108.

⑤ LAROCHE M, MCDOUGALL G H G, BERGERON J, et al. Exploring how intangibility affects perceived risk [J]. Journal of service research, 2004, 6(4): 373-389.

消费者在购买行为中可能感知的风险进行排序，分别是时间风险、危险风险、自我风险和财务风险[①]。Jacoby和Kaplan认为，与消费者整体风险感知的相关度最高的是绩效风险，而后是金钱风险，此外，消费者还会感受到来自心理、自身和社会的风险，这五个维度的风险感知能够解释61.5%的整体风险感知[②]。Peter和Tarpey认为用户在购买产品时对时间或努力所造成的损失或者不确定性可以被认为是时间风险，对风险感知也有一定的解释力[③]。基于网络环境的特殊性，Jarvenpaa和Todd认为，用户开始面临因为网络环境下的用户个人信息或者隐私信息更容易被泄露而导致的心理不确定性，也就是隐私风险[④]。Lim将质量风险加入网络购物行为的风险感知研究之中[⑤]。最后，Stone和Gronhaug通过总结前人对于风险感知多维度的研究，将整体风险感知的解释力提升到了88.8%[⑥]。研究人员在研究风险感知维度时发现，不同维度的风险感知对于整体风险感知的解释力和它们之间的相关性随着不同的产品类别、购买情境和用户群体而变化，需要具体研究具体分析。

国内对消费者购买行为中存在的风险感知多维度的研究大多沿用国际相关研究成果，例如，高海霞针对手机购买行为，认为存在着产品风险、社会心理风险、误购风险和身体安全风险等风险维度[⑦]；杨永清等人认为消费者对移动服务的风险感知包括隐私风险、经济风险、功能风险、时间风

---

① ROSELIUS T. Consumer rankings of risk reduction methods [J]. Journal of marketing, 1971,35(1):56-61.

② JACOBY J, KAPLAN L B. The components of perceived risk [C]// VENKATESAN M. 3rd. The third annual conference association for consumer research. Chicago, Illinois, USA, 1972:382-393.

③ PETER J P, TARPEY L X. A comparative analysis of three consumer decision strategies [J]. Journal of consumer research,1975,2(1):29-37.

④ JARVENPAA S L, TODD P A. Consumer reactions to electronic shopping on the World Wide Web [J]. International journal of electronic commerce,1996,1(2):59-88.

⑤ LIM N. Consumers' perceived risk:sources versus consequences [J]. Electronic commerce research & applications,2003,2(3):216-228.

⑥ STONE R N, GRONHAUG K. Perceived risk:further considerations for the marketing discipline [J]. European journal of marketing,1993,27(3):39-50.

⑦ 高海霞.消费者的感知风险及减少风险行为研究 [D].杭州:浙江大学,2003.

险和心理风险五个维度[①]。互联网环境下，用户购买行为也发生了变化，对风险的感知也存在不同。董大海等人认为消费者网上购物风险感知，包括网络零售商核心服务风险、网络购物伴随风险、个人隐私风险和假货风险这四个维度[②]；于红将网络团购中存在的风险感知扩展到八个维度，即信息风险、判别风险、产品风险、经济风险、隐私风险、时间风险、售后服务风险和社会风险[③]；叶乃沂和周蝶则认为，用户对网络购物的风险感知包含商店不可靠风险、金钱损失风险、产品配送风险、产品质量性能风险及个人信息丢失风险[④]；简迎辉和聂晶晶认为，在网络促销环境下用户的风险感知包括时间风险、商店不可靠风险、产品效果风险、交付风险、个人信息被滥用风险、财务风险和保障风险在内的七个维度[⑤]。祝欢超和冯国忠基于药品的特殊性质，认为用户在网络上购买药品的风险感知包括经济风险、产品风险、时间风险、信息风险、售后风险、健康风险和隐私风险等七个维度[⑥]。

大部分的风险感知研究专注于消费者和消费行为方面，也有一些学者对健康行为相关的多维度风险感知进行研究。例如，高文珺发现，在不同的决策阶段，不同维度的专业心理健康服务风险感知对专业心理求助意图和行为会产生不同影响：在意向阶段，心理风险、服务质量风险和功能价值风险的感知会削弱人们进行专业求助的意图；在行为阶段，对社会风险的感知则会阻碍人们实际的专业心理求助行为[⑦]。陈良勇立足中国国情，将

---

① 杨永清,张金隆,聂磊,等. 移动增值服务消费者感知风险维度实证研究 [J]. 工业工程与管理,2011,16（1）:91-96.

② 董大海,李广辉,杨毅. 消费者网上购物感知风险构面研究 [J]. 管理学报,2005（1）:55-60.

③ 于红. 网络团购消费者感知风险维度研究 [D]. 石家庄:石家庄铁道大学,2013.

④ 叶乃沂,周蝶. 消费者网络购物感知风险概念及测量模型研究 [J]. 管理工程学报,2014,28（4）:88-94.

⑤ 简迎辉,聂晶晶. 网络促销环境下消费者感知风险维度研究 [J]. 武汉理工大学学报（信息与管理工程版）,2015,37（4）:473-476,494.

⑥ 祝欢超,冯国忠. 从感知风险理论探讨网上药店的应对策略 [J]. 现代商贸工业,2013,25（3）:167-168.

⑦ 高文珺. 心理健康学识、感知风险与专业心理求助关系研究 [D]. 天津:南开大学,2012.

用户无偿献血风险感知分为信任风险、心理风险和健康风险三个维度，并对其影响因素和作用机理进行了分析[①]。此外，一些学者还对用户健康食品的风险感知进行了研究。杨伊侬和何浏认为，用户对有机食品的风险感知由功能风险、渠道风险、身心健康风险和个人形象风险四个维度组成[②]。李楠经研究发现，用户对保健食品的风险感知包括产品风险、社会心理风险和健康风险[③]。董园园等人研究了对转基因食品的风险感知，其中，人体健康风险、社会经济风险和生态环境风险显著影响消费者对转基因食品的购买意图，而食品功能风险感知对转基因食品购买意图的影响并不显著[④]。

2.1.2 风险感知的影响变量

风险感知可能会产生积极的后果，也可能会产生消极的后果，也有一些研究将风险感知定义为积极和消极后果的组合[⑤]。风险感知的影响因素复杂多样，一般分为人口因素和心理因素。

人口因素对风险感知的影响和解释力受到普遍认可。性别因素是最受关注的人口统计变量之一，研究发现，性别显著影响风险感知，且女性的风险感知水平要高于男性[⑥]。Mah等人发现，女性在面对核能源问题时，其风险感知的水平显著高于男性[⑦]；Kellens等人也证实，女性对洪灾风险感

---

① 陈良勇. 中国公众无偿献血感知风险的多维度结构、影响因素及其作用机理研究 [D]. 成都：西南交通大学，2016.

② 杨伊侬，何浏. 有机食品感知风险的实证研究：基于城镇居民的调查 [J]. 农业技术经济，2013（8）：82-89.

③ 李楠. 消费者对保健食品的感知风险研究 [D]. 成都：西南交通大学，2015.

④ 董园园，齐振宏，张董敏，等. 转基因食品感知风险对消费者购买意愿的影响研究——基于武汉市消费者的调查分析 [J]. 中国农业大学学报，2014，19（3）：27-33.

⑤ WEBER E U, BOTTOM W P. Axiomatic measures of perceived risk：Some tests and extensions [J]. Journal of behavioral decision making，1989，2（2）：113-131.

⑥ DEJOY D M. Gender differences in traffic accident risk perception [J]. Proceedings of the human factors society annual meeting. 1990，34（14）：1032-1036.

⑦ MAH D N, HILLS P, TAO J. Risk perception, trust and public engagement in nuclear decision-making in Hong Kong [J]. Energy policy，2014，73（13）：368-390.

知水平高于男性[①]。此外，年龄因素对风险感知的影响比较稳定，但是面对不同的风险事件，年龄对风险感知的影响方向存在争议，Nicholson等人认为年龄与用户的风险感知呈负相关关系[②]，Guber的研究则认为，在环境风险感知中，年龄较大的群体对风险感知的程度越高[③]。收入因素也存在着类似的争议，Sjöberg认为，收入与风险感知有着微弱的正向关系[④]，Slimak和Dietz的研究则认为，收入较高的人群，对于生态环境的风险感知程度较弱[⑤]，而Ho等人的研究则表明，收入并不影响用户对于灾害事件的风险感知程度[⑥]。教育程度与风险感知一般被认为呈现负相关关系[⑦]。此外，一些研究还探讨了种族差异对风险感知的影响，Flynn等人的研究认为，白人的风险感知水平比黑人更低[⑧]。

此外，相关研究证实，知识、风险态度、人格特征等因素都从心理上对用户的风险感知水平造成影响。知识对风险感知具有显著影响。Macgill和Siu认为，环境知识显著促进公众的环境风险感知水平[⑨]。Lazo等人对比了具有丰富知识的专家和普通公众对生态系统风险感知的差异，认为需要

---

① KELLENS W, ZAALBERG R, NEUTENS T, et al. An analysis of the public perception of flood risk on the Belgian coast [J]. Risk Analysis, 2011, 31（7）: 1055–1068.

② NICHOLSON N, SOANE E, FENTON- O'CREEVY M, et al. Personality and domain-specific risk taking [J]. Journal of risk research, 2005, 8（2）: 157–176.

③ GUBER D L. The grassroots of a green revolution: polling America on the environment [M]. MA, USA: MIT Press, 2003.

④ SJÖBERG L. Factors in risk perception [J]. Risk analysis, 2000, 20（1）: 1–12.

⑤ SLIMAK M W, DIETZ T. Personal values, beliefs, and ecological risk perception [J]. Risk analysis, 2006, 26（6）: 1689–1705.

⑥ HO M C, SHAW D, LIN S, et al. How do disaster characteristics influence risk perception? [J]. Risk Analysis, 2008, 28（3）: 635–643.

⑦ SAVAGE I. Demographic influences on risk perceptions [J]. Risk analysis, 1993, 13（4）: 413–420.

⑧ FLYNN J, SLOVIC P, MERTZ C K. Gender, race, and perception of environmental health risks [J]. Risk analysis, 1994, 14（6）: 1101–1108.

⑨ MACGILL S M, SIU Y L. A new paradigm for risk analysis [J]. Futures, 2005, 37（10）: 1105–1131.

从风险规避角度指导非专业人士的交流[1]。Cho和Lee认为，风险态度正向影响用户的风险感知水平[2]。此外，人格特质反映了在不同的时间与情境下，用户保持稳定而持久的行为方式的倾向，因此，研究人员验证了人格特质与风险感知的关系。Fyhri和Backer-Grondahl经研究发现，五大人格特征显著影响交通领域风险感知[3]；Chauvin等人检验了在能源生产、环境污染、性、离婚、吸毒、户外活动等风险事件中，五大人格特征对风险感知的影响[4]。

2.2 网络健康信息技术采纳行为研究综述

2.2.1 网络健康信息采纳行为技术理论分布

对用户的信息行为进行实证研究，一般需要根据理论或经验总结建立理论分析模型，收集数据资料，对理论模型进行参数估计，建立具体模型解释用户信息行为。

信息技术采纳理论模型被广泛应用于健康信息行为研究过程，特别是针对医疗信息系统的采纳研究。随着信息技术在医学领域的发展，针对重要的基础信息技术有许多相关采纳研究，如电子健康记录、电子病历、电子医疗记录、计算机医嘱录入、临床决策支持系统、医院信息系统和图像存档与通信系统等。在识别影响卫生系统的信息技术采纳及其影响因素研究中，TAM模型是最常用的模型，其次是整合型信息技术接受与使用模型。在采纳卫生信息技术方面，易用性、有用性、社会影响、促进用户的

① LAZO J K, KINNELL J C, FISHER A. Expert and layperson perceptions of ecosystem risk [J]. Risk analysis,2000,20（2）:179-194.

② CHO J, LEE J. An integrated model of risk and risk-reducing strategies [J]. Journal of business research,2006,59（1）:112-120.

③ FYHRI A, BACKER-GRONDAHL A. Personality and risk perception in transport [J]. Accident analysis & prevention,2012,49（4）:470-475.

④ CHAUVIN B, HERMAND D, MULLET E. Risk perception and personality facets [J]. Risk analysis,2007,27（1）:171-185.

条件、态度和行为是有效的。但 Holden 和 Karsh 在研究中发现，研究样本和研究模型的差异会导致研究结论存在巨大差异[①]；Benbasat 和 Barki 也反思了 TAM 模型研究，质疑采纳研究的目的是否成立[②]。因此，一些研究人员开始质疑，仅使用技术接受模型研究医疗环境中的信息技术采纳行为并进行判断会造成偏差，需要探索新的研究视角。

在健康信息采纳行为研究中，理性行为理论与计划行为理论得到了广泛的使用。韩啸和黄剑锋结合社会资本理论和采纳过程模型，构建新模型，以上海市老年人为调查对象，并从个体性社会资本、集体性社会资本、认知性社会资本和结构性社会资本四个维度进行分析，验证社会资本与老年人的健康信息采纳之间存在相关性[③]。赵延东、胡乔宪发现社会网络能推动人们的健康行为，从而提升健康水平，医务人员在社会网络中能发挥更有效的推动作用[④]。

健康信念模型的应用也较为广泛。健康信念模型用来解释预防性健康行为，是健康行为变化研究中应用最广泛的理论基础之一。该模型假设个人的健康行为取决于对某一条件的某些信念的存在，这些健康信念包括感觉敏感性、感知严重性、感知效益和感知障碍。传统的健康信念模型主要解释健康管理行为，如戒烟、运动习惯和预防皮肤癌等。随着网络健康信息服务的发展，Mou 等人通过整合 HBM 和扩展价值框架来了解南非青少年对在线健康信息服务的接受度[⑤]；Betsch 和 Sachse 利用在线实验测量用户对于不同来源的网络上疫苗不良反应信息的风险感知与疫苗接种意图之间

---

① HOLDEN R J, KARSH B T. The technology acceptance model: its past and its future in health care [J]. Journal of biomedical informatics, 2010, 43(1): 159-172.

② BENBASAT I, BARKI H. Quo vadis TAM? [J]. Journal of the association for information systems, 2007, 8(4): 7.

③ 韩啸, 黄剑锋. 基于社会资本理论的城市老年人健康信息采纳研究 [J]. 西南交通大学学报(社会科学版), 2017, 18(3): 95-104.

④ 赵延东, 胡乔宪. 社会网络对健康行为的影响以西部地区新生儿母乳喂养为例 [J]. 社会, 2013, 33(5): 144-158.

⑤ MOU J, SHIN D H, COHEN J. Health beliefs and the valence framework in health information seeking behaviors [J]. Information technology & people, 2016, 29(4): 876-900.

的关系[1]。

动机模型由 Davis 等人提出，他们认为人的内在动机和外在动机决定了人的行为[2]。Cocosila 使用动机模型对订阅和使用移动医疗应用程序进行疾病或健康行为的预防性干预进行了研究，发现用户的风险感知会负面影响用户的使用意图，因此为了确保移动医疗应用程序的成功，开发者应着力于减少风险感知，增加有用性和享受等激励因素[3]。

除以上这些理论之外，Kahlor 在风险信息寻求与加工模型的基础上，提出了计划风险信息寻求模型[4]。该模型认为，风险感知会引发个体对风险事件的情感响应；风险的威胁性和发生的可能性会引起个体对风险事件的负向情感，从而加深个体对自身现有知识水平不足的认知。因此，个体会出于消除负向影响的原因，自发地弥补现有知识的不足，从而促使了个体信息寻求意图的形成[5]。在此基础上，Hovick 等人通过测试，发现计划风险信息寻求模型可以解释64%的癌症信息搜寻意图，是一个全面和可预测的风险信息模型[6]。另外，隐私演算理论作为风险利益权衡中非常重要的一环，也被研究人员用来进行风险—收益分析[7]。

① BETSCH C，SACHSE K. Debunking vaccination myths：strong risk negations can increase perceived vaccination risks [J]. Health psychology official journal of the division of health psychology American psychological association，2013，32（2）：146-155.

② DAVIS F D，BAGOZZI R P，WARSHAW P R. Extrinsic and intrinsic motivation to use computers in the workplace [J]. Journal of applied social psychology，1992，22（14）：1111-1132.

③ COCOSILA M. Role of user a priori attitude in the acceptance of mobile health：an empirical investigation [J]. Electronic markets，2013，23（1）：15-27.

④ KAHLOR L A. PRISM：a planned risk information seeking model [J]. Health communication，2010，25（4）：345-356.

⑤ 刘婧，伍麟. 从风险信息到自我认同:RISP模型的范式演变 [J]. 心理技术与应用，2016，4（7）：434-443.

⑥ HOVICK S R，KAHLOR L，LIANG M C. Personal cancer knowledge and information seeking through PRISM：the planned risk information seeking model [J]. Journal of health communication，2014，19（4）：511-527.

⑦ LI H，WU J，GAO Y，et al. Examining individuals' adoption of healthcare wearable devices：an empirical study from privacy calculus perspective [J]. International journal of medical informatics，2016（88）：8-17.

2.2.2　信息技术对网络健康信息采纳的影响研究

信息技术的发展对用户采纳网络健康信息的态度造成显著的影响。新的信息技术形式不断出现，手机、社交媒体和可穿戴设备等都被用来辅助健康信息的获取，被视为互联网的替代来源。

移动健康服务关系着用户的身体健康，用户根据其价值需求的满足程度而决定是否采纳移动健康服务。相比于传统线下的医疗服务，网络健康信息服务面临更多困境，包括：服务提供方人员构成复杂，难以建立用户信任；移动健康服务依托无线网络开展，更易受到攻击和破坏；安全隐患和隐私风险较大等。因此，移动健康服务对于用户信任的依赖度很高。Wu等人研究影响医务人员采纳移动信息系统的相关因素[①]，其课题组还进行了后续研究来对比分析[②]。Hung和Jen把移动健康管理服务分为在医院恢复和家里保健两个阶段，分别研究了用户在这两个阶段中移动健康管理服务的采纳行为[③]。Cho等人认为，主观规范、健康意识、健康信息导向和网络健康信息使用绩效是影响大学生采纳移动健康APP的主要原因[④]。喻文菡等人基于感知价值和信任，构建了移动健康服务用户的采纳行为研究模型[⑤]。赖玉珊发现，感知有用性、感知易用性、社会影响正向影响用户对移动中医健康服务的采纳意图，而风险感知和抵制变

---

① WU J, WANG S, LIN L. Mobile computing acceptance factors in the healthcare industry: a structural equation model [J]. International journal of medical informatics, 2007, 76 (1): 66-77.

② WU I, LI J, FU C. The adoption of mobile healthcare by hospital's professionals: an integrative perspective [J]. Decision support systems, 2011, 51 (3): 587-596.

③ HUNG M, JEN W. The adoption of mobile health management services: an empirical study [J]. Journal of medical systems, 2012, 36 (3): 1381-1388.

④ CHO J, QUINLAN M M, PARK D, et al. Determinants of adoption of smartphone health apps among college students [J]. American journal of health behavior, 2014, 38 (6): 860-870.

⑤ 喻文菡, 邓朝华, 邱心镜. 基于感知价值和信任的移动健康服务用户采纳行为研究 [J]. 医学与社会, 2013, 26 (11): 70-74.

化则起到负向影响的作用[①]。

　　社交媒体技术的出现促进了许多在线医疗社区的建立，病人可以很容易地从遇到类似问题的网友分享中寻找健康相关的信息。然而，随着用户生成的内容不断增多，在线医疗社区提供的健康信息是否被信任和采纳成为许多学者关注的问题。黄岚等人研究发现，越是对人类健康威胁大的疾病，越能引起人们在网络健康社区中的热烈讨论[②]。Jin等人提出了一种面向在线社区的健康信息采纳模型，信息质量、情感支持和来源可信度对患者采纳决策有显著和积极的影响[③]。

　　其他新的信息技术的发展也对用户健康信息采纳产生影响。黄飞研究发现，老年人对可穿戴医疗设备的采纳态度受到老年人对产品的感知利益和风险感知的影响，此外，老年人身边人际关系对采纳态度也具有关键作用[④]。Zhang等人利用创新扩散理论研究，基于用户满意和习惯的相关文献发现，对线下健康服务的高满意度会阻碍对在线健康服务的获取意识和采纳意图[⑤]。

2.3　风险感知视角下网络健康信息采纳行为研究

2.3.1　研究主题分布

　　风险感知视角下的网络健康信息行为研究从主题上可以分为两大类：

---

　　① 赖玉珊. 移动中医健康服务用户采纳意愿问卷研制及初步应用 [D]. 广州：广州中医药大学，2016.

　　② 黄岚，吕江，王晓慧，等. 基于百度知道平台的网络高血压相关信息现状调查 [J]. 安徽医学，2016，37（1）：97-100.

　　③ JIN J，YAN X，LI Y，et al. How users adopt healthcare information：an empirical study of an online Q&A community [J]. International journal of medical informatics，2015（86）：91-103.

　　④ 黄飞. 中国老年人可穿戴医疗设备采纳行为的影响机制研究 [D]. 杭州：浙江工商大学，2017：33.

　　⑤ ZHANG X，GUO X，LAI K，et al. From offline healthcare to online health services：the role of offline healthcare satisfaction and habits [J]. Journal of electronic commerce research，2017，18（2）：138-154.

一类是风险感知对健康行为的影响；一类是网络健康信息对健康风险的影响。

在研究风险感知对健康行为的影响的文献中，研究者最关注的是风险感知对电子病历管理和健康信息搜寻行为的研究。

电子病历记录是指包含有关特定医院的患者的临床信息和健康信息。由于电子病历记录被认为具有改善医疗保健质量的作用，在连续性、安全性和工作效率方面有巨大潜力，因此正在全球推行。但同时，对电子病历记录的采纳也面临一些问题，Boonstra和Broekhuis将风险感知视为电子病历记录采纳的主要障碍。两人对1998—2009年期间发表的电子病历管理主题文章进行了文献综述，对医生们采纳电子医疗病历的障碍进行了研究，确定了包括财务、技术、时间、心理、社会、法律、组织和变更过程在内的8个主要障碍类别，其中财务、技术和时间是最主要的障碍[①]。Weeger等人在此基础上，从文献中提炼出影响医生对电子病历记录态度的风险感知维度，并对十位德国的医生进行半结构化访谈，确定了绩效风险、心理风险、社会风险和隐私风险在内的风险感知框架[②]。

在研究网络健康信息搜寻行为中，Yun和Park研究了影响韩国互联网消费者疾病信息搜索行为的因素之间的关系[③]，Weaver等人研究了不同主题的健康信息搜索行为与健康风险因素和健康指标的关联[④]。针对不同疾病人群，Liang和Scammon调查了针对流感发病率的网络健康信息搜寻用

---

① BOONSTRA A, BROEKHUIS M. Barriers to the acceptance of electronic medical records by physicians from systematic review to taxonomy and interventions [J]. BMC health services research, 2010, 10 (1): 231.

② WEEGER A, GEWALD H, VRIESMAN L J. Do risk perceptions influence physician's resistance to use electronic medical records? An exploratory research in German hospitals [C/OL]. [2017-09-24]. http://aisel.aisnet.org/cgi/viewcontent.cgi?article=1137&context=amcis2011_submissions.

③ YUN E K, PARK H. Consumers' disease information-seeking behaviour on the Internet in Korea [J]. Journal of clinical nursing, 2010, 19 (19-20): 2860-2868.

④ WEAVER III J B, MAYS D, WEAVER S S, et al. Health information-seeking behaviors, health indicators, and health risks [J]. American journal of public health, 2010, 100 (8): 1520-1525.

户健康风险感知程度[1]，其他类似的研究还有针对神经功能残疾的人[2]和乳腺癌患者[3]的网络健康信息搜寻行为的意图和影响因素的研究。Deng 和 Liu 对在社交媒体平台上，风险感知对健康信息寻求行为意向的影响进行了研究[4]。

为了预防疾病和伤害，有必要确定和处理健康风险的形成原因。健康风险的形成与社会经济因素，环境和社区条件以及个人行为相关，其中网络健康信息为健康风险干预提供了切入点，通过规避健康风险对健康产生根本和持续的改善。在研究网络健康信息对健康风险的影响方面，多数的学者在探讨网络健康信息的类型和形式对患者健康态度的影响，其次关注健康风险管理和利用互联网进行健康预防性干预。

不同表现形式的网络健康信息对健康风险会产生不同的影响。Harris 等人分析了患者对在临床环境使用不同形式（如照片，在线数据，图表等）呈现定制风险信息反应和偏好的不同[5]。Betsch 等人分析了患者于在线社交网络中分别使用统计信息或叙事信息对患者使用药物的风险感知和使用意向的影响[6]。Ling 等人对台湾和上海的高校学生使用网络的自我诊断信

---

[1] LIANG B, SCAMMON D L. Incidence of online health information search: a useful proxy for public health risk perception [J]. Journal of medical Internet research, 2013, 15(6): e114.

[2] LIANG H, XUE Y, CHASE S K. Online health information seeking by people with physical disabilities due to neurological conditions [J]. International journal of medical informatics, 2011, 80(11): 745-753.

[3] HOVICK S R, KAHLOR L, LIANG M C. Personal cancer knowledge and information seeking through PRISM: the planned risk information seeking model [J]. Journal of health communication, 2014, 19(4): 511-527.

[4] DENG Z, LIU S. Understanding consumer health information-seeking behavior from the perspective of the risk perception attitude framework and social support in mobile social media websites [J]. International journal of medical informatics, 2017, (105): 98-109.

[5] HARRIS R, NOBLE C, LOWERS V. Does information form matter when giving tailored risk information to patients in clinical settings? A review of patients' preferences and responses [J]. Patient preference and adherence, 2017(11): 389-400.

[6] BETSCH C, RENKEWITZ F, HAASE N. Effect of narrative reports about vaccine adverse events and bias-awareness disclaimers on vaccine decisions: a simulation of an online patient social network [J]. Medical decision making, 2013, 33(1): 14-25.

息（对病情症状的描述）对网络成瘾的风险感知的影响[①]。除此之外，不同平台上的网络健康信息也会对健康风险产生影响。Choi等人分析了在韩国中东呼吸综合征（MERS）爆发期间，社交媒体上的信息是如何影响人们的风险感知[②]。Sims等人总结了医生在使用网络医疗知识分享平台中所产生的潜在风险，存在"医生不够专心""医生不愿暴露个人知识差距""医生缺乏责任心"的风险[③]。而后，Blesik和Bick对网络医疗知识分享平台的风险进行了补充，认为还存在"盲从人气的影响""存在偏见的结果""关注于上传"等问题[④]。

面对风险事件时，需要对健康风险进行管理，识别和处理风险的目的就是为了争取安全，协调与控制任何伴随着危险的冒险行为。在与健康风险管理相关的主题中，Quintard等人对1990—2010年间的健康风险管理与风险接受进行了文献综述[⑤]。其他研究针对特定的疾病，如对心血管疾病[⑥]、癌症[⑦]等疾病的健康风险管理进行了研究。

———————————

① LING I L, CHUANG S C, HSIAO C H. The effects of self-diagnostic information on risk perception of Internet addiction disorder: self-positivity bias and online social support [J]. Journal of applied social psychology, 2012, 42（9）: 2111-2136.

② CHOI D H, YOO W, NOH G Y, et al. The impact of social media on risk perceptions during the MERS outbreak in South Korea [J]. Computers in human behavior, 2017, 72: 422-431.

③ SIMS M H, BIGHAM J, KAUTZ H, et al. Crowdsourcing medical expertise in near real time [J]. Journal of hospital medicine, 2014, 9（7）: 451-456.

④ BLESIK T, BICK M. Adoption factors for crowdsourcing based medical information platforms [C]// International conference on knowledge science, engineering and management. Switzerland: Springer International Publishing, 2016: 172-184.

⑤ QUINTARD B, ROBERTS T, NITARO L, et al. Acceptability of health care-related risks: a literature review [J]. Journal of patient safety, 2016, 12（1）: 1-10.

⑥ ZULLIG L L, SANDERS L L, SHAW R J, et al. A randomised controlled trial of providing personalised cardiovascular risk information to modify health behaviour [J]. Journal of telemedicine and telecare, 2014, 20（3）: 147-152.

⑦ HOVICK S R, KAHLOR L, LIANG M C. Personal cancer knowledge and information seeking through PRISM: the planned risk information seeking model [J]. Journal of health communication, 2014, 19（4）: 511-527.

2.3.2　网络健康信息风险感知的多维度划分

对多维度风险感知的识别和划分是风险感知研究的焦点之一。Conchar等人认为，风险感知与风险发生的情境有关，构成整体风险感知的风险维度因风险情境而异[①]。即使不同风险维度的相对重要性不尽相同，但它们对总体风险的影响大致相同。为了降低风险感知的影响，研究者必须认识和衡量多维度风险的影响，因此本书梳理了网络健康信息风险感知的多维度划分。

（1）心理风险。心理风险在所有风险感知维度中最常被提及，是指与采纳网络健康信息相关的精神焦虑。Norm和Mihail认为心理风险就是关于电子病历采纳焦虑和压力[②]；Weeger等人则将影响医生采纳电子病历的心理风险进一步划分为：对工作程序的影响、职业自主权丧失和法律后果[③]。Cocosila等人认为，所有的风险感知都应该通过衡量心理风险来获取，财务风险、社会风险和隐私风险共同积极影响着心理风险，进而降低用户的动机和行为意图[④]。

（2）隐私风险。个人健康信息具有高度敏感性，用户在医疗平台上经常要求匿名，确保个人健康信息受到法律的保护。Cocosila和Archer认为，

①　CONCHAR M P, ZINKHAN G M, PETERS C, et al. An integrated framework for the conceptualization of consumers' perceived-risk processing [J]. Journal of the academy of marketing science, 2004, 32（4）:418-436.

②　NORM A, MIHAIL C. A comparison of physician pre-adoption and adoption views on electronic health records in Canadian medical practices [J]. Journal of medical internet research, 2011, 13（3）:e57.

③　WEEGER A, GEWALD H, VRIESMAN L J. Do risk perceptions influence physician's eesistance to use electronic medical records? An exploratory research in German hospitals [C/OL]. [2017-09-24]. http://aisel.aisnet.org/cgi/viewcontent.cgi?article=1137&context=amcis2011_submissions.

④　COCOSILA M, ARCHER N, YUAN Y. Early investigation of new information technology acceptance: a perceived risk-motivation model [J]. Communications of the association for information systems, 2009, 25（1）: 339-358.

用户的隐私风险来源于害怕失去对个人数据的控制[①]。健康信息技术会加剧潜在的隐私滥用问题，隐私风险会显著影响用户采纳网络健康信息技术的意图，Li等人发现，信息敏感性和感知信息质量会积极影响隐私风险，而个人创新、立法保护和感知信誉会对感知健康隐私风险产生消极影响[②]；Weeger等人认为隐私风险还包括隐私安全和个人数据的完整性[③]。

（3）绩效风险。网络健康信息可能存在不准确或不全面的情况，用户因为网络健康信息不符合期望所产生的损失被称为绩效风险。采纳电子医疗病历可能会使医生的工作流程复杂化或受限，导致医疗事故的增加，因此，影响医生采纳电子病历记录的绩效风险包括：技术基础设施不足、工作量增加、数据质量不足和可靠性不足[④]。

除以上风险外，时间风险、金融风险和社会风险也是在研究网络健康信息采纳时的风险感知中常被讨论的风险维度。时间风险是指个体在研究卫生条件时损失的时间，如用户可能浪费太多的时间获取信息[⑤]，或者医生由于需要额外的时间来选择、实施和学习使用网络信息技术而导致工作效率变慢[⑥]。社会风险是指用户网络健康信息采纳行为不被其他社会成员所接受的可能性，因为家人或朋友不赞同或怀疑，社会风险可能会导致用户潜

① COCOSILA M，ARCHER N. An empirical investigation of mobile health adoption in preven-tive interventions [J]. Surgical & radiologic anatomy，2009，14（14）：275-277.

② LI H，WU J，GAO Y，et al. Examining individuals' adoption of healthcare wearable devices：An empirical study from privacy calculus perspective [J]. International journal of medical informatics，2016（88）：8-17.

③ WEEGER A，GEWALD H，VRIESMAN L J. Do risk perceptions influence physician's resistance to use electronic medical records? An exploratory research in German hospitals [C/OL]. [2017-09-24]. http://aisel.aisnet.org/cgi/viewcontent.cgi?article=1137&context=amcis2011_submissions.

④ COCOSILA M，ARCHER N，YUAN Y. Early investigation of new information technology acceptance：a perceived risk-motivation model [J]. Communications of the association for information systems，2009，25（1）：339-358.

⑤ MOU J，SHIN D H，COHEN J. Health beliefs and the valence framework in health informa-tion seeking behaviors [J]. Information technology & people，2016，29（4）：876-900.

⑥ BOONSTRA A，BROEKHUIS M. Barriers to the acceptance of electronic medical records by physicians from systematic review to taxonomy and interventions [J]. BMC health services research，2010，10（1）：231.

在的社会群体地位丧失①。另外，出于对浪费金钱的恐惧，网络健康信息还可能会面临金融风险，如用户担心会因为使用不必要的网络健康服务而浪费金钱②。但在验证过程中，金融风险对整体风险感知的影响较弱③，该风险维度的影响力还需要更多的实证研究。

2.3.3 影响网络健康信息风险感知的因素

影响网络健康信息风险感知的因素包括：心理因素、质量因素、情境因素和社会因素。

心理因素主要包括信任、自我效能、预期期望等。信任和风险感知密切相关，特别是在网络健康信息的采纳过程中，缺乏诚信的网络健康服务可能会威胁人们的健康，信任因素有利于减少用户风险感知的不确定性，显著提高用户的信息采纳行为意图④。健康自我效能是指个人对自己的健康管理能力的看法，对于同一健康问题，自我效能较高的人比自我效能较低的人拥有更低的风险意识。Choi 等人经研究发现，在韩国爆发 MERS 期间，自我效能有效缓和了社交媒体曝光与 MERS 风险感知之间的关系⑤。同时，健康风险和健康自我效能显著影响个人的健康信息搜寻行为，健康自我效能的影响大于健康风险⑥。

健康信息的质量也显著影响网络健康信息的风险感知。错误或低质

①③ COCOSILA M, ARCHER N, YUAN Y. Early investigation of new information technology acceptance: a perceived risk-motivation model [J]. Communications of the association for information systems, 2009, 25(1): 339-358.

② COCOSILA M. Role of user a priori attitude in the acceptance of mobile health: an empirical investigation [J]. Electronic markets, 2013, 23(1): 15-27.

④ HSIEH P J. Physicians' acceptance of electronic medical records exchange: an extension of the decomposed TPB model with institutional trust and perceived risk [J]. International journal of medical informatics, 2015, 84(1): 1-14.

⑤ CHOI D H, YOO W, NOH G Y, et al. The impact of social media on risk perceptions during the MERS outbreak in South Korea [J]. Computers in human behavior, 2017, 72: 422-431.

⑥ DENG Z, LIU S. Understanding consumer health information-seeking behavior from the perspective of the risk perception attitude framework and social support in mobile social media websites [J]. International Journal of Medical Informatics, 2017(105): 98-109.

量的健康信息渗透到网络中，与高质量的健康信息共存，消费者通常很难分辨，进而增加风险感知。Mun 等人认为，网络健康信息的信息质量可以分为论据质量（信息的内容属性）和来源专业性（有说服力的消息来源），当信息质量及时、准确和完整的时候，用户对网络健康信息的风险感知较小[①]。Betsch 和 Sachse 发现，信息来源可信度影响风险感知，当健康风险被不可靠的信息来源（如制药行业）否定时，用户的风险感知会增加；而可靠的信息来源（如政府机构）没有这样的差异[②]。另外，基于互联网和数字技术的服务应遵循严格的安全标准，信息的完整性也对风险感知产生负面影响，须确保数字健康信息的完整性[③]。

健康信息需要在一定临床背景下才有效，即使是优质的网络健康信息，也会因为网络环境的变化，导致信息相关内容缺失而丧失其有效性，因此须关注情境因素对网络健康信息风险感知的影响。Ling 等人发现，如果网络上的自我诊断信息（对病情症状的描述）没有提供上下文信息，网络或瘾症（IAD）用户会过高地估计他们的风险感知[④]。Choi 等人发现，系统的信息处理模式（个人根据其与任务的相关性来访问信息）正向影响个人的风险感知，用户参与系统处理越多，越有可能认识到传染病的风险[⑤]。此外，信息类型调节了信息内容对风险感知的影响，用户阅读的叙述性信息越多，他们的风险感知越高；由统计信息和叙事信息组合而成的信息对

---

① MUN Y Y, YOON J J, DAVIS J M, et al. Untangling the antecedents of initial trust in Web-based health information: the roles of argument quality, source expertise, and user perceptions of information quality and risk [J]. Decision support systems, 2013, 55(1): 284-295.

② BETSCH C, SACHSE K. Debunking vaccination myths: strong risk negations can increase perceived vaccination risks [J]. Health psychology official journal of the division of health psychology American psychological association, 2013, 32(2): 146-155.

③ EGEA J M O, GONZALEZ M V R. Explaining physicians' acceptance of EHCR systems: an extension of TAM with trust and risk factors [J]. Computers in human behavior, 2011, 27(1): 319-332.

④ LING I L, CHUANG S C, HSIAO C H. The effects of self-diagnostic information on risk perception of Internet addiction disorder: self-positivity bias and online social support [J]. Journal of applied social psychology, 2012, 42(9): 2111-2136.

⑤ CHOI D H, YOO W, NOH G Y, et al. The impact of social media on risk perceptions during the MERS outbreak in South Korea [J]. Computers in human behavior, 2017, 72: 422-431.

用户的风险感知影响最大[1]。Blesik和Bick发现，医疗众包平台上包括"回答限制"和"后期限制"在内的限制性特征对风险感知产生显著影响，当用户感知到风险，他们会使用限制性功能来防止或者至少减轻风险[2]。

社会因素对风险感知的影响研究。Deng和Liu将风险感知态度框架和社会支持结合起来，发现当用户在移动社交媒体网站中寻求健康信息内容时，如果可以感觉到来自移动社交媒体网站用户提供的社会支持，包括得到切实的帮助，感受到他人的爱或信任时，他们的压力和不确定性将会降低，风险感知也随之降低[3]。在社会支持中，有形支持（提供有形的物质、金钱或服务援助）和评估支持（如客观信息、建议和评估情况等）都会显著影响用户的风险感知。随着通信技术的快速变化，社交媒体的使用改变了人们获取和使用信息的方式，社交媒体上披露的疾病信息与疾病的风险感知正相关。

2.3.4　风险感知对网络健康信息采纳行为的影响

本书考察了风险感知与行为的联系，集中于与风险感知相关的动机（如行为意图、外在动机），情感（如信任），认知（如感知有用性）和个体差异（如态度）等。

网络健康信息风险感知对行为意图的影响。行为意图是指个人认为其采纳网络健康信息的概率，而风险感知在抑制用户采纳网络健康服务的意图方面起着重要的作用，较高风险感知会降低用户采纳网络健康信息的意

---

①　BETSCH C，RENKEWITZ F，HAASE N. Effect of narrative reports about vaccine adverse events and bias-awareness disclaimers on vaccine decisions：a simulation of an online patient social network [J]. Medical decision making，2013，33（1）：14–25.

②　BLESIK T，BICK M. Adoption factors for crowdsourcing based medical information platforms [C]// 9th International Conference，KSEM 2016，Passan，Germany；Knowledge Science，Engineering and Management. Cham，Switzerland，Springer Nature，2016：172–184.

③　DENG Z，LIU S. Understanding consumer health information-seeking behavior from the perspective of the risk perception attitude framework and social support in mobile social media websites [J]. International journal of medical informatics，2017（105）：98–109.

图①,不良事件的风险感知也会导致较低的行为意图②。计划风险信息寻求模型认为,风险感知通过影响情感反应,对用户的搜寻意图产生影响③。风险感知态度框架也用来证实风险感知显著影响消费者在移动社交媒体网站中的健康信息寻求行为意图④。当用户在获取网络健康信息时感受到风险,会产生不愿意继续获取网络健康信息的意图⑤。

健康信息与人们的生命、身体健康密切相关,风险感知会影响用户采纳网络健康信息的动机。Harris等人发现,风险信息呈现的实际形式影响人们健康行为的改善,单独在网络上提供的风险信息不足以促使患者采取更健康的生活方式或加强临床交流⑥。风险感知也可以成为健康信息搜索的动力,具有较高风险感知能力的女性可能有更大的动机来寻求乳腺癌信息,风险感知与知识结构之间存在显著的正相关关系⑦。

外部动机和感知有用性代表了捕获活动期望性能的单一构造。如果用户认为服务具有风险,降低了其功利价值,就很可能会降低使用该服务的外在动机。Cocosila等人发现,风险感知显著地降低了预防性健康干预的

① MILTGEN C L, POPOVIČ A, OLIVEIRA T. Determinants of end-user acceptance of biometrics: Integrating the "Big 3" of technology acceptance with privacy context [J]. Decision support systems,2013(56): 103-114.

② BETSCH C, WICKER S. E-health use, vaccination knowledge and perception of own risk: drivers of vaccination uptake in medical students [J]. Vaccine,2012,30(6): 1143-1148.

③ KAHLOR L A. PRISM: a planned risk information seeking model [J]. Health communication,2010,25(4): 345-356.

④ DENG Z, LIU S. Understanding consumer health information-seeking behavior from the perspective of the risk perception attitude framework and social support in mobile social media websites [J]. International journal of medical informatics,2017(105): 98-109.

⑤ 邓胜利,管弦. 基于问答平台的用户健康信息获取意愿影响因素研究 [J]. 情报科学,2016,34(11):53-59.

⑥ HARRIS R, NOBLE C, LOWERS V. Does information form matter when giving tailored risk information to patients in clinical settings? A review of patients' preferences and responses [J]. Patient preference and adherence,2017(11): 389-400.

⑦ LEE E W J, HO S S. Staying abreast of breast cancer: examining how communication and motivation relate to Singaporean women's breast cancer knowledge [J]. Asian journal of communication,2015,25(4): 422-442.

内在动机和外在动机，但对内在动机的影响更大[①]。

　　感知有用性是信息采纳的重要调节变量，被应用于 TAM 及其所有后续模型中。Blesik 和 Bick 认为，因为网络健康信息传播可能出现错误信息或机密性的问题，因此风险感知对医疗信息分享平台的感知有用性具有负面影响[②]。Yun 和 Park 则发现，感知健康风险显著影响感知有用性，成为影响消费者互联网疾病信息搜索行为的重要预测指标之一[③]。因此，在不同的网络健康信息采纳情境下，风险感知对感知有用性的影响还需要进一步研究。

2.4　研究中存在的问题

　　信息和通信技术的发展，对医学的各个领域，包括医学研究、医学教育和医疗实践都产生了强大而持久的影响。对互联网用户来说，互联网为其提供了丰富、有价值的资料，他们通过网络学习健康知识，提高生活质量；对于患者或其亲属，通过网络了解疾病知识，并可以通过讨论组等互动平台结识病友，获得情感支持，以便积极地参与治疗；对于医务人员，可以通过网络查阅专业知识，或者与同事交换患者疾病信息，获取最新的医疗知识和技术，更好地开展临床实践工作。相关学者基于此，在用户采纳网络健康信息行为的研究领域取得了一些进展，但针对风险感知视角下的行为研究还处于探索阶段。当前的研究存在以下几个方面的问题。

　　首先，从研究对象看，现有的研究主要关注医务人员在采纳医疗信

---

　　①　COCOSILA M, ARCHER N, YUAN Y. Early investigation of new information technology acceptance: A perceived risk-motivation model [J]. Communications of the association for information systems, 2009, 25(1): 339-358.

　　②　BLESIK T, BICK M. Adoption factors for crowdsourcing based medical information platforms [C]// 9th International Conference, KSEM 2016, Passan, Germany; Knowledge Science, Engineering and Management. Cham, Switzerland, Springer Nature, 2016: 172-184.

　　③　YUN E K, PARK H. Consumers' disease information-seeking behaviour on the Internet in Korea [J]. Journal of clinical nursing, 2010, 19(19/20): 2860-2868.

息技术（如电子病历）时的风险感知，而较少关注医务人员和一般公众在采纳网络健康信息时的风险感知。研究发现，随着循证医学的发展促进了医学网络资源和数据库的快速发展，互联网越来越多地被临床医生用来获取医学信息[1]。医生使用互联网来解决临床问题，支持临床决策和克服记忆障碍等，医务人员对PubMed、UpToDate以及谷歌等网络资源有强烈的偏好。同时，一些新兴的网络工具也被用来获取医学教育前沿资源，包括维基、讨论版、在线社区、社交网站、流媒体资源、博客、播客和互动诊断体验等。但同时，网络医学信息并不完全准确可靠，还存在很多风险。这些风险包括提供不准确的临床要素、没有注明来源的网页信息、可能不准确或误导性的信息或很少提供引用信息源的背景、信息缺乏一定的审查和筛选等，许多信息由于并不是由医疗专业人员撰写的，很难保证质量。网络医疗信息的丰富性和其中存在的采纳风险对于医务人员和一般公众的影响需要进一步的研究。

其次，从研究内容上看，侧重于健康信息技术和健康工具或平台的采纳行为研究，对网络健康信息内容本身的采纳行为研究不足。网络健康信息涵盖了在网络上传播的所有网站、社交论坛和移动终端的所有医疗、健康的相关信息，包括医学知识、健康知识，以及与消费者健康服务的相关信息等，其来源更广泛、数量更多、内容更复杂，也是用户通过各种途径获取最多的信息类别之一。研究影响用户采纳网络健康信息内容的因素，有助于更深层次挖掘目前网络健康信息和互联网医疗发展的制约因素，为促进"互联网+医疗"的发展和《"健康中国2030"规划纲要》的实现创造条件。

此外，从研究方法来看，目前对网络健康信息的风险感知研究主要是应用已有的信息采纳行为技术理论和成熟的技术模型进行研究，如计划行为理论、激励模型等，而技术接受模型及其扩展模型（包括UTAUT理论）使用次数最多，除了单独使用之外，还用来与其他理论复合构建新模型。

---

① BENNETT N L, CASEBEER L L, KRISTOFCO R, et al. Family physicians' information-seeking behaviors: a survey comparison with other specialties [J]. BMC medical informatics & decision making, 2005, 5（1）: 1-5.

由于网络健康信息领域具有其独特性，除了信息采纳行为技术理论之外，还须考虑更多的要素来解决"通过什么手段使得技术最终影响了用户的行为"，具体到风险问题，就是风险感知通过哪些途径最终影响用户对网络健康信息的采纳行为。因此，在研究网络健康信息采纳行为的风险感知时，须挖掘出更多对风险感知造成影响的因素，识别出风险感知最终是如何作用于采纳意图并最终影响用户的采纳行为。

最后，目前缺乏基于网络健康信息采纳特点而开发的，可以对其风险感知及其各个维度进行全面评估的研究工具。目前，网络健康信息中的风险感知研究或是将消费者行为理论研究中的风险感知维度与网络健康信息采纳行为研究融合，形成了一些风险感知的测量维度，或只是针对特定的网络健康信息技术类型（如电子病历）的采纳行为中的风险感知维度进行研究。对于各个风险感知维度的测量也缺乏科学标准，目前并没有成熟的量表可以用来测量网络健康信息风险感知。风险感知作为心理学的研究范畴，依赖于用户的自我体验，具有强烈的主观性。同时，网络健康信息需要用户在某个情境下接触（如利用搜索引擎检索获取，或通过社交软件直接获取等），对行为发生所处的情境也具有很强的依赖性。因此，并不能照搬以往的研究，需要针对用户的风险感知特点和采纳现状，全面系统地揭示用户对网络健康信息多维度风险感知特征，并制定出测量量表。

风险感知视角下的用户健康信息采纳行为研究涵盖范围广，涉及内容多，具有重要的研究意义。因此，本书将对用户基于风险感知视角的网络健康信息采纳行为和认知心理活动进行描述、解释和预测，研究结果可能会进一步完善网络健康信息管理的理论与方法，并为公共政策制定者、图书馆等信息服务提供者的科学决策提供参考，引导更多的健康信息用户参与进一步调查和讨论降消风险对网络健康信息采纳的促进作用。

3 网络健康信息风险特征与感知偏差

在健康信息技术的推动下，网络健康信息迅速发展，健康信息网络、在线社交支持网络、交互式电子健康记录、健康决策支持系统等新型电子卫生保健应用程序得以开发和使用，各种为用户量身定制的，基于互联网的健康技术，如健康教育计划、医疗保健系统门户网站、移动健康医疗应用程序以及远程医疗和在线医疗应用等，增加了用户通过互联网获取网络健康信息的机会，促进健康信息的访问和交换，加快决策制定，提供社会和情感上的支持，并帮助促进患者健康的行为改变。

已有文献对网络健康信息的风险特征进行了归纳和总结，然而，风险认知与风险感知还存在很大的差异。尽管研究人员从信息质量、信息可信度等方面对网络健康信息风险进行了认知研究，但对于一般用户而言，从主观经验的层面感知网络健康信息采纳过程中的风险问题也存在其特征。因此，本书调查了我国用户在网络健康信息采纳行为中存在的风险特征，并对其感知偏差进行分析。

3.1 网络健康信息风险特征

与其他行业相比，医疗行业的技术采纳速度较慢。人们越来越认识到，在诸如医疗保健等复杂的组织系统内引入技术并进行采纳并不是一个简单的线性过程，相反，随着时间的推移，它是一个动态的过程，涉及迭代的各个循环阶段，可能需要在组织需求（如资源）、社会需求（如用户需求）和技术需求（如互操作性和性能）之间进行仔细平衡。

3.1.1 网络健康信息来源渠道存在风险

面对多样的网络健康信息资源及工具，促进提供者和用户进行有效沟通，保障网络健康信息能够以最佳的方式有效传达受众所需的正确知识，并被用户所采纳，从而真正提高医疗健康信息质量，促进积极的健康行为改善，是网络健康信息的提供者需要关注的问题。

目前，我国用户主要采纳的网络健康信息来源渠道包括以下五个方面（见图3-1）。评价网络健康信息的风险问题，需要关注用户对网络健康信息评估的能力[①]。可以看到，在一般健康网站评价中具有较高评价的医学信息网仅在来源渠道中排最后一位。而在多媒体时代背景下，网络健康信息的来源更加丰富和交互，除了传统的新闻信息之外，自采内容和自发内容将更为丰富，并成为用户获取网络健康信息内容的主体。在线健康社区、开放论坛和自媒体作为用户生成信息来源的代表，虽然信息质量和信息来源都存在质疑，但已经成为用户最常采纳的网络健康信息资源。尽管研究已经证实，政府机构网站通常是准确的健康信息来

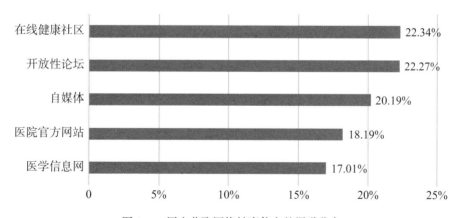

图 3-1　用户获取网络健康信息的渠道分布

---

① STVILIA B, MON L, YI Y J. A model for online consumer health information quality [J]. Journal of the American society for information science and technology, 2009, 60（9）: 1781-1791.

源[1]，搜索结果和图像质量并不是评判网站质量的标准，但我们的调查结果显示，用户很少采纳政府机构发布的健康信息，其网络健康信息的采纳渠道存在偏差。

第一，用户最常用的网络健康信息来自在线健康社区（Online Health Communities）。在线健康社区是重要的网络健康信息源之一。互联网医疗的发展使得传统的以医生为中心的医患关系开始向以患者为中心的关系转变，而在线健康社区在这一转变过程中发挥着重要的作用。相比于搜索引擎，在线健康社区能够提供更多的健康相关信息，并允许用户分享健康相关经验、交换社会支持、比较健康信息并与在线的健康专业人士进行讨论，为用户提供健康咨询和临床专业知识。研究发现，有60.3%的在线健康社区活跃用户改善了他们与其医生的关系[2]。国外比较知名的在线健康社区有PatientsLikeMe、WebMD、MedHelp等[3]，国内则以丁香园论坛、好大夫在线、甜蜜家园等为代表[4]。但随着社区的发展，其重心从原本的健康信息传播的平台偏移到侧重在线问诊、医生信息查询、预约等方面，对于健康信息关注度不高。

第二，开放性论坛，如天涯论坛、百度知道、知乎等可以利用网络发表个人观点、讨论和解决问题的网络平台。与在线健康社区相比，开放性论坛的用户身份更为平等，内容更新更为及时，互动方式更为多元。

① KORFAGE I J, VAN DE BERGH R C N, ESSINK-BOT M L, et al. Deciding on PSA-screening—quality of current consumer information on the Internet [J]. European journal of cancer, 2010, 46（17）: 3073-3081.

② BARTLETT Y K, COULSON N S. An investigation into the empowerment effects of using online support groups and how this affects health professional/patient communication [J]. Patient education and counseling, 2011, 83（1）: 113-119.

③ PETRIČ G, ATANASOVA S, KAMIN T. Impact of social processes in online health communities on patient empowerment in relationship with the physician: emergence of functional and dysfunctional empowerment [J]. Journal of medical internet research, 2017, 19（3）: e74.

④ 吴江, 李姗姗. 在线健康社区用户信息服务使用意愿研究 [J]. 情报科学, 2017, 35（4）: 119-125.

已有学者对雅虎问答社区^①、知乎^②、百度知道^③等开放性论坛中的健康相关问答进行了研究。尽管如此，开放性论坛依然存在医疗健康信息资源缺乏规范、信息发布者身份不明、权威性低等问题。具有较高线下社会资本水平的用户，更容易获得较高的线上认知性资本，成为论坛的核心用户；提问健康问题的用户多数缺乏医疗知识背景，对社会情感支持的需求较强等。

第三，自媒体。包括博客、播客、微博、微信等在内的自媒体，以开源和用户生成内容为原则，在健康交流方面发挥了诸多用途，包括增强与他人的互动、产生更多可用可共享的个性化信息、社会支持和影响卫生政策。自媒体改变了个人与医疗机构之间健康互动的性质和速度，普通用户、患者和医疗专业人士都使用自媒体来沟通健康问题^④；39%的美国用户使用Facebook等社交媒体获取健康信息^⑤；世界卫生组织在甲型H1N1流感大流行期间使用Twitter发布信息，吸引了超过11 700名粉丝^⑥；医疗专业人士使用YouTube获取知识，并以通俗易懂的视频形式向病人传播知识^⑦。但同时，自媒体作为健康信息源也面临许多限制，如信息质量取决于自媒体发布者的水平，但网站作者通常无法辨认，用户个人难以辨别其可靠性；在自媒体上提供的信息还可能造成隐私和数据安全的风险，社交媒体用户往往不知道在线披露个人信息的风险，以及使用社交媒体传播有害信

---

① ZHANG J, ZHAO Y. A user term visualization analysis based on a social question and answer log [J]. Information processing & management, 2013, 49（5）: 1019−1048.

② 黄梦婷, 张鹏翼. 社会化问答社区的协作方式与效果研究: 以知乎为例 [J]. 图书情报工作, 2015, 59（12）: 85−92.

③ 邓胜利, 刘瑾. 基于文本挖掘的问答社区健康信息行为研究——以"百度知道"为例 [J]. 信息资源管理学报, 2016, 6（3）: 25−33.

④ GIUSTINI, D. How Web 2.0 is changing medicine [J]. British medical journal, 2006, 333（7582）: 1283−1284.

⑤ FOX S. Social Life of Health Information [EB/OL]. [2018−04−12]. https://www.pewinternet.org/2011/05/12/the-social-life-of-health-information-2011/.

⑥ MCNAB C. What social media offers to health professionals and citizens [J]. Bulletin of the World Health Organization, 2009, 87（8）: 566.

⑦ GREEN B, HOPE A. Promoting clinical competence using social media [J]. Nurse educator, 2010, 35（3）: 127−129.

息的风险。由于自媒体是非正式的、不受监管的信息源，因此信息质量和一致性各不相同。2016年，由国家卫生计生委宣传司指导，挂靠中国医师协会的"中国医疗自媒体联盟"，汇聚个人类、机构类以及医疗机构类盟员自媒体单位共计1166家，总粉丝数量近2亿人次，旨在解决和改善信源不权威、内容同质化、政策把握不准、专业把关不严、传播效能疲软、市场空间缩水等健康自媒体存在的问题。

第四，医院官方网站。网络信息服务的兴起使面向用户的医疗综合服务网站得到大力发展，医疗服务的提供者开始自建网站，并在网站上提供信息查询、网上咨询、预约挂号、远程会诊、网上诊室等业务，加快了诊疗流程，提高了设备利用率。这些信息务实性较强，具有较高的短期价值，但往往互动性较差，没有历史继承性。此外，各个医院平台之间出于利益关系和隐私担忧，没有信息交互功能，增加了用户的成本。

第五，医学信息专业网站。专业网站是作为医疗卫生领域组织机构发布和传播专业医疗信息的平台，它们面向网络传播专业的医疗健康信息。这类网络资源有自己的稳定信息来源，专业程度高，但因用户接受程度取决于自身理解水平，因此它与用户互动性较差。此外，这些专业网站提供的健康信息的资料少，不全面，可供用户参考的范围小，导致整个行业专业资源没有得到充分利用。

3.1.2 网络健康信息采纳意图存在风险

随着网络健康信息资源的日益增多，以及希望在健康和控制成本方面承担更多责任的愿望，越来越多的人正在通过采纳网络健康信息来改善健康问题。本书发现，用户获取网络健康信息的用途主要是为了获取健康生活建议，如对饮食、锻炼等方面的生活建议，其次是获取疾病的症状信息、治疗方案和副作用等，此外，对最新的治疗方案的关注也占一定的比例（见图3-2）。

从用户采纳网络健康信息的目的调研中可以发现，网络健康信息为用户进行自我管理提供了丰富的资源。研究发现，美国80%的用户使用网络获取健康信息^①，而与没有疾病困扰的用户相比，患有慢性病或残疾的用户更倾向于使用网络健康信息管理自身健康^②。

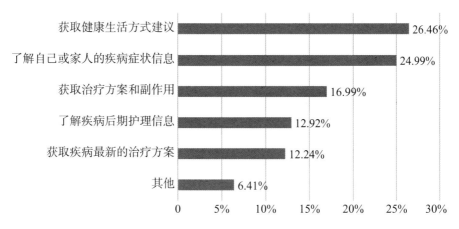

图 3-2　采纳网络健康信息的目的

　　用户对信息的采纳是由信息需求驱动的，健康信息的需求包括疾病预防和治疗信息以及情感需求，如情感应对信息。患有某种疾病的人，可以通过采纳网络健康信息来了解诊断信息、获取医疗咨询和社会支持，健康人群则会通过采纳网络健康信息来进行疾病预防、筛查和风险评估。一些调查已经显示，用户根据网络健康信息采取健康行动。例如，恺撒家庭基金会（Kaiser Family Foundation）的一项针对青少年的调查显示，68%的青少年通过互联网获取健康信息，而39%的青少年表示，通过这些网络健康信息，他们改变了自己的个人行为。尽管这些受访者对网络健康信息的可信程度具有相当高的怀疑态度，但这些青少年仍然依靠互联网来获取健康信息^③。Siow 等人的报告数据甚至显示，绝大多数（91.7%）的受访者已

　　① BARRETT C. Pew internet and American life project [J]. Information outlook, 2013（3）: 1464-1465.

　　② FOX S. E-patients with a disability or chronic disease. Pew Internet & American Life Project. [EB/OL]. [2018-04-12]. http://www.pewinternet.org/files/old-media/Files/Reports/2007/EPatients_Chronic_Conditions_2007.pdf.

　　③ Kaiser Family Foundation. Generation Rx.com: how young people use the Internet for health information . Menlo Park, CA: Henry J. Kaiser Family Foundation [EB/OL]. [2018-04-12]. https://www.alle.de/transfer/assets/36.pdf.

经根据网络健康信息采取健康行动①。但也有研究报告显示，用户只把网络健康信息作为传统医疗健康服务的补充，主要用来获取信息而非改善个人的健康状况②。

  然而，网络健康信息的受众群体并不明确，因此，网络健康信息的提供者需要在其发布平台上提供尽可能多的信息来吸引用户，满足不同用户的需求，从而导致信息分散和内容的杂乱。同时，医疗健康信息具有极强的专业性和个性化，且病人个体特征和健康网站信息质量水平等存在差别，所以，无差别的网络健康信息会带来极大的健康风险。此外，由于网络健康信息存在质量参差不齐、缺乏评估等问题，用户如果采用这些误导性信息，可能导致错误行为并危害自身安全。

3.1.3 网络健康信息产生健康行为风险后果

  网络健康信息的快速增长，使得患者和普通用户可以通过自我管理来促进健康和参与医疗决策。本书调查显示，超过半数的受访对象认为，获取网络健康信息有助于他们更加注重身体健康，并按照网络建议采取健康的生活方式；有28.73%的用户认为，网络健康信息有助于他们积极配合医生治疗。但同时，也有8.17%的受访者认为他们可以通过阅读网络健康信息，自己买药解决健康问题，而无须就医；还有6.06%的用户认为，网络健康信息与医生提供的信息可能存在矛盾，这会导致他们质疑医生的治疗决定（见图3-3）。

  网络健康信息对用户的健康行为产生了积极的影响，然而，其中也包含着使用网络识别和治疗健康问题而存在的隐患。网络健康信息来源广泛，但健康医疗领域复杂度高，强调专业性，而一般用户很难理解使用专

---

① SIOW T R, SOH I P, SREEDHARAN S, et al. The internet as a source of health information among Singaporeans: prevalence, patterns of health surfing and impact on health behaviour [J]. Annals of the Academy of Medicine, Singapore, 2003, 32 (6): 807–813.

② ROSENVINGE J H, LAUGERUD S, HJORTDAHL P. Trust in health websites: a survey among Norwegian internet users [J]. Journal of telemedicine & telecare, 2003, 9 (3): 161–166.

业技术性的语言描述的健康信息。在没有获得来自医生的专业指导之下，仅凭借网络上的信息资源，患者很可能会误解或误用信息，造成严重的医疗或健康后果。此外，频繁地在网络上搜寻和获取健康信息，在耗费患者大量时间的同时，也会增加用户的焦虑。另外，互联网上信息是无限量的，但这些健康信息在质量和相关性上差别很大，任何人都可以声称拥有医学专业知识并发布低质量、不完整或过时的健康信息。这些问题都可能威胁到一般用户的健康行为。

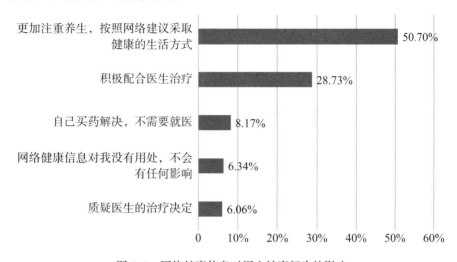

图 3-3　网络健康信息对用户健康行为的影响

3.2　网络健康信息社会采纳的风险

健康信息具有区别于一般信息的特殊性。健康信息的利用直接关乎人类生命或生存状态，这种特质致使互联网作为健康信息的来源需要受到特别的关注，采纳网络健康信息必须要清晰了解其中的挑战和风险。

3.2.1　传播方式带来的风险

随着媒介技术的进步，包括网站、博客、社交媒体、微博及移动互联网在内的多种新媒体传播平台纷纷为网络健康信息的传播提供了新的途径，特别是以 Web2.0 为代表的交互式信息技术，显著改善了健康信息传播的格局。网络健康信息从单向的、"推向"被动受众的传播模式，转变为以参与、协作和开放为特征的多向沟通。特别是社交媒体网站（如博客、播客、微博、微信等），用户不仅可以从中获取信息，还可以在这一交互式的网络环境中为网络健康信息做出贡献，这些信息被称为"用户生成的信息"（user-generated content）。第41次《中国互联网络发展状况统计报告》显示，在2017年微信城市服务类型中，医疗微信服务累计用户数达到2.86亿人次，较2016年增长了59.86%，呈现出迅猛的发展势头[①]。

由于 Web 2.0 应用程序的开放性，最终用户和机构都可以创建和传播有关特定健康问题的内容。这些大量增长的用户生成的网络健康信息，其可信度问题受到质疑：这些网络健康信息可以口头的、非语言形式（如视频）出现，并由个人或集体创建，在这一过程中，没有同行评审、没有参考文献，甚至包含隐蔽的利益冲突（如软性广告），这些可能会导致潜在的误导或危险的健康建议。而对于上网查看网络健康信息的用户来说，这些存在于社交媒体网站上的信息并不提供任何关于内容可信度的评估服务，因此他们必须自己依靠不同的来源因素、媒体因素或是应用程序的质量来评估这些信息的可信度。由于用户对于与健康相关的问题的风险感知程度通常较高，因此用户很难客观地对网络健康信息的来源进行可信度评估。

多媒体时代网络健康信息传播的另一个重要转变是，移动互联网的普及应用导致越来越多的互联网用户通过手机而不是电脑终端接受健康信息。与通过网站提供的健康信息不同，移动健康应用程序根据其开发者的不同立场，对其产品进行了细分，如制药公司为"肿瘤""糖尿病""心血管疾病"提供产品和服务，医院开发旨在提升医院效率的应用程序，健康医疗公司着重开发"体重管理"或"心理健康"等领域的应用程序，而健康保险公司更多地开发与"健康与健身"相关的应用程序。不同的医疗解决方案为不同需求的用户提供了细分方案。这使得在过去几年，移动健

---

① 中国互联网络信息中心. 第41次《中国互联网络发展状况统计报告》[EB/OL]. [2018-02-20]. http://www.cac.gov.cn/files/pdf/cnnic/CNNIC41.pdf.

康市场一直在稳步增长，截至2017年，全球主要的手机应用商店中有超过325 000个医疗健康类应用程序，这是迄今为止最高的纪录①。研究发现，52%的美国智能手机用户通过移动终端获取健康信息，19%的用户至少有一个移动手机上的健康应用程序②。我国手机网民规模已达7.53亿，占总体上网人群的97.5%，以手机为中心的智能设备，成为"万物互联"的基础③。还有研究显示，有27%的美国青少年使用手机访问互联网，而在低收入家庭的青少年中，这一比例上升到41%④。这些数据都在说明，移动互联网正在降低用户访问互联网的障碍，从而为各种人群参与并进行健康干预提供信息。而依托移动互联网和智能手机发展起来的移动应用程序更是提供了广泛的医疗和健康相关用途，面对不同用户的健康信息需求，提供详细的健康信息服务细分方案。其中，运动、营养、体重管理和血压管理的健康APP最受用户的欢迎，用户通过健康APP学习健康信息，并通过其提供的信息采纳量身定制的健康建议。

但是，随着提供监测和自我管理功能的健康APP越来越多，在收集和分享个人的健康相关信息用以改善临床指南的同时，又带来了诸多风险，例如，健康APP可能会使用未加密的方式在互联网中传输个人健康数据、未提供隐私策略，以及健康APP未经过正式评估或同行评议等认证手续。美国食品药品监督管理局（FDA）于2017年发布《数字健康创新行动计划》（*Digital Health Innovation Action Plan*），认为数字医疗公司的每个移动健康产品都无须经过监管程序和审批，以此计划为展望，未来医疗监管机构

---

①　MHealth economics 2017—current status and future trends in mobile health［EB/OL］.［2018-02-20］. https://research2guidance.com/wp-content/uploads/2017/11/R2G-mHealth-Developer-Economics-2017-Status-And-Trends.pdf.

②　FOX S, DUGGAN M. Mobile health 2012［EB/OL］.［2018-02-20］. http://pewinternet.com/Reports/2012/Mobile-Health.aspx.

③　中国互联网络信息中心. 第41次《中国互联网络发展状况统计报告》［EB/OL］.［2018-02-20］. http://www.cac.gov.cn/files/pdf/cnnic/CNNIC41.pdf.

④　LENHART A, LING R, CAMPBELL S, et al. Teens and mobile phones：text messaging explodes as teens embrace it as the centerpiece of their communication strategies with friends［EB/OL］.［2017-06-24］. http://www.pewinternet.org/2010/04/20/teens-and-mobile-phones/.

对医疗软件的监管方法需要新的举措[①]。健康信息属于私密性敏感话题，而在移动互联网发展过程中出现的这些风险都会影响用户的使用意图，并可能在信息安全和隐私保护方面产生新的法律问题和责任问题。健康信息在隐私、保密、安全和知情同意等方面存在的问题正成为制约网络健康产业发展的决定性因素。

3.2.2　内容生成带来的风险

互联网是用户重要的健康信息来源，其快速、方便和私密地在线获取准确医疗信息的能力为用户提供了参与健康决策的机会。然而，现有的基于网络的健康信息内容存在不足，不足以完整和准确地支持用户决策。

最常见的网络健康信息的风险来自于健康信息的质量风险。网络健康信息数量巨大，增长迅速，形式多样，分布广泛，但存在着来源复杂，标准缺乏，质量参差不齐的问题。特别是随着多媒体和社交网络的兴起，面向用户的网络健康信息的内容更为多样，大量重复、片面的健康信息在互联网上随意发布和传播。网络健康信息质量受到权威性、客观性、隐私、个性化服务等多因素的影响。大量针对互联网上特种疾病健康信息质量的研究证明，网络健康信息并不是一个可靠的信息源，不能向患者提供准确的信息。这些领域包括心脏病、癌症、糖尿病、健康营养、骨质疏松、流感、小儿发热等。

即使是优质的网络健康信息，也存在着随着网络环境的变化，信息相关内容缺失的现象。传统医学信息以正式出版的文献为主，文献来源一般为具有一定学术水平的作者，文献由专业编辑人员进行审核，文献质量具有保障。但网络健康信息非常杂乱，来源复杂，资源多样，没有统一标准，包含大量音视频、图片、文本等异构性数据。此外，网络健康信息存在链接无序的情况，许多网络健康信息在特定的医疗背景下产生，但由于超链接的存在，经常被片段式地截取其中的内容。作为要求在一定临床背

---

① FDA. Digital health innovation action plan [EB/OL]. [2017-08-10]. https://www.fda.gov/downloads/MedicalDevices/DigitalHealth/UCM568735.pdf.

景下才有效的健康信息，当其内容被转移到不同的上下文时该信息就会丧失其有效性，从而可能导致用户对健康信息断章取义，引发健康风险。

同时，网络健康信息的来源也受到质疑。不断增长的网络健康信息行为意味着在传统语境下具有较高权威性与专业性的医疗健康信息走下神坛，用户可以利用网络进行自助医疗，而自助医疗的效果则取决于网站所提供的健康信息。随着"互联网＋医疗"的发展，新的风险的形式也出现在网络健康信息之中。目前，市场上部分医疗健康领域的互联网公司向患者在线提供健康医疗服务，但由于医疗咨询、健康管理与在线诊断之间的界限比较模糊，因此存在着诸如诊断超出医生职业范围，缺乏可靠的病情参考资料，医生真实性难以保证等诸多风险。

此外，网络健康信息缺乏监管标准进行规范的管理。尽管在实践中，一些组织已经制定了指导与评估网络健康信息网站内容的标准，用以帮助用户选择高质量的医学信息，如健康在线基金会制定的适用于医学和健康类网站的行为准则 HONcode、英国牛津大学医学研究所研发的疾病治疗选择信息评估系统 DISCERN[①] 和欧盟健康信息评级认证项目 MedCIRCLE[②] 等。但是这些标准还没有系统地、广泛地应用于网页的评估。此外，由于这些系统评估许多是依赖于网页开发人员自愿进行的评估，因此这些评估的可靠性和有效性无法完全确定。特别是对于一般用户来说，这些网络健康信息的评价标准普遍存在评价标准过多、评价体系复杂、评价要素不够客观等限制，很难让普通互联网用户方便使用。因此，对网络健康信息的评价仍然是困扰普通用户使用网络健康信息的重要问题之一。

3.2.3　信息非专业性带来的风险

《2016年我国卫生和计划生育事业发展统计公报》显示，2016年末，

---

①　CHARNOCK D, SHEPPERD S, NEEDHAM G, et al. DISCERN: an instrument for judging the quality of written consumer health information on treatment choices [J]. Journal of epidemiology and community health, 1999, 53（2）: 105-111.

②　EUROPEAN UNION. Collaboration for internet rating, certification, labeling and evaluation of health information [EB/OL]. [2017-06-25]. http://www.medcircle.org/.

全国医疗卫生机构总诊疗人次达79.3亿，每千人口医疗卫生机构床位数5.37张，全国公立医院病床使用率91.0%，居民医疗服务利用持续增长，然而医疗资源缺口依然较大，每千人口执业（助理）医师2.31人，注册护士2.54人[①]，医疗资源总量不足且分配不均成为困扰我国医疗改革的难题。网络健康信息的发展，特别是"互联网＋医疗"正是保障公民平等就医、实现医疗服务供给改革的重要途径。

尽管互联网已成为广大人民群众获取医疗信息和求诊服务的重要途径，但这些需求却难以导入正规医疗服务体系，医疗服务的供给侧与需求侧存在断裂。一方面，医疗资源的不匹配导致患者在实际就医时并未享受到互联网带来的便捷；另一方面，网络健康信息缺乏监管和保障机制。2009年颁布的《互联网医疗保健信息服务管理办法》因不适用于当前的新形势和多元化的健康需求，已于2016年废止，2018年，国家出台一系列政策规范互联网医疗，包括《互联网诊疗管理办法（试行）》、《互联网医院管理办法（试行）》和《远程医疗服务管理规范（试行）》等3个文件，规范和促进了互联网医疗、互联网医院、远程医疗服务等"互联网＋医疗服务"新业态的快速健康有序发展。随着互联网医疗的服务范围不断拓宽，国家的规范及后续监管也要及时跟进。

此外，不断变化的健康传播格局还会加剧健康鸿沟问题。健康信息技术的进步，并不一定是公平地服务于全体用户：不同群体有效使用电脑、移动技术和互联网实现沟通和信息获取的能力并不相同。研究表明，少数民族、教育程度较低的人和老年人使用信息技术的机会和水平都较低[②③]。如果健康领域也存在如ICT领域一样的数字鸿沟，那么健康信息技术的发展不但不利

---

① 中华人民共和国国家卫生和计划生育委员会. 2016年我国卫生和计划生育事业发展统计公报 [EB/OL]. [2018-03-25]. http://www.nhfpc.gov.cn/guihuaxxs/s10748/201708/d82fa7141696407ab-b4ef764f3edf095.shtml.

② CHANG B L, BAKKEN S, BROWN S S, et al. Bridging the digital divide: reaching vulnerable populations [J]. Journal of the American medical informatics association, 2004, 11 (6): 448-457.

③ FOX S. The social life of health information, 2011. Pew Research Center's internet & American life project [EB/OL]. [2017-06-24]. http//www.pewinternet.org/2011/05/12/the-social-life-of-health-information-2011/.

于实现健康公平，而且很有可能加剧现有的健康差距，形成健康鸿沟。有健康信息学者声称，是否获取网络健康信息是社会分化的结果[①]，互联网技术的进一步发展会加剧数字鸿沟。类似研究表明，年龄、教育程度、收入和种族是影响获取网络健康信息的关键因素。获取网络健康信息的美国公民可能是更年轻，具有相对较高的教育和收入水平的白种人[②]。Renahy 等人在一项针对法国公民的研究中，发现在接入互联网时的经济和社会差异，会加剧获取网络健康信息方面存在的经济和社会差距，形成双重鸿沟[③]。因此，美国的"Healthy People 2020"项目建议使用健康信息技术，以改善人口健康结果和保健质量，并实现健康公平[④]。2015 年发布的《国务院关于推进"互联网+"行动的指导意见》强调，在健康医疗等民生领域，互联网应用应更加丰富，使用户享受更加公平、高效、优质、便捷的服务。

3.3 网络健康信息风险感知的阻碍因素

随着互联网持续并不断深入地运用于医疗健康领域，网络信息内容及沟通方式日益改变人们在医疗健康信息、医患沟通、健康宣传等多个方面中的认识和行为。网络健康信息是互联网用户在众多网络信息获取中最为关注的信息内容之一，随之而产生的诸多潜在风险问题也日益引起关注。

---

① KEELEY B，WRIGHT L，CONDIT C M. Functions of health fatalism：fatalistic talk as face saving，uncertainty management，stress relief and sense making [J]. Sociology of health & illness，2009，31（5）：734-747.

② BAKER L，WAGNER T H，SINGER S，et al. Use of the internet and e-mail for health care information：results from a national survey [J]. The journal of the American medical association，2003，289（18）：2400-2406.

③ RENAHY E，PARIZOT I，CHAUVIN P. Health information seeking on the internet：a double divide? Results from a representative survey in the Paris metropolitan area，France，2005-2006 [J]. BMC public health，2008，8（1）：1-10.

④ US Department of Health & Human Services. Health communication and health information technology [EB/OL].［2017-06-24］. http：//healthypeople.gov/2020/.

3.3.1 用户风险认知存在偏差

用户获取网络健康信息是为了实现准备咨询、补充或验证结果的目标，其最初动机是为了确认和减少健康问题的不确定性。在这一过程中，用户需要为应对网络健康信息可能带来的风险做好思想准备，并具有一定的风险承受能力。但调查显示，用户对于网络健康信息存在的风险意识存在差异，对于来源不可靠或者信息质量没有保障的信息依然进行采纳，甚至在不咨询专业医务人员的情况下，直接使用网络健康信息指导其生活，而忽略其中可能存在的风险问题。这些风险认知上的偏差与个人和情境因素的影响密切相关。

传统医学信息面向医学专业人士和学者，需求明确，层次清晰，而网络健康信息的用户更为多样，除了医学专业人士之外，还有患者、关注自身及亲友健康的普通用户、需要学习医疗知识的人士等多个群体。对于普通用户来说，大多数人不具备复杂的健康医学相关的专业知识。在美国和欧洲进行的调查显示，大多数的一般民众不能够正确回答关于基因技术的基本问题甚至普通的科学问题[①]，缺乏知识可能导致人们无法正确评估与健康信息相关的风险和利益。医学专业人士，如医务人员、医学研究者们，他们对于健康信息具有相对渊博的专业知识和丰富的经验，这使得他们在面对网络健康信息时更加自信、高效地处理可用的信息。因此，面对网络健康信息时，医护人员由于具有丰富的医疗健康基础知识，所以可以利用这些知识判断健康产品或服务的属性，而无须依赖人际关系或其他信息源。而知识量较低的用户，会更多地依赖外部线索作为决策信号，来分析使用产品或服务的风险和收益，其决策信心较低。

网络健康信息往往难以准确定位其明确受众，因此，为了尽可能地吸引用户，网络健康信息提供者需要提供尽可能多的信息，从而导致健康网站上信息分散，内容杂乱。这些无差别发布的网络健康信息对健康

---

① DURANT, J, BAUER, M, GASKELL, G. Biotechnology in the public sphere: a European source book [M]. London: Science Museum Publications, 1998: 45.

信息使用者提出了挑战，要求用户积极主动地评估网络上大量未经核实的健康信息。评估网络健康信息比较困难的用户可能更容易接触到错误或不完整的信息，进而导致不良的健康结果。当一般用户认为使用网络健康信息会带来风险，或导致他们遭受损失时，他们可能会采取减少甚至拒绝采纳网络健康信息的方式来规避风险。

3.3.2 健康鸿沟阻碍用户获取网络健康信息

健康差距，或者被称作是健康鸿沟，是指在某些社会、经济或环境的不利条件下所导致的不公平的医疗结果的情况[①]。形成健康差距的一个主要原因是地理位置，乡村居民会比城镇居民更难获取医疗资源。尽管农村人口具有工业污染较小、压力较低、生活方式较健康等优势，但大量研究证实，在农村人口与肥胖、癌症、心脏病和糖尿病有关的疾病死亡率较高[②]。研究发现，健康相关行为对个体的影响呈现阶梯状，即在下层社会阶层中健康损害行为更加频繁[③]。然而，尽管更需要健康信息，低社会阶层的个体在寻求健康信息上付出的努力却是最少的。因此，必须通过适当的公共卫生措施缩小健康鸿沟，解决网络健康信息获取差距。

城乡之间健康差距的主要驱动因素还包括获取医疗卫生资源和健康信息的不平等。从我国的卫生服务筹资、人力资源分布和物力资源配置情况来看，城乡医疗卫生资源无论在数量上还是在质量上，都存在着巨大的差异：城市居民拥有更多的资金投入、更优质的医疗人力资源和硬件条件，而农村目前的医疗卫生服务水平无法满足农民对高质量的基本医疗卫生服务日益增长的需求。

---

① KOH H K, GRAHAM G, GLIED S A. Reducing racial and ethnic disparities：the action plan from the department of health and human services [J]. Health affairs,2011,30（10）：1822–1829.

② MARTIN A B, TORRES M, VYAVAHARKAR M, et al. Rural border health chartbook [J]. Rural border health chartbook,2013,26（12）：1010–1014.

③ NÖLKE L, MENSING M, KRAMER A, et al. Sociodemographic and health-（care-）related characteristics of online health information seekers：a cross-sectional German study [J]. BMC Public Health,2015,15（1）:31.

除此之外，农村患者在取得社会支持方面也处于不利的地步。获取和参与社会互助小组可以为资源匮乏环境中的患者带来有益的健康影响，通过患者互助网络，为没有保险的人提供医疗指导。然而，在农村，人口密度低导致难以形成某种特定疾病的社会互助小组，从而限制了个人在当地获取和提供健康信息的能力。

3.3.3　多方利益博弈加大网络健康信息判断难度

网络健康信息的快速增长，使得患者和普通用户可以通过自我管理来促进健康和参与医疗决策。本书调查发现，超过半数的受访对象认为，获取网络健康信息有助于他们更加注重身体健康，并按照网络建议采取健康的生活方式；有28.73%的用户认为，网络健康信息有助于他们积极配合医生治疗。但同时，也有8.17%的受访者认为他们可以通过阅读网络健康信息，自己买药解决健康问题，而无须就医；还有6.06%的用户认为，网络健康信息与医生提供的信息可能存在矛盾，这会导致他们质疑医生的治疗决定。

这样的现象使得研究人员与医疗专业人士对于使用网络识别和治疗健康问题感到担忧，因为患者很可能会误解或误用信息，特别是在没有与医生进行沟通的情况下。这可能是由于患者的健康素养能力不足、健康自我效能缺乏，或者是缺乏对网络健康信息进行分类和阅读的能力。网络健康信息来源广泛，且健康医疗领域是高度垂直的专业领域，具有很高的复杂度，这些使用高度技术性的语言描述的健康信息难以被患者所破译，从而带来理解障碍。此外，搜寻网络健康信息还可能会增加用户的焦虑，并且会耗费患者的时间。另外，互联网上几乎无限量的信息在质量和相关性上差别很大，并且，由于信息源不清晰，任何人都可以声称拥有医学专业知识并发布可能导致低质量、不完整或过时的健康信息[①]。

随着"互联网+"和大数据的发展，医疗健康领域迎来了新的发展机

---

① HALUZA D, CERVINKA R. Public（Skin）Health and the publishing source bias of Austrian information material [J]. Central European journal of medicine, 2014, 9（1）: 169-176.

遇。但在经历了早期的快速增长之后，2017 年 2 月，百度医疗事业部被整体裁撤。这意味着互联网医疗行业在经历了盈利模式不明，医疗体制无法撼动，发展增速逐步放缓等困境之后，开始酝酿转型。健康医疗领域是一个需要长期投入和沉淀的领域，"互联网＋医疗"需要从医疗挂号预约服务过渡到智能诊疗方向。同时，尽管互联网医疗企业拥有大量的医生和患者数据，但这些关于疾病、健康或寻医的话题、在线咨询、在线购药行为、健康网站访问行为等的数据散乱而不集中，亦缺乏以证据为基础或同行评议的内容，质量控制系统几乎总是缺失。这导致医疗大数据难以收集并发挥作用，因而大平台们只能设计咨询的费用、挂号转诊的服务费用，却难以帮助患者和保险公司共同形成医保之外的医疗个性化支付解决方案。互联网医疗发展出现的种种问题，互联网医疗企业互相博弈的过程，都为规范网络健康信息质量和监管体系带来了巨大的困难。

此外，使用现有的网络健康信息评价工具，满足用户对评估内容实质的需求也存在挑战。一方面，用以提高用户的健康素养的在线教育和培训依然较少，受众面狭小；另一方面，针对特定于健康信息的知识特点，建立一种可以自动检测其质量指标的工具，帮助用户识别和评估健康信息的内容实质，如 Griffiths 等人开发的，以临床证据为基础的自动对抑郁症网站进行排名的工具[①]。但目前，这种自动评价的工具并没有得到广泛的应用。

3.4 网络健康信息感知偏差影响认知效率

3.4.1 网络健康信息质量参差不齐

用户对于网络健康信息的使用过程中，披露和保护个人健康信息以及在传播过程中可能存在的严重隐私问题感到担忧，他们还担忧由于滥用信

---

① GRIFFITHS K M, TANG T T, HAWKING D, et al. Automated assessment of the quality of depression websites [J]. Journal of medical internet research, 2005, 7 (5): e59.

息导致的不良经济和社会后果。这些风险问题可能会导致用户在敏感健康问题上避免寻求健康信息或健康帮助。2016年，魏泽西事件揭露了莆田系私立医院与商业网站相互配合进行违规医疗类商业推广服务，带来了恶劣的社会影响，也严重影响了网络健康信息在用户心中的可信度。

此外，移动互联网时代催生了自媒体的发展。自媒体已成为移动传播时代最大的原创内容来源，与健康相关的自媒体也开始兴盛发展，在网络舆情突发管理中承担着舆情稳定器的作用。但是，大多医疗自媒体由医务工作者进行管理，在甄别网络信息真实性和把握新闻报道尺度等方面欠缺新闻经验，从而容易传播失真或虚假的信息，甚至会出于多种因素的影响：成为炒作谣言的平台。2017年十大医疗健康类谣言排行榜包括：致癌的起因是塑料、SK5病毒爆发、运气差得癌症等①。这些自媒体谣言被广泛传播，给医疗健康科学知识的传播带来恶劣的影响。同时，使用自媒体发布和传播健康信息的医疗专业人员也具有独特的责任，因为他们发布的信息可能存在不专业的描述，或者可能侵犯患者的隐私。公开的隐私侵犯可能源于粗心疏忽、非法或不专业的行为。此外，医疗专业自媒体还存在着内容同质化、信源失真、版权意识匮乏，甚至出现了抄袭和逐利等问题，这些都对用户的身心产生不利的影响。

互联网提供可访问的、交互性的和个性化的健康信息，然而，大量的健康信息在时间和空间上都分布广泛，信息量大，种类繁杂。研究发现，用户在互联网上搜索信息时，发现绝大多数网站存在着信息过载和搜索困难的问题②。许多健康网站提供的信息并不相关，因此，在网络上寻求健康信息帮助的用户可能错过准确而有价值的信息，或是由于难以找到相关信息而放弃网络检索。用户做出一项医疗决策需要进行一系列的过程，包括理解复杂的医疗信息、伦理考虑和心理困扰，而大量冗余的信息会严重干扰用户决策的制定。

---

① 搜狐网. 2017年十大医疗健康类谣言排行榜_搜狐科技 [EB/OL]. [2017-12-31]. http://www.sohu.com/a/212538633_505926.

② CARLESSON T, BERGMAN G, KARLSSON A M, et al. Content and quality of information websites about congenital heart defects following a prenatal diagnosis [J]. Interactive journal of medical research, 2015, 4（1）: e4.

此外，互联网可能会提供不准确或含有偏见的材料，造成信息污染。用户为了健康管理和医疗决策，须了解和研究复杂的健康信息。健康信息是知情决策和自我决定的重要组成部分，但可能会受到网上发现的不可靠信息来源的阻碍。尽管互联网用户已经对广告有所警惕，但在网络健康信息中，还是存在明显的广告和产品促销活动，个别信息甚至采用患者的"第一人称"口吻，通过"分享"个人经历来提出有效性未经证实的行动机制或主张。鉴于大多数宣传资料都是以第一人称推荐的形式出现的，所以在推广产品或服务时用户很难知道主观宣称的真实性。此外，随着医疗技术的进步，健康信息的效用受到时间的约束，过时的医疗信息也会带来许多健康风险。

最后，网络健康信息的分布具有非均衡性。医疗信息的质量受到卫生发展水平的影响，不同的地区或机构，会因为不同的经济水平、科研水平和信息化水平的差异，因此其推出的健康信息和服务存在较大的差异，从而影响到用户获取有价值的信息。同时，在国际环境下，网络健康资源的分布也呈现不均衡的状态，多数高水平医疗信息使用英文作为主要传播语言，对于我国用户来说，接受起来存在一定困难。此外，用户个体之间因为文化水平和健康素养的不同，对于接受网络健康信息也存在一定的差异性。

3.4.2 信息感知偏差阻碍医患沟通

随着价值医疗（value-based medicine）概念在全球范围内提倡，医疗体系正在从传统的"以医生为中心"的医疗服务转型为"以病人为中心"的服务，患者作为医疗消费者参与医疗决策过程和治疗效果的评估，从而实现医疗机构、厂家与患者和健康人群之间利益的平衡[①]。

以病人为中心代表着医疗过程以结果为导向，为了实现治愈疾病的目的，医生与医疗机构之间必须互相协同，这与之前以医生的独立诊断来进行治疗的模式大为不同。2013年，美国皮尤中心的研究显示，在约五分之

---

① BAE J M. Value-based medicine: concepts and application [J]. Epidemiology and health,2015（37）: e2015014.

一的场景下，医生的专业诊断与患者的自我诊断之间存在分歧①。当自我诊断不正确或者至少不符合医生的诊断时，这可能会影响咨询的评价：患者可能会感到不太理解或不被批准，他们可能会怀疑医生的评估，最后对矛盾的信息更加迷惑。这可能会增加咨询期间的紧张和误解，医生将不得不捍卫自己的诊断，并会试图通过否定网络健康信息的方式来说服病人，告知这种担心是没有根据的。因此，这将导致医生和病人之间的分歧，整体上导致病人对咨询的满意度较低。

　　研究发现，患者根据其获取的网络健康信息，可能对医生采取批判的态度②。当患者使用来自网络的陌生信息来对抗医生的建议或者暗示无法采取的治疗措施时，医生会感受到失去对治疗过程控制的威胁。除此之外，医生还不得不在诊疗过程中花费更多的时间向患者推荐合适的网站，解决患者提出的网络健康信息中医学术语和信息不一致的问题。与传统的垂直专业不同，网络健康信息可以通过网站上的不同主题轻松组织，搜索引擎可以帮助用户找到特定的信息。患者越来越多地获得与他们的状况相关的健康信息，侵蚀了以前在保健专业人员中的健康信息排他性。传统的医患关系受这些无门槛的信息的影响，形成了新兴的"患者—网络—医生"关系③。医生须主动引导患者获得高质量、可靠的在线医疗资源，并提醒患者在使用网络健康信息诊断和治疗健康问题之前，尽量从医疗专业人员方面获取专业建议，避免延误治疗时机。

　　近年来，我国医患暴力冲突呈"井喷式"爆发。中国医院协会发布的《医院场所暴力伤医情况调研报告》显示，2003年至2012年期间，我国医院发生了40起恶性伤医事件，63.7%的医院发生过医务人员遭到谩骂

---

①　FOX S, Duggan M. Health online 2013：pew internet project [EB/OL]. [2018-04-12]. http://www.pewinternet.org/2013/01/15/health-online-2013/.

②　KORP P. Health on the internet：implications for health promotion [J]. Health education research,2006,21（1）：78-86.

③　WALD H S, DUBE C E, ANTHONY D C. Untangling the web—the impact of internet use on health care and the physician-patient relationship [J]. Patient education and counseling, 2007,68（3）：218-224.

或威胁的现象①。2016年的调查数据显示，我国当前医患冲突在特大型城市、二级及以上医院的发生频次更高。这些地点和医院由于诊疗量大，院内普遍存在患者在就医过程中挂号、划价/交费、取药排队等待时间长，而医生看病时间比较短的"三长一短"现象，这使得医患双方关系紧绷，而"沟通不畅""患者要求高""法律保障不健全"等因素是医生认为的医患冲突的诱因②。面对患者日益增强的健康知识需求和要求参与医疗决策的迫切性，当太大的期望值与医生的诊疗结果出现落差时，患者就会产生不满甚至气愤等情绪，激化医患关系。在这种情况下，规范网络健康信息管理，减少不良或错误网络医疗建议干预医生诊疗成为目前网络健康信息管理亟待解决的问题之一。

3.4.3　风险感知影响采纳效率与资源效益

目前，健康信息传播的模式正在发生变化，从以往单纯提供健康知识的健康传播形式，转变为面向用户提升健康素养的需求的健康传播模式。面对网络健康信息数量庞大、内容参差不齐等现状，网络健康信息传播要教育用户如何辨别健康信息质量，提升用户健康水平。

随着移动互联网的发展，社交网络越来越多地被用于促进健康干预和获取有关健康问题的有效信息。医疗专业人士利用社交网络帮助其病人通过在线信息进行沟通，并就可靠来源提出建议，这已成为网络健康信息传播的新路径之一。因此，有必要开发由医疗专业人员和专家创建的用于检测、验证和标记网络健康信息，并为用户提供服务的新工具，例如开发针对特定人群的社交媒体页面、用户号或智能手机APP③。此外，社交网络在

---

① 贾晓莉,周洪柱,赵越,等.2003年—2012年全国医院场所暴力伤医情况调查研究 [J]. 中国医院,2014,18(3):1-3.

② 健康界. 中国医患关系现状如何？最新调研报告出炉 [EB/OL]. [2018-03-27]. http:// www.cn-healthcare.com/article/20161104/content-486947.html.

③ BECK F, RICHARD J B, NGUYEN-THANH V, et al. Use of the internet as a health information resource among French young adults: results from a nationally representative survey [J]. Journal of medical Internet research,2014,16(5):e128.

利用众包解决医疗诊断难题、筹集临床研究经费、唤醒对特殊疾病群体的关注、提高用户健康意识，乃至利用社交大数据挖掘健康相关数据，检测流行病或慢性病发展趋势等方面都发挥越来越重要的作用。尽管使用互联网获取健康信息已经成为用户的常见渠道之一，但找到并发现正确且有用的健康信息仍然是困扰用户使用互联网的问题之一。其原因之一就是健康网站的可用性和设计问题与用户需求脱节，并没有真正解决用户对健康信息的需求，反而增加了用户的负担并降低了整体用户体验。用户在获取信息的过程中会根据具体的问题使用重点或探索性的搜索方法，而根据不同的搜索方法，用户使用不同的策略来寻求信息，这些信息需要通过探索性搜索工具、阅读友好的用户界面和记忆辅助信息等功能来支持。然而，健康信息网站或健康服务应用程序的设计中往往缺失这些功能。

2016年的魏则西事件，将百度公司推上舆论的风口，作为数据大佬，百度公司不但没有解决医疗领域的信息不对称问题，反而利用这一点将患者引流到不可信赖的服务机构而牟利，造成了极其恶劣的社会影响，百度公司也相应受到来自市场和监管部门的严厉打击。在以搜索资源为主的引擎类平台上，搜索引擎在互联网发展初期起到主导作用，也因此成为人们获取健康信息的主要来源平台。但随着平台商业化现象的日益严重，其检索结果开始以利益而非专业化为导向，具体表现为：将普通信息与广告放在同一个信息流中，导致信息真伪难以分辨，严重影响用户对平台的信任；同时，疏于管理健康信息，仅仅基于流量捕捉健康信息网页，而并未对其网页的资质、能力、信誉等加以核实和挖掘，从而误导用户做出错误的健康决策。研究发现，使用Google等搜索引擎类网站获取网络健康信息可能对健康素养有限的老年人具有较高的挑战性[1]。

---

① LYLES C R, SARKAR U. Health literacy, vulnerable patients, and health information technology use: where do we go from here? [J]. Journal of general internal medicine, 2015, 30 (3):271-272.

4 基于扎根理论的网络健康信息风险感知探索研究

本书基于扎根理论的研究方法，以访谈法为主，对收集到的原始资料进行初始编码、聚焦编码、轴心编码，并通过理论对照检验，初步构建了网络健康信息的多维度风险感知结构，对网络健康信息多维度风险感知进行探索性研究。

4.1 实验设计与研究方法

4.1.1 实验目的

本书主要探索中国公众在采纳网络健康信息的过程中对于风险感知的认知情况，它涉及网络健康信息、信息采纳行为和风险感知之间的动态关系。而网络健康信息需要公众在某个情境下接触（如利用搜索引擎检索获取，或通过社交软件直接获取等），并对其存在的意义及风险有一定的认知。在进行文献梳理的过程中发现，较少有研究从感知风险的视角探讨网络健康信息采纳行为。因此，本书采用扎根理论这一探索性研究方法，构建中国公众对网络健康信息采纳风险感知的多维度构思。

4.1.2 实验设计

结合研究内容，本次访谈设计了用户对网络健康信息风险感知的访谈提纲和访谈程序，详见附录一。

访谈以面对面访谈的形式展开，根据正式确定的访谈提纲进行访谈。首先作为访谈的开场白，对网络健康信息发展现状及存在的问题进行了介绍。而后，向访谈对象说明本次访谈的主要内容，界定网络健康信息的概念，即"网络健康信息是指包括在网络环境中与人们身心健康、疾病、营养、养生等相关的一系列信息"；信息采纳是指"在使用互联网寻求可信的预防性健康信息作为增强个人健康知识的沟通渠道时，对信息进行有目的分析、评价、选择、接受和利用的过程"。之后，向访谈对象简要陈述本次访谈的目的，即"想了解您对采纳网络上健康信息的一些基本想法和态度，从感知层面获取大家在采纳网络健康信息的时候，是否认为其中存在哪些风险"，并提出录音诉求，在得到访谈对象的肯定答复后开始正式访谈并进行录音。在访谈的最后，与访谈对象确认没有需要补充的内容之后，对其表示感谢，结束访谈。

访谈为结构化访谈，主要针对以下问题展开：①您是否曾在网络上获取过健康信息？②您觉得在网络上获取健康信息是否存在风险？如果有，都有哪些风险？③这些风险会给您带来什么样的损失？④如果有风险，那您为什么还要在网上获取健康信息？⑤您认为哪些原因导致了网络上健康信息存在风险？

在访谈问题中，问题①旨在区分访谈对象是否为研究对象，即访谈对象是否拥有网络健康信息使用经验；问题②旨在探究访谈对象对于网络健康信息整体风险的感知，以及对网络健康信息风险类型的认识和对某一类型风险的描述；问题③旨在探究消费者对于不同类型风险感知因素的主观认知；问题④旨在探究访谈对象获取网络健康信息时的感知利益；问题⑤旨在探究访谈对象对网络健康风险因素成因的主观认知。问题②和③主要服务于风险感知维度体系的理论发展，问题④和⑤能够了解访谈对象对于风险感知形成的原因以及网络健康信息感知利益—风险感知理论的发展。

访谈的地点选取在访谈对象感到舒适的地方（如办公室、访谈对象家中等），并确保在访谈时不会受到外界因素的干扰，以保证访谈能够连贯、顺畅地进行。访谈围绕附录一中列出的问题，但并不局限于这些问题，当访谈对象对某些观点有延伸拓展时，访谈员灵活地根据访谈对象的陈述提出问题或追加问题，以保证访谈对象能够流畅地、全面地和清晰地阐述其对于网络健康信息的风险感知全貌。根据深度访谈的经验，每一例访谈时间控制在15—30分钟。

根据扎根理论方法论的要求，本书一边进行深度访谈获取数据，一边对数据进行分析编码，不断反复，直到达到理论饱和即终止数据收集工作。

4.1.3　分析方法：扎根理论

尽管对风险感知进行多维度识别是风险感知研究中重要的组成部分，然而根据文献综述和理论回顾可以发现，目前对网络健康信息风险感知的研究还缺乏对各个维度进行全面评估的工具。一些研究将消费者行为理论研究中的风险感知维度与网络健康信息采纳行为融合，形成了一些测量维度，如Cocosila和Archer将使用移动健康应用程序进行预防性干预时的隐私风险定义为用户害怕失去对私人数据的控制[①]；另一些研究则针对特定的网络健康信息技术类型（如电子病历[②]）的采纳行为，研究用户的风险感知类型。此外，对于各个风险维度的测量也缺乏科学标准，目前并没有成熟的量表可以用来测量网络健康信息风险感知。风险感知作为心理学的研究范畴，依赖于用户的自我体验，具有强烈的主观性。同时，用户需要在某个情境下接触网络健康信息（如利用搜索引擎检索获取，或通过社交软件直接获取等），其采纳行为对所处情境具有很强的依赖性，因此，并不能照搬以往的研究。

此外，随着网络健康信息的发展，风险感知视角下的用户健康信息采纳行为研究涵盖范围更广，涉及内容更多，具有重要的研究意义。风险感

[①]　COCOSILA M，ARCHER N. An empirical investigation of mobile health adoption in preventive interventions [J]. Surgi Cal & Radiologi C Anatomy，2009，14（14）：275–277.

[②]　WEEGER A，GEWALD H，VRIESMAN L J. Do risk perceptions influence physician's resistance to use electronic medical records? an exploratory research in German hospitals [C/OL]. [2017–09–24]. http://aisel.aisnet.org/cgi/viewcontent.cgi?article=1137&context=amcis2011_submissions.

知是一把双刃剑，虽然会阻碍个人采纳网络健康信息的行为，但对影响风险感知的因素进行准确识别，有利于深入了解风险感知的作用机制，制定更具针对性的政策和服务来规避网络健康信息存在的风险，激励个人充分利用互联网寻求更多信息和获取疾病相关知识。但回顾既往研究发现，很少有研究对影响网络健康信息风险感知的具体因素做出充分说明和阐释。即使是已经有了充分共识的影响因素（如个体差异），也并没有归纳出个体差异对网络健康信息各个风险维度的影响方式、影响路径和影响程度。

因此，在以往研究文献对网络健康信息风险感知及其影响因素研究存在不足的基础上，本书试图使用扎根理论这一质性研究方法，从前人留下的理论研究空间中进行探索研究。

扎根理论是质性研究方法中较为经典的研究方法，它将实证研究和理论建构紧密联系起来，用于研究社会现象。扎根理论最初由美国社会学家巴尼·格拉泽（Barney Glaser）和安瑟伦·施特劳斯（Anselm Strauss）共同提出，是通过基于资料的研究来发展理论，即扎根理论通过系统地收集材料，对原始资料进行反复的思考、分析和对比，不断归纳概念，从而建构一个新的理论。其分析过程具有科学性和严密性。

扎根理论研究是一个动态的研究过程，有非常规范的研究步骤和方法，采用"文献研究→提出问题→收集数据→数据编码→连续比较→概念归属→理论构建"的研究模式，使数据中蕴含的理论充分涌现[①]。因此，在目前与网络健康信息风险感知相关的研究呈现分散、缺乏系统性的前提下，扎根理论的研究方法能够深入情境中挖掘信息，从数据中搜寻编码资料，构建研究网络健康信息风险感知与其影响因素之间的作用机理的适用模型，以便尽可能充分地涵盖用户对于网络健康信息风险的认知维度，揭示当下用户对于网络健康信息风险的感知现状，是较为理想的研究方法。

根据扎根理论研究过程，研究可以分成4个阶段，即产生研究问题、收集研究数据、数据处理（实质性编码）和理论建构（理论性编码）[②]。本

---

① GLASER B G, HOLTON J. The grounded theory seminar reader [M]. USA, CA, Mill Valley: Sociology Press, 2007.

② 卡麦兹. 建构扎根理论: 质性研究实践指南 [M]. 边国英, 译. 重庆: 重庆大学出版社, 2009: 7.

书主要采纳了扎根理论的研究程序，具体研究程序如图4-1所示。

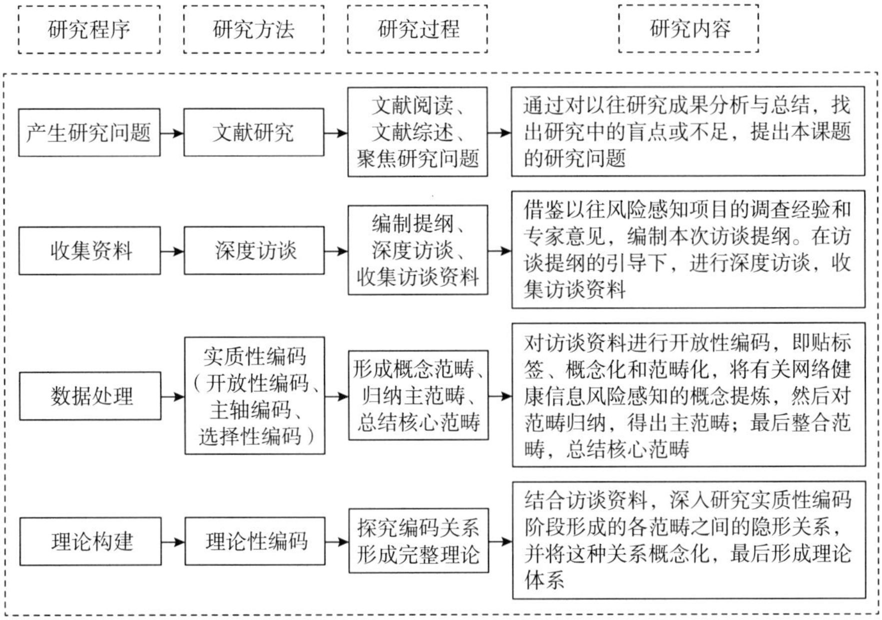

研究程序	研究方法	研究过程	研究内容
产生研究问题	文献研究	文献阅读、文献综述、聚焦研究问题	通过对以往研究成果分析与总结，找出研究中的盲点或不足，提出本课题的研究问题
收集资料	深度访谈	编制提纲、深度访谈、收集访谈资料	借鉴以往风险感知项目的调查经验和专家意见，编制本次访谈提纲。在访谈提纲的引导下，进行深度访谈，收集访谈资料
数据处理	实质性编码（开放性编码、主轴编码、选择性编码）	形成概念范畴、归纳主范畴、总结核心范畴	对访谈资料进行开放性编码，即贴标签、概念化和范畴化，将有关网络健康信息风险感知的概念提炼，然后对范畴归纳，得出主范畴；最后整合范畴，总结核心范畴
理论构建	理论性编码	探究编码关系形成完整理论	结合访谈资料，深入研究实质性编码阶段形成的各范畴之间的隐形关系，并将这种关系概念化，最后形成理论体系

图 4-1 扎根理论的研究程序 [①]

4.1.4 研究样本

在选择深度访谈的对象时，本书首先排除了没有使用网络健康信息经验的个体，因为此类人士由于没有使用网络健康信息的经验，其对网络健康信息的风险认知不具有代表性。另外，由于质性研究要求受访者对所要研究的问题具有一定的理解和认识，因此本书选择了对于网络健康信息的使用具有一定的经验，对其中存在的风险状况具有一定的认知，并接受过一定教育，具有良好表达方式的用户，以保证受访者能够清晰、流畅地表达自己对于网络健康信息风险感知的观点。具体访谈对象信息见表4-1。

① 秦旋,李正焜,莫懿懿. 基于深度访谈扎根分析的绿色建筑项目脆弱性与风险关系机理研究 [J]. 土木工程学报,2016,49（8）:120-132.

表4-1　深度访谈对象基本情况

参与人	访谈用时	性别	年龄	学历	职业	医学专业背景	信息检索能力
I1	13分41秒	女	27	博士	教师	无	较强
I2	31分23秒	女	24	博士	学生	无	较强
I3	15分48秒	女	26	硕士	学生	无	较强
I4	16分05秒	女	26	博士	学生	无	较强
I5	22分20秒	女	28	博士	学生	无	较强
I6	56分19秒	女	28	博士	学生	无	较强
I7	49分14秒	男	50	硕士	图书馆员	无	较强
I8	22分14秒	男	28	博士	学生	无	较强
I9	30分06秒	男	38	博士	教师	无	中等
I10	23分08秒	男	27	博士	学生	无	较强
I11	24分51秒	男	23	硕士	学生	无	较强
I12	14分26秒	男	29	博士	学生	无	较强
I13	22分13秒	男	27	博士	学生	无	较强
I14	18分04秒	女	50	本科	政府机关人员	无	较弱
I15	14分40秒	女	51	本科	政府机关人员	无	中等
I16	10分29秒	男	42	硕士	主治医师	有	中等
I17	13分29秒	女	48	本科	护士	有	较弱
I18	8分24秒	女	37	本科	护士	有	较弱
I19	42分30秒	男	53	硕士	主治医师	有	中等
I20	21分11秒	男	32	本科	国企员工	无	中等

从表4-1中可以看出，本书的访谈参与者年龄在18—60岁之间，具有本科及以上学历，这部分人具有活跃的思维，对互联网使用有一定的基础，可以保证能够通过深度访谈的方式获取丰富的质性研究资料。使用In来表示访谈参与者的序列，n代表了访谈参与的顺序，如I1代表第一位接受访谈的参与者。

在研究对象抽样方面，研究初期主要采用便利抽样，以尽可能多地发现潜在理论相关的类属和维度。随着研究的推进，也注意采取了差异化抽样（vatiational sampling），在已发现部分维度的基础上，研究者假设受访对象的某些特征在一定程度上可能会对类属和维度带来差异。例如，最开始几例受访者的文化程度在研究生及以上，年龄在30岁以下，代表了较高知识层次的青年人对网络健康信息风险感知的观点和态度。而后研究者又访谈了文化程度相对较低、年龄较大的不同职业人群对于网络健康信息风险感知的态度，以期获得更多的行为差异。

本次正式访谈的样本数是20例，主要包括学生、教师、图书馆员、政府机关工作人员、医生、护士、国企员工等。性别分布上，男性和女性各占50%；年龄分布上，14—25岁占5%，26—35岁占55%，36—45岁占15%，46—55岁占25%；职业分布上，学生占50%，教师、政府机关工作人员、医生、护士各占10%，图书馆员和国企员工各占5%；学历分布上，本科占25%，硕士占25%，博士及以上占50%。此外，由于网络健康信息的获取与个人的医学专业背景和信息检索能力有关，本书还统计了访谈参与者与此相关的经历。在医学专业背景上，没有医学专业背景的占80%，有医学专业背景的占20%；在对自我的信息素养能力进行评价时，60%的受访者认为自己的信息素养能力较强，25%的受访者认为自己的信息素养能力中等，15%的受访者认为自己的信息素养能力较弱。

4.2 实验结果分析

扎根理论通过对资料进行编码，实现对数据内容的定义。编码意味着把数据片段贴上标签，同时对每一部分数据进行分类、概括和说明。编码是搜集数据和生成解释这些数据的理论之间的关键环节。通过编码来定义数据中所发生的情况，并从访谈材料中逐渐提炼出初始理论，可以解释这些数据，并指引接下来的数据搜集。

扎根理论编码主要包括两个阶段。首先是初始阶段，包括为数据的每个词、句子或片段命名；其次是聚焦和选择的阶段，使用最重要的或出现最频繁的初始代码来对大部分数据进行分类、综合、整合和组织。本书使用凯西·卡麦兹在《建构扎根理论：质性研究实践指南》中的研究方法，对访谈资料进行初始编码（initial coding）、聚焦编码（focused coding）、轴心编码（axial coding）和理论编码（theory coding），使用NVivo软件（版本11.0）对资料进行编码。

4.2.1　初始编码

初始编码是临时的、比较性的和扎根于数据的，要对资料所表示的内容保持开放，贴近数据，使代码尽可能简短、生动和具有分析性。初始编码通过对原始资料逐词、逐行或逐个事件进行编码并不断比较，发现相同与差异。在初始编码过程中，研究者围绕"网络健康信息风险感知"这一研究主题进行编码，同时为了便于后续研究风险感知对于网络健康信息采纳行为的具体影响，并不局限于只编码风险信息，当受访对象的材料涉及"网络健康信息感知利益"的时候，也对这部分信息进行编码。为了让研究者保持开放的头脑，研究首先抽出与研究主题有关联的原始语句，分解成若干个摘要，尽量使用原生代码，保留受访对象的原始语气；而后，对相关现象使用尽可能简短、精要的词语或短句进行表达，使用A1—An来表示。

为了详细说明初始编码过程，本书选择了2个访谈案例，对访谈过程、原始文本资料的获取及初始编码过程进行了展示（见表4-2和表4-3）。

表4-2　受访对象I2的深度访谈记录

受访者编号		I2		访谈时间	2017 年 9 月 8 日
性别	女	年龄	27	学历	博士
是否有医学相关背景	无	是否有信息素养相关学科背景			有
问：您是否曾在网络上获取过健康信息？ 答：获取过。主要是百度，通过一些很平常的医学问题，如，胃疼、头疼、感觉湿气重等很日常的问题；微博上关注一些医学专业人士的账号，如中医的等。微信和朋友圈之类的会看，但可信度比较低。					A45 非专业人士贡献的信息不可信；
问：您觉得在网络上获取健康信息是否存在风险？如果有，都有哪些风险？ 答：首先是担心这些信息是胡说八道。比如，我妈、亲戚推送给我					A15 信息质量不

的养生信息。这些四五十岁的中年妇女，她们看到这些信息立刻推送，她们没有辨别真伪的能力，而且那些公众号的界面，感觉设计很Low，不像一个医学专业的APP，从直观上感觉就是不可信。旁边还会有很多广告，有很多不正规的网页和医院提供的网页在设计上是不一样的，从主观上你会觉得这些不正规的网页是山寨的、盗版的，第一反应就是感觉这个网站提供的信息不可信。网页上一出现闪动的小广告，我就会觉得这就是骗子，不可信。而且它会提供一些方法，比如某些穴位治百病之类的，很明显不会是真的，但我看这个阅读量很多。如果没有毛病就算了，万一按照这些信息执行，治出毛病了就麻烦了。首先可能是无效。然后可能是传播一些谣言，治不坏就是最好的，不要对身体有危害，或者有一些诊断比较严重，但若太相信网上的说法，如有些人会在百度知道里说没事，可能会延误治疗时机。我没有主动跟网上问答进行对话。但有些医疗网页会有展示医生和患者的对话，比如你多大年纪，你什么症状。通过这些对话，我觉得这些医生回答的是没有价值的信息。医生的回答是普适性的，没有对患者病情的针对性。我自己还没有主动提供过自己的信息。网上问答我看到的好多都是大话空话。	高；A28非专业人士缺乏知识，无法分辨信息真假；A126网页设计不够正规；A43存在大量广告影响阅读体验；A11信息无效；A37以营利为目的的会夸大歪曲病情，吸引病患；A19传播谣言；A67延误治疗时机；A48网上回答的专家水平不高；A22他人的治疗方案并不能通用；
问：在网络上获取健康信息存在的风险会给您带来什么样的损失？	
答：目前没有金钱上的损失，可能情绪上会有。比如，今天胸疼，网上有的人会说可能是乳腺癌，就会给精神上带来紧张。可能有时候太紧张就要去医院查一下。而且有时候网上有人会往严重了说，有人会往轻了说，这些都会带来情绪的波动。	A84情绪上带来紧张；A90会造成不必要的检查；
问：如果有风险，那您为什么还要在网上获取健康信息？	
答：便捷，直观。解决简单的问题，比如，我今天午睡起来，会检索，为什么午睡久了会越睡越困。类似这种的，不会造成生命危险的简单的医学问题，会从网上获取。专业的不会上网查。	A108不作为决定性因素的参考源；
问：您认为哪些原因导致了网络上健康信息存在风险？	
答：没有一个专业的标准来控制这些。没有专业的标准和机构，目前在这个领域，在网络上提供健康信息这一块，还没有步入正轨。没有一个专业机构或者专业监督体系来规范。还有就是有些医生在网上回答没有面对面问诊的时候负责，医生的回答是不负责任或者是比较随意的回答。可能有医生会认为，如果病人还能在网上不紧不慢地问问题，可能他的病情就不是很严重。	A51缺乏权威的信息发布机构；A87网上医生回答态度不负责任，缺乏责任心。

受访对象P2的原始文本资料初始编码清单：

A45非专业人士贡献的信息不可信。该编码条目来自"微信和朋友圈之类的会看，但可信度比较低"。

A15信息质量不高。该编码条目来自"担心这些信息是胡说八道"。

A28非专业人士缺乏知识，无法分辨信息真假。该编码条目来自"她们看到这些信息立刻推送，她们没有辨别真伪的能力"。

A126网页设计不够正规。该编码条目来自"有很多不正规的网页和医院提供的网页在设计上是不一样的，从主观上你会觉得这些不正规的网页是山寨的、盗版的，第一反应就是感觉这个网站提供的信息不可信"。

A43存在大量广告影响阅读体验。该编码条目来自"网页上一出现闪动的小广告，我就会觉得这就是骗子，不可信"。

A11信息无效。该编码条目来自"如果没有毛病就算了，万一按照这些信息执行，治出毛病了就麻烦了。首先可能是无效"。

A37以营利为目的会夸大歪曲病情，吸引病患。该编码条目来自"会提供一些方法，比如某些穴位治百病之类的，很明显不会是真的"。

A19传播谣言。该编码条目来自"然后可能是传播一些谣言，治不坏就是最好的"。

A67延误治疗时机。该编码条目来自"但若太相信网上的说法，如有些人会在百度知道里说没事，可能会延误治疗时机"。

A48网上回答的专家水平不高。该编码条目来自"通过这些对话，我觉得这些医生回答的是没有价值的信息"。

A22他人的治疗方案并不能通用。该编码条目来自"医生的回答是普适性的，没有对患者病情的针对性"。

A84情绪上带来紧张。该编码条目来自"可能情绪上会有。比如，今天胸疼，网上有的人会说可能是乳腺癌，就会给精神上带来紧张"。

A90会造成不必要的检查。该编码条目来自"可能有时候太紧张就要去医院查一下"。

A108不作为决定性因素的参考源。该编码条目来自"类似这种的，不会造成生命危险的简单的医学问题，会从网上获取。专业的不会上网查"。

A51缺乏权威的信息发布机构。该编码条目来自"没有专业的标准和机构，目前在这个领域，在网络上提供健康信息这一块，还没有步入正轨。没有一个专业机构或者专业监督体系来规范"。

A87网上医生回答态度不负责任，缺乏责任心。该编码条目来自"有些医生在网上回答没有面对面问诊的时候负责，医生的回答是不负责任或者是比较随意的回答。可能有医生会认为，如果病人还能在网上不紧不慢地问问题，可能他的病情就不是很严重"。

表4-3　受访对象I11的深度访谈记录

受访者编号		I11		访谈时间	2017年9月21日
性别	男	年龄	23	学历	硕士
是否有医学相关背景	无	是否有信息素养相关学科背景			有
问：您是否曾在网络上获取过健康信息？ 答：最简单的就是百度搜索，检索一些医院信息。还有扭了手，在百度知道上获取的比较多。支付宝现在有医疗功能，我在预约挂号的时候，可以看到医生信息。比如，我要挂中南医院的医生号，上面有医生的专业背景，一些病人对他的评价。还有虎扑，比如我们打球，会有一些伤病，（上面会有一些信息）一方面是预防，一方面是伤病之后的处理。比如有人发帖哪儿受伤了，下面会有人回复；或者有人发帖骨折了，医生告诉他应该怎么处理。 问：您觉得在网络上获取健康信息是否存在风险？如果有，都有哪些风险？ 答：首先是真伪问题。比如，受伤之后怎么处理，网上会有很多人进行回答，但我们很难去分辨这些回答的真伪性。还有涉及用药的问题，这个问题就更加严重，具体用哪个药比较正确，我们没办法分辨。特别是网上这些人，他们回复的信息，真实度和可信度没法认证。还有一些医疗网站，你搜索一个问题，会有医生来回答。会注明哪个医院的医生告诉你应该怎么样。我觉得这种信息比百度知道上的可信度大，但其实我也没办法认证医生的身份是不是真的。我觉得百度这个检索系统有缺点。比如，你搜索一个疾病，前几条信息都是医疗推广信息，这是它的盈利渠道。还有一些医院的信息，我们很难去核实这些是不是医					A3网上很多信息都是矛盾的；A136缺乏信息真实性审核机制；A44医生的资质认证体系没有保障；A36通过互联网推广产品，夸大信息；A38为广告服务，内容偏颇；

续表

院官方网站。在我们有健康问题的时候，我们是比较愿意去通过自己的检索能力获得初步的诊断。但实践中，我发现，很多时候，我们通过百度、帖子获取的网络健康信息，会让我们产生误判，以为是很严重。我有一次生病的时候，在网上搜索自己的病情，上面就说很严重，感觉自己命不久矣，但去医院检查，医生说这没什么，休养几天就好。我在网上获取的信息和去医院医生提供的信息，差距非常大。我的初衷是去网上掌握一些初步的认识，但没有达到过这个目的。	A68 自行判断病情引起误诊；A7 网上的信息和医生提供的信息差距非常大；A12 回答内容没有价值，不能解决问题；
网上固有的虚假信息太多了。网上搜索服务商还是要做一些控制的。之前莆田系医院，现在仍在一些推广内容，但百度不对这些推广负责。这是涉及商业的。还有一些个人的网民，出于热心的目的，他在网上发布很多个人的经验知识，比如他生病，吃了什么东西好了，他会很热心地在网上进行回复。但这种东西是否有效，是不是要因人而异，我觉得还是要平台进行处理。这跟平台的管理者有关。如果以后还是基于百度的话，我会慢慢放弃从网上获取健康信息。对于百度来说，我很难准确描述疾病的情况，如果我要在网上获取健康信息，要首先对自己做一个诊断，这对没有医学常识的我们是很复杂的过程，可能会产生误判。这样我就会选择直接的手段，直接去医院，让医生做出诊断。	A20 捏造虚假信息；A45 非专业人士贡献的信息不可信；A21 健康问题因人而有所不同； A27 非专业人士难以准确描述疾病；A127 更习惯于去找医生面诊；
问：在网络上获取健康信息存在的风险会给您带来什么样的损失？ 答：我已经检索过东西了，过几天又跳出来我的检索记录。我自己会担忧。还有一些医疗网站，会出现弹窗。因为医疗信息是个人非常重要的隐私，我会比较担忧。包括在支付宝上，我预约挂号的时候，要提供身份证、姓名和电话，但是提供了之后，支付宝也是依托第三方的平台，第三方平台是不是会泄露我的隐私，这是很难预料的。第一个是个人的基本信息，担心被泄露；第二个是专指的医疗信息，比如，我在网上进行了疾病的咨询，是不是就会有各种药品、治疗的小广告打到我手机里，对我的正常生活进行干扰。	A60 担心检索记录被获取；A124 不相信网页弹窗；A58 担心个人疾病信息泄露；A57 担心个人身份信息泄露；A62 担心因为隐私泄露而被推送信息或广告；
问：如果有风险，那您为什么还要在网上获取健康信息？ 答：网络的便利性，很快，很及时，处理很多突发问题的时候可以快捷地得到回复。当我们面对一些小的疾病，如感冒头疼，可能我们会更倾向于通过网络主动获取一些信息，免除去医院的麻烦。中国的医疗资源有些紧张，不管去校	

续表

医院还是中南医院，会花很多的时间和精力。 问：您认为哪些原因导致了网络上健康信息存在风险？ 答：生病后的信息，要有一个更好的平台，缺乏一个比较权威的发布这些信息的机构。如果有一个官方的平台把线上平台和线下医院连接起来，这对减少虚假信息是有好处的。对于我们的长辈，什么东西不能吃啊，每次在朋友圈发这些我都要去辟谣。比如，果壳的谣言粉碎机，我很喜欢。如果我们没办法完全禁止谣言，那就需要官方的渠道去传播正确的健康信息。需要监管，微信等发布平台，要对关键词进行初始过滤，对谣言进行辟谣。另外，权威机构，比如药监局，要主动发声，要告诉大家这个东西是不是安全的，要有一个官方的渠道。	A51缺乏权威的信息发布机构；A119需要打击虚假和没有资质的网站。

受访对象I11的原始文本资料初始编码清单：

A3网上很多信息都是矛盾的。该编码条目来自"网上会有很多人进行回答，但我们很难去分辨这些回答的真伪性"。

A136缺乏信息真实性审核机制。该编码条目来自"具体用哪个药比较正确，我们没办法分辨。特别是网上这些人，他们回复的信息，真实度和可信度没法认证"。

A44医生的资质认证体系没有保障。该编码条目来自"但其实我也没办法认证医生的身份是不是真的"。

A36通过互联网推广产品，夸大信息。该编码条目来自"前几条信息都是医疗推广信息，这是它的盈利渠道"。

A38为广告服务，内容偏颇。该编码条目来自"还有一些医院的信息，我们很难去核实这些是不是医院官方网站"。

A68自行判断病情引起误诊。该编码条目来自"通过百度、帖子获取的网络健康信息，会让我们产生误判，以为是很严重"。

A7网上的信息和医生提供的信息差距非常大。该编码条目来自"我在网上获取的信息和去医院医生提供的信息，差距非常大"。

A12回答内容没有价值，不能解决问题。该编码条目来自"我的初衷是去网上掌握一些初步的认识，但没有达到过这个目的"。

A20捏造虚假信息。该编码条目来自"网上固有的虚假信息太多了"。

A45非专业人士贡献的信息不可信。该编码条目来自"还有一些个人的网民，出于热心的目的，他在网上发布很多个人的经验知识"。

A21健康问题因人而有所不同。该编码条目来自"但这种东西是否有效，是不是要因人而异"。

A27非专业人士难以准确描述疾病。该编码条目来自"我很难准确描述疾病的情况，如果我要在网上获取健康信息，要首先对自己做一个诊断，这对没有医学常识的我们是很复杂的过程，可能会产生误判"。

A127更习惯于去找医生面诊。该编码条目来自"这样我就会选择直接的手段，直接去医院，让医生做出诊断"。

A60担心检索记录被获取。该编码条目来自"我已经检索过东西了，过几天又跳出来我的检索记录。我自己会担忧"。

A124不相信网页弹窗。该编码条目来自"还有一些医疗网站，会出现弹窗"。

A58担心个人疾病信息泄露。该编码条目来自"医疗信息是个人非常重要的隐私，我会比较担忧"。

A57担心个人身份信息泄露。该编码条目来自"我预约挂号的时候，要提供身份证、姓名和电话，但是提供了之后，支付宝也是依托第三方的平台，第三方平台是不是会泄露我的隐私，这是很难预料的"。

A62担心因为隐私泄露而被推送信息或广告。该编码条目来自"我在网上进行了疾病的咨询，是不是就会有各种药品、治疗的小广告打到我手机里，对我的正常生活进行干扰"。

A51缺乏权威的信息发布机构。该编码条目来自"生病后的信息，要有一个更好的平台，缺乏一个比较权威的发布这些信息的机构。如果有一个官方的平台把线上平台和线下医院连接起来，这对减少虚假信息是有好处的"。

A119需要打击虚假和没有资质的网站。该编码条目来自"那就需要官方的渠道去传播正确的健康信息。需要监管，微信等发布平台，要对关键词进行初始过滤，对谣言进行辟谣"。

限于篇幅，对其他受访对象的原始文本资料的初始编码过程不再逐一展示。通过对20位受访对象的原始访谈资料进行初始编码，研究者共

抽取了136个初始概念，都是对受访对象的原始语句进行摘要提取。使用
NVivo软件对原始文本资料进行初始编码并以初始编码命名相应的节点，
每个节点在所有原始文本中出现的次数即为参考点，用以定位每个节点在
原始文本中出现的位置，帮助研究者反思数据，形成自己的想法，比较看
法并发现规律。部分初始编码如表4-4所示。

表4-4　网络健康信息多维度风险感知初始编码构建（部分）

编码序号	初级编码内容（节点）	参考点	访谈文本
A1	存在大量无用的信息需要筛选	8	（访谈记录03）在我浏览大量的信息之后，我会有一个判断，哪些可信，哪些不可信； （访谈记录08）点开之后再筛选，看哪些结果符合自己的预期；会针对某个健康问题或者疾病，会反复搜寻，会对比筛选，找一个大家一致认为正确的观点； （访谈记录09）同一个问题，不同的人有不同的看法，要验证，或者结合实际的情况，再结合自己的思考得出结论；可能要看很多无用的信息，最后才能判断哪个信息对你有用； （访谈记录10）看最相关的，关键词相关的结果，会点开看； （访谈记录20）但是不是有用，我觉得并不是很好。特别是百度里的信息，在看了网上信息后，我觉得对我没有任何帮助。
A2	信息同质化严重	6	（访谈记录04）比较同质，像是复制粘贴出来的，不是针对这个东西来说的；很多医生回答的问题是复制粘贴的，很多不同的医生回答的答案都是一样的； （访谈记录09）在网上，重复的信息太多了，各种网站，如百度知道等，检索出来的结果可能是一模一样的；你要把问题看清楚，可能要看很多无用的信息，最后才能判断哪个信息对你有用。因为有些人出于热情，或者出于网络优化，往他的网站引流，他会重复地提交相关的信息，会造成网络上存在大量的、冗余的、不精确的信息； （访谈记录10）很多信息都是一模一样的； （访谈记录20）网上医生都是千篇一律的回答，可能是什么什么问题，建议去医院。
……	……	……	……

4.2.2 聚焦编码和轴心编码

聚焦编码是扎根理论编码的第二个主要阶段，相比于逐字逐句的初始编码，聚焦编码更具有指向性、选择性和概念性，通过聚焦编码来比较人们的经验、行动和解释。在第一阶段初始编码提取136个初始编码的基础上，本书对最重要的或出现最频繁的初始编码来进行整理、分类和梳理，判断哪些初始编码最能敏锐地分析数据，形成73个概念。研究者更进一步对73个聚焦代码进行了分析和完善，进行分类组合，提取出27个子范畴，用C01—Cn表示。这27个子范畴有助于接下来具体分析类属的属性和维度。

轴心编码可以使得类属和亚类属相联系，使得类属的属性和维度具体化，使得在初始编码中被分裂开进行分析的数据重新排列，形成连贯的、有意义的行动理论。通过归类合并蕴含相同概念内容的子范畴，研究者一共提取了6个核心范畴，用D1—Dn表示。在编码过程中，只有出现2个及以上概念内涵相近的子范畴才会被归类合并到核心范畴，核心范畴具有以下特征：①核心性，即能与其他数据或者属性相关联；②解释力，能够解释大部分研究对象的行为模式；③频繁重现性，即这样的变量是经常出现的；④与其他变量产生联系且有意义[①]。轴心编码的结果具体见表4-5。

表4-5　网络健康信息多维度风险感知结构编码结果

核心范畴 D	子范畴 C	聚焦编码 B
D1 信息质量风险	C01 信息数量多	B1 健康信息数量大，需要筛选 B2 健康信息内容重复 B36 网上搜索健康信息会消耗很多时间，效率不高 B37 健康信息相关网页数量太多，找到目标信息比较困难

---

① 贾旭东,谭新辉.扎根理论及其精神对中国管理研究的现实价值 [J].管理学报,2010,7(5):656-665.

核心范畴 D	子范畴 C	聚焦编码 B
	C02信息矛盾	B3健康信息内容矛盾 B71同一个健康问题可能有多种的解决方案 B72信息矛盾影响信息的采纳 B55无法判断网络健康信息的真伪
	C03信息质量低下	B5网络健康信息内容无效 B6网络健康信息质量低下 B7缺少优质的公立医院发布的健康信息
	C04存在虚假信息	B8网络健康信息传播谣言 B9网络健康信息捏造虚假信息
	C05无法实现个性化的病情诊断	B10健康问题因个人体质而有所不同 B73治疗方案并不能通用于所有病人 B38网络健康信息的指导措施会影响正常生活 B29对照网络健康信息实践验证影响身体健康
	C14信息不准确	B11只能通过对症状的描述来看病，没有化验等辅助检查 B13非专业人士难以准确描述疾病进行搜索
D2信息来源风险	C06缺乏专业性	B4网上的健康信息和医生提供的信息差距非常大 B14非专业人士无法判断信息真假 B15专业的医学信息审查难度大 B35非专业人士在解读网络健康信息的时候非常吃力
	C07缺乏客观性	B16不能判断在网络上发布健康信息的个人或机构的动机 B17个人回答者可能会通过扭曲事实，与医院实现利益交换 B19部分医院以营利为目的，夸大歪曲病情，吸引病患 B20公司为了推广产品，在互联网上夸大信息 B21部分健康信息为广告服务，内容偏颇
	C08缺乏可信性	B22无法确定信息发布者的可信性 B26无法确定信息来源的可信性

续表

核心范畴 D	子范畴 C	聚焦编码 B
	C09缺乏权威性	B24在网上回答健康问题的专家水平不高 B25缺乏权威的健康信息发布机构 B74缺乏权威的信息发布平台 B46网上医生回答健康问题时的态度缺乏责任心 B34获取优质信息源发布的健康信息比较费力
D3隐私风险	C10身份信息泄露风险	B27担心个人身份信息泄露
	C11疾病信息泄露风险	B28获取网络健康信息时，担心个人疾病信息泄露
	C12浏览信息泄露风险	B30获取网络健康信息时，担心检索记录被获取 B31担心根据检索和浏览结果推送广告信息
	C13个人信息被不知情地使用	B78我的个人信息可能在我不知情的情况下被使用 B79不知不觉地被泄露个人隐私信息
	C16担心失去对隐私数据的控制	B60我担心使用网络健康信息会使我失去对隐私数据的控制
D4心理风险	C15网络交流障碍	B40在网络上与人互动会造成心理焦虑 B76担心网络互动会侵犯隐私 B41使用文字进行沟通使人感觉不舒服 B75在线交流不能实时交流
	C20给精神上带来紧张	B44网络健康信息给精神上带来紧张 B12会给人带来心理压力
	C21使人担忧	B23给人产生误导 B45网络健康信息会通过夸大病情后果和严重性来使人担忧 B32自行判断病情引起误诊 B33延误治疗时机 B59误导治疗结果
	C22带来不必要的焦虑感	B47生病后的焦虑使得病人和家属容易受网络上负面信息的感染 B77会造成不必要的检查
	C26来自社会的反对压力	B69我的朋友和家人反对获取网络健康信息 B70我的医生反对获取网络健康信息

核心范畴 D	子范畴 C	聚焦编码 B
D5 系统质量风险	C23 网站设计存在缺陷	B58 检索结果存在缺陷 B61 缺乏良好的信息过滤机制 B62 缺乏对网络健康信息的评价或补充回答机制 B63 缺乏对虚假和没有资质的网站的打击 B65 网络健康信息发布网页设计不够正规 B56 在线问诊平台功能太复杂
	C24 信息发布和更新的时间存在缺陷	B64 过时的网络健康信息内容不具备参考价值
	C25 界面交互水平存在缺陷	B39 不相信网页弹窗，不愿意跟弹窗进行交流； B42 在线交流需要打字，比较麻烦；
	C27 网站可靠性存在缺陷	B66 一满屏的广告影响阅读体验 B18 网络上的广告信息没有明显的标识
D6 财务风险	C17 存在潜在的被欺诈危险	B43 有病乱投医或者关心则乱，容易被欺骗； B48 虚假医院广告会造成金钱损失
	C18 付费信息不能满足信息需求	B51 没有医学专业知识，无法判断网上健康信息是否值得付费
	C19 会带来经济损失	B49 在网上获取健康信息浪费钱 B50 网络上没有合适的专家提供付费服务

4.2.3 理论编码

理论编码将在之前编码中形成的概念或范畴组织起来用以构建理论。首先，研究者对研究笔记进行整理，如果通过理论性编码发现理论无法饱和，则研究者须追溯整个研究历程，或者重新进行理论性抽样，或者再次进行初始编码，以重新补充新的数据，实现理论的饱和。最后，研究者还需要进行文献回顾，将初步构建的理论与已有的文献不断进行比较，以发现和补充已有概念、范畴及理论的不足。当与文献进行不断比较也不能产生新的概念与范畴时，理论就达到了饱和，此时，扎根理论研究的理论构建工作基本完成。

    根据理论编码过程，本书将核心范畴与研究备忘录进行了比照，发现研究者在研究过程中形成的思想、概念和范畴已经全部包含在核心范畴内，无须再次进行新的数据补充。

    而后，研究者将核心范畴所包含的子范畴与现有文献不断进行比较，发现用户网络健康信息采纳风险感知概念与已有文献的理论检验。文献比较和验证结果如表4-6所示。

表4-6　文献比较和验证

核心范畴 D	子范畴 C	文献比较和验证
D1感知信息质量风险（Perceived information quality risk）	C01健康信息数量太多	Corbitt，et al.（2003）；Bhukya & Singh（2015）
	C02信息矛盾	Blesik & Bick（2016）
	C03信息质量低下	Bhukya & Singh（2015）
	C04存在虚假信息	Lee（2009）；Mou，et al.（2016）
	C05无法通过网络实现个性化的病情诊断	王文韬（2017）
	C14信息不准确	Liebermann & Stashevsky（2002）；Salwen（1987）
D2感知信息来源风险（Perceived information source risk）	C06缺乏专业性	Blesik & Bick（2016）
	C07缺乏客观性	Salwen（1987）
	C08缺乏可信性	Mccorkle（1990）；Chaiken & Maheswaran（1994）
	C09缺乏权威性	王文韬（2017）
D3感知隐私风险（Perceived privacy risk）	C10身份信息泄露风险	Liebermann & Stashevsky（2002）
	C11疾病信息泄露风险	Liebermann & Stashevsky（2002）
	C12浏览信息泄露风险	Cocosila，et al.（2009）
	C13个人信息被不知情的使用	Mackert M，et al.（2016）
	C16担心失去对隐私数据的控制	Cocosila & Archer（2009）

续表

核心范畴 D	子范畴 C	文献比较和验证
D4感知心理风险（Perceived psychological risk）	C15网络交流障碍	Murphy & Enis（1986）
	C20给精神上带来紧张	Mou，et al.（2016）
	C31使人担忧	Liao，et al.（2010）；Cocosila，et al.（2009）
	C22带来不必要的焦虑感	Liao，et al.（2010）
	C26来自社会的反对压力	Cocosila，et al.（2009）
D5感知系统质量风险（Perceived system quality risk）	C23网站设计存在缺陷	DeLone & McLean（2003）；Bharati & Chaudhury（2004）
	C24信息发布和更新的时间存在缺陷	Liebermann & Stashevsky（2002）
	C25界面交互水平存在缺陷	Palmer（2002）
	C27网站可靠性存在缺陷	Salwen（1987）
D6感知金融风险（Perceived finance risk）	C17存在潜在的被欺诈危险	Featherman & Pavlou（2003）
	C18付费信息不能满足信息需求	Kwon，et al.（2008）
	C19会带来经济损失	Featherman & Pavlou（2003）；Cocosila & Archer（2009）

4.3 实验效度检验

4.3.1 效度检验

质性研究得到效度检验不是一个单一概念，而是一个"依情况而定的结构，以特定的研究方法、项目过程和意图为基础"[1]，需要对可能影响结果的多项因素加以考量，以研究其研究结果是否可以接受、可信赖或是可

---

① WINTER G. A comparative discussion of the notion of "validity" in qualitative and quantitative research[J]. The qualitative report, 2000, 4（3）: 1–14.

靠的。Lincoln 和 Guba 认为质性研究的效度是指可靠性（dependability）、稳定性（stability）、一致性（consistency）、可预测性（predictability）与正确性（accuracy）[①]。胡幼慧和姚美华认为，质性研究的效度包括：1.内在效度，指质性研究资料的真实程度，即质性研究者真正观察到资料的真实性程度。研究者可以通过增加资料确定性的机率、邀请同行参与讨论、对负面案例的收集和分析、使用辅助工具来协助资料和搜集等方式提高内在效度。2.外在效度，指研究者能将受访对象内在的情感、观点、经验很忠实地以资料、文字的方式予以转换、呈现，而尽量减少扭曲、失真的机率，将访谈记录转化为深度描述资料[②]。根据以上定义，本书从内在效度（internal validity）与外在效度（external validity）两方面对本书的效度进行检验。

质性研究的内在效度关注研究的结果是否属于因果关系，考察该研究的发现是否能精确地描述所研究的现象。本书受访对象来自于不同的领域，涵盖了学生、教师、图书馆员、政府机关工作人员、医生、护士、国企员工等人群，同时，由于健康信息存在专业性，受访对象包括了医护人员，以保证不同专业背景的人对于风险的看法能够全部覆盖，实现观点的多元化；在访谈过程中，当受访者表达的意见比较模糊或有拓展空间时，则以受访者能够接受的方式进行重复提问和交流，保障笔者确定正确理解了受访者语言表达的意见，最大限度地还原和接近受访者的真实意志，实现数据资料的相互印证和补充；整个访谈过程以扎根理论为指导，基本保证了研究的内在效度。

而质性研究的外在效度要求研究者能翔实地记录现象的脉络、情境、对话，研究结果可以概括较广的母体、个案或情境。本书在访谈阶段采取了现场笔录和录音两种方式保持了访谈资料，并及时将访谈录音资料转化为 word 文本形式进行保存；在录音和访谈开始之前取得受访对象的

---

① LINCOLN Y S, GUBA E G. Naturalisti C inquiry[M]. Beverly Hills, California, USA: Sage, 1985.

② 胡幼慧，姚美华. 一些质性方法上的思考:信度与效度? 如何抽样? 如何收集资料、登录与分析? [M]//胡幼慧. 质性研究: 理论、方法及本土女性研究实例. 台北:巨流出版社，1996: 141-158.

同意和理解，并保证其受访内容的保密性，获取受访对象的信任，基本保证了研究的外在效度。

4.3.2　理论饱和度检验

本书对最后一位受访者的原始访谈资料进行分析，并进行理论饱和度检验。初始编码过程见表4-7。

表4-7　受访对象I20的深度访谈记录（理论饱和度检验）

受访者编号		I20		访谈时间	2017 年 10 月 25 日
性别	男	年龄	32	学历	本科
是否有医学相关背景	无	是否有信息素养相关学科背景			无

问：您是否曾在网络上获取过健康信息？ 答：有，主要是通过百度，我以前查过，因为打球经常容易疼，会上网去查。微信朋友圈也会看一些，比如抽烟的影响之类的信息，但一般都没啥感觉。	
问：您觉得在网络上获取健康信息是否存在风险？如果有，都有哪些风险？	
答：首先是，自以为对症的医疗判断会对身体造成不良影响。比如，我的运动伤，胫骨疼的话可能有很多种情况，我只选择了一种情况，可能会引起误诊。	A25 非专业人士会被症状描述所误导；
另外，每个人都有自己的身体状态，他的治疗方案对我可能并不是很适用，会产生滥用药物的风险。我在网上没有用过药物，但会看到医生给的治疗方案，觉得很不靠谱。我看过一个数字医疗网，上面的医生就标明是主治医师，三个主治医师提供了三种医疗建议，我觉得三个都不对，就都没有听。第一个说我是骨炎前兆，以后会发展成股骨头坏死。第二个说我过于肥胖，第三个说是遗传病史。我自己认为，我的伤就是运动的疲劳，我认为是胫骨筋膜炎。	A22 他人的治疗方案并不能通用； A6 矛盾的信息导致都不采纳；
在看了网上信息后，我觉得对我没有任何帮助。去医院的话，一是没时间；二是，我身边很多家属是医生，我的运动伤本来就是时有时无的，我找人帮我看过不是骨头上的问题，我就不是很在意了。	A12 回答内容没有价值，不能解决问题；

续表

对于网上跟病人的对话，我会看逻辑，有些信，有些不相信。有一个说是骨折之后休养一年打球还是疼，期间患者说自己没有过度运动。但网上医生都是千篇一律的回答，可能是什么什么问题，建议去医院。也有医生会直接根据他的病情提供诊断。	A87网上医生回答态度不负责任，缺乏责任心；
对于网上的弹窗，都不会去相信。像这种东西都是有风险的。一般来说，网上的弹出窗口指向未知的服务器的链接，对这方面还是比较警惕。	A124不相信网页弹窗；
不会把网上的信息去跟医生沟通。	
在网上搜索效率不高。如果在网上可以有公立医院的医生整合体系，患者不适宜出门的前提下，借助于网络平台，一对一地进行简单的门诊或者初步的诊疗。一方面为医院产生效益；一方面也减少人力成本的投入。如果有这样的平台，看病的水平还不错，我可以接受付费治疗，也会推荐给亲人朋友。	A73网上搜索会消耗很多时间，效率不高；
我觉得微信上的信息更多的是作为消遣，不会拿来获取正式的信息。当身体有不舒服的时候，会去百度等搜索引擎，去获取相关症状和症状的解读。平时不会关注健康信息，有症状的时候才会去获取相关信息。	A108不作为决定性因素的参考源；
在网上获取信息之后，心情会更加沉重。跟去医院是不一样的心情。我觉得面对面交流更容易被接受，而纯文字交流比较生硬，更客套。所以我在网上看到的回复觉得太官方，就不是很愿意接受。	A84会给精神上带来紧张；A78文字交流比较生硬，不愿意接受。
我觉得我获取医疗资源是非常方便的，因为亲人中是有医生的。	

对访谈记录20进行检验：

"自以为对症的医疗判断会对身体造成不良影响。比如，我的运动伤，胫骨疼的话可能有很多种情况，我只选择了一种情况，可能会引起误诊。"其编码为"A25非专业人士会被症状描述所误导—B13非专业人士难以准确描述疾病进行搜索—C14信息不准确—D1信息质量风险"。

"每个人都有自己的身体状态，他的治疗方案对我可能并不是很适用，会产生滥用药物的风险。"其编码为"A22他人的治疗方案并不能通用—B73治疗方案并不能通用于所有病人—C05无法通过网络实现个性化的病情诊断—D1信息质量风险"。

"三个主治医师提供了三种医疗建议，我觉得三个都不对，就都没有听。"其编码为"A6矛盾的信息导致都不采纳—B72信息矛盾影响信息的采纳—C02信息矛盾—D1信息质量风险"。

"在看了网上信息后，我觉得对我没有任何帮助。"其编码为"A12回答内容没有价值，不能解决问题—B5网络健康信息内容无效—C03信息质量低下—D1信息质量风险"。

"但网上医生都是千篇一律的回答，可能是什么什么问题，建议去医院。"其编码为"A87网上医生回答态度不负责任，缺乏责任心—B46网上医生回答健康问题时的态度缺乏责任心—C09缺乏权威性—D2信息来源风险"。

"对于网上的弹窗，都不会去相信。像这种东西都是有风险的。一般来说，网上的弹出窗口指向未知的服务器的链接，对这方面还是比较警惕。"其编码为"A124不相信网页弹窗—B39不相信网页弹窗，不愿意跟弹窗进行交流—C25界面交互水平存在缺陷—D6系统质量风险"。

"在网上搜索效率不高。"其编码为"A73网上搜索会消耗很多时间，效率不高—B36网上搜索健康信息会消耗很多时间，效率不高—C01健康信息数量太多—D1信息质量风险"。

"我觉得微信上的信息更多的是作为消遣，不会拿来获取正式的信息。"其编码为"A108不作为决定性因素的参考源—B29对照网络健康信息实践验证影响身体健康—C05无法通过网络实现个性化的病情诊断—D1信息质量风险"。

"在网上获取信息之后，心情会更加沉重。跟去医院是不一样的心情。"其编码为"A84会给精神上带来紧张—B44网络健康信息给精神上带来紧张—C20给精神上带来紧张—D5心理风险"。

"觉得面对面交流更容易被接受，而纯文字交流比较生硬，更客套。所以我在网上看到的回复觉得太官方，就不是很愿意接受。"其编码为"A78文字交流比较生硬，不愿意接受—B41使用文字进行沟通使人感觉不舒服—C15网络交流障碍—D5心理风险"。

通过初始编码、聚焦编码和轴心编码的开发过程，本书并没有发现新的主范畴关系结构。因此可以认定为此次研究基于扎根理论构建的网络健康信息采纳行为的风险感知维度在理论上已经饱和。

4.4　实验结果讨论

本章构建的多维度网络健康信息风险感知包括6个维度，每个维度下有不同的测量项对该风险维度进行阐释。其中，信息质量风险、信息来源风险研究用户在采纳网络健康信息时的内容不确定性，隐私风险、心理风险研究用户在采纳网络健康信息的内在影响的不确定性，系统质量风险研究用户在采纳网络健康信息的易用性的不确定性，财务风险研究用户在采纳网络健康信息时的经济不确定性。以此多维度风险感知为基础，为下文实证研究验证网络健康信息的具体风险维度量化研究奠定基础。

因此，基于理论验证，本节对网络健康信息风险感知各个维度进行理论定义和解析。

4.4.1　信息质量风险

信息质量是信息时代许多活动成功的关键因素，包括对网络健康信息的采纳。在研究网络健康信息风险感知维度时，首先要认识到信息质量风险问题。用户感知的信息质量风险包括两个要素：第一是他们认为会获得较少的健康信息，即信息质量是否可以满足用户的某种需求；第二是对信息质量存在怀疑，即信息质量可以满足用户对信息的期望的程度。信息质量风险代表了用户对输出信息与用户信息需求特征的反应。Nicolaou和Mcknight提出了信息质量风险维度，包括通用性、准确性、相关性、完整性、可靠性和可信性[1]。

---

[1]　NICOLAOU A I, MCKNIGHT D H. Perceived information quality in data exchanges: effects on risk, trust, and intention to use [J]. Information systems research, 2006, 17 (4): 332-351.

本书中，信息质量风险是指用户在获取网络健康信息过程中，感受到因为信息不够准确或不能满足用户需求所带来的不确定性。

4.4.2　信息来源风险

信息来源风险是指个人从不可信的信息来源中获取信息，从而遭受损失的可能性[①]。信息来源可信度表示的是用户对信息传播者的相信程度，用户对信息来源进行评估以衡量信息可信性，进而产生对信息的接受意图，而并不是对信息本身进行反应。Hovland 和 Weiss 发现，来源可信度对于说服用户进行信息获取和态度改变具有显著的影响，在信息内容相同的条件下，当信源可信度较高时，个体更易于被说服[②]。Chaiken 和 Maheswaran 发现，当信息内容比较模糊时，信源可信度可以启发式地处理信息，成为用户用来处理信息的重要因素[③]。Hovland 等人认为信息来源可信度包括专业性和可信赖性两个维度，其中，专业性指信息发布者被认为具有提供有效准确信息的程度，而可信赖性指信息发布者愿意提供事实真相的程度[④]。Gaziano 和 McGrath 将信息来源可信度分为可信度和社会关怀，其中社会关怀是指关心用户的想法[⑤]。Whitehead 将来源可信度区分为可信赖、能力、活力和客观性4个维度[⑥]。Salwen 通过对报纸民意测验的可信度分析得到信息源可信度的 4 个维度：可

---

① MCCORKLE D E. The role of perceived risk in mail order catalog shopping [J]. Journal of interactive marketing, 1990, 4（4）: 26-35.

② HOVLAND C I, WEISS W. The influence of source credibility on communication effectiveness [J]. Public opinion quarterly, 1951, 15（4）: 635-650.

③ CHAIKEN S, MAHESWARAN D. Heuristic processing can bias systematic processing: effects of source credibility, argument ambiguity, and task importance on attitude judgment [J]. Journal of personality and social psychology, 1994, 66（3）: 460-460.

④ HOVLAND C I, JANIS I L, KELLEY H H. Communication and persuasion: psychological studies of opinion change [M]. New Haven, CT, USA: Yale University Press, 1953: 45.

⑤ GAZIANO C, MCGRATH K. Measuring the concept of credibility [J]. Journalism quarterly, 1986, 63（3）: 451-462.

⑥ WHITEHEAD A N. Modes of thought [M]. Berlin, Heidelberg: Springer Press, 1968.

信赖性、专业性、清晰性、客观性①。其中，可信赖性包括可信、真实、实际、诚实、真诚等；专业性包括熟练、正确、专业、完整、准确；清晰性包括易读、易理解、清楚；客观性包括公平、客观、无偏见。

信息来源风险涉及用户对信息源的一系列认知，代表信息来源被用户认为是值得信赖和信任的程度。Mccorkle 认为，信息来源风险是用户对于是否可以信任信息发布者，并对从他们那里舒适地获取信息的担忧，消息来源对用户有很强的说服力②。如果消费者对消息来源的感知是积极的，那么对信息来源风险感知的程度就会降低。同时，信息来源风险会影响其他类型的风险感知，只有当信息来源风险降低之后，才有可能减少其他类型的风险感知，而如果信息来源风险很高，那么其他类型的风险感知也可能很高。为了减少信息来源风险，信息发布者需要在用户心中建立一个可信的身份，而来源可信则与可信度、可信赖性和专家意见密切相关。

4.4.3 隐私风险

隐私风险是指"个人的主张……自己决定何时、通过何种方式以及在多大程度上将有关于自己的信息传达给他人"。用户的隐私问题由来已久，研究发现，隐私风险中，健康信息③和财务信息④被认为是最敏感的。随着互联网用户的增加，用户的隐私问题也在不断增加，用户对信息隐私的关注已经是信息时代最重要的问题之一。在信息系统研究中，许多学者对隐私问题进行讨论，例如，Malhotra 等人认为，用户在提交个人身份信息

---

① SALWEN M B. Credibility of newspaper opinion polls: source, source intent and precision [J]. Journalism quarterly, 1987, 64 (4): 813–819.

② MCCORKLE D E. The role of perceived risk in mail order catalog shopping [J]. Journal of interactive marketing, 1990, 4 (4): 26–35.

③ ANDRADE E B, KALTCHEVA V, WEITZ B. Self-disclosure on the web: the impact of privacy policy, reward, and company reputation [J]. Advances in consumer research, 2002, 29: 350–353.

④ PHELPS J, NOWAK G, FERRELL E. Privacy concerns and consumer willingness to provide personal information [J]. Journal of public policy & marketing, 2000, 19 (1): 27–41.

时会承担较高风险[①]；Suh 和 Han 提到了信息被窃取、服务被窃取和数据被滥用等风险[②]。Pavlou 认为，隐私风险是由窃取或非法披露个人用户信息的可能性所导致的，是衡量整体风险感知的标准之一[③]。Featherman 等人将隐私风险看作是消费者对涉及隐私的机密个人识别信息的潜在损失的主观评估[④]，主观的评估性可以随着时间的推移而加强，使消费者更容易相信整个电子服务类别或该类别内的品牌具有一定的隐私水平风险。Nyshadham 认为，隐私风险是指在线电商收集个人数据并不当使用的可能性，这一风险维度还包括私自获取用户的购物习惯等信息[⑤]。Yang 等人认为，对用户隐私信息的侵犯包括服务提供者故意收集、披露、发送或销售个人数据，而不经过用户的了解或许可[⑥]。

　　网络健康信息涉及的个人隐私信息包括：个人信息，如用户真实姓名、头像、身份证号、职业、职务、联系方式、银行账号及第三方支付账号、电子邮件、教育经历、从业经历等；个人健康信息，如用户根据要求而提交的个人身高、体重、性别、年龄、血型以及慢性病史情况等个人的健康和医疗信息等，也具有高度敏感性，需要严格的法律来进行数据保护；此外，医疗平台的用户也经常要求匿名和保护隐私，在网络健康信息网站上提问、回答、浏览、操作状态、使用记录、使用习惯等在内的全部

　　① MALHOTRA N K, KIM S S, AGARWAL J. Internet users' information privacy concerns (IUIPC): the construct, the scale, and a causal model [J]. Information systems research, 2004, 15(4): 336-355.

　　② SUH B, HAN I. Effect of trust on customer acceptance of internet banking [J]. Electronic Commerce research and applications, 2002, 1(3): 247-263.

　　③ PAVLOU P A. Consumer acceptance of electronic commerce: integrating trust and risk with the technology acceptance model [J]. International journal of electronic commerce, 2003, 7(3): 101-134.

　　④ FEATHERMAN M S, SPROTT D E, MIYAZAKI A D. Reducing online privacy risk to facilitate e-service adoption: the influence of perceived ease of use and corporate credibility [J]. Journal of services marketing, 2010, 24(3): 219-229.

　　⑤ NYSHADHAM E A. Privacy policies of air travel web sites: a survey and analysis [J]. Journal of air transport management, 2000, 6(3): 143-152.

　　⑥ YANG Y, LIU Y, LI H, et al. Understanding perceived risks in mobile payment acceptance [J]. Industrial management & data systems, 2015, 115(2): 253-269.

记录信息也需要进行保护。这些隐私信息如果落入他人之手，可能导致被披露或恶意使用。Li 等人认为，健康信息技术可能加剧潜在的隐私滥用问题①。因此，在面对网络健康信息的时候，个人会面临感知利益和隐私风险之间的折中，隐私风险在确定采纳健康信息技术意图方面起着至关重要的作用。他们将隐私风险分为5个子范畴，其中，信息敏感性和感知信息对感知健康信息隐私风险有积极影响，而个人创新、立法保护和感知信誉对感知健康信息隐私风险有消极的影响。Cocosila 和 Archer 认为，使用移动健康应用程序进行预防性干预时，用户的隐私风险来源于害怕失去对私人数据的控制②；Weeger 等人则认为影响医生采纳电子病历记录的隐私风险包括隐私安全和个人数据的完整性③。

Wu 认为，隐私风险造成的消极后果包括两个方面：一方面包括对个人信息的潜在滥用；另一方面则包括用户对个人信息控制权的丧失④。在本书中，我们将隐私风险描述成用户认为网络健康信息可能对其隐私有负面影响的程度。隐私风险的第一个方面包括对用户的个人信息（包括身份信息和医疗信息）的不当使用：这包括把个人信息用于商业目的、数据被误解，或成为不知情的非法活动的参与者；第二个方面是指用户失去对个人信息的控制，即用户对个人信息在何时、何种程度、被何人（如商家、网络运营商、广告投放者或其他未知人员）进行查看和使用的可能性。

---

① LI H, WU J, GAO Y, et al. Examining individuals' adoption of healthcare wearable devices: an empirical study from privacy calculus perspective [J]. International journal of medical informatics, 2016, 88: 8-17.

② COCOSILA M, ARCHER N. An empirical investigation of mobile health adoption in preventive interventions [C/OL]. [2017-09-24]. https://aisel.aisnet.org/bled2009/27.

③ WEEGER A, GEWALD H, VRIESMAN L J. Do risk perceptions influence physician's resistance to use electronic medical records? an exploratory research in German hospitals [C/OL]. [2017-09-24]. https://aisel.aisnet.org/cgi/viewcontent.cgi?article=1137&context=amcis2011_submissions.

④ WU Y. Influence of social context and affect on individuals' implementation of information security safeguards [C/OL]. [2017-09-24]. https://aisel.aisnet.org/icis2009/70.

4.4.4　心理风险

Stone 和 Grønhaug 提出，心理风险与其他风险的关系是"由于所有风险维度需要被感知，而感知又与个体参与者的心理相关，因此人们认为，各种风险维度会随着心理风险而变化"，即各种风险维度都是通过心理风险来调节的[①]。Cocosila 等人认为，所有的风险感知都应该通过测量心理风险来评价用户对产品价值的总体不确定性[②]。Ueltschy 等人认为，心理风险是指用户对选择产品或服务感到不满意的状态，这与用户对拥有或使用该产品的不满情绪有关[③]。Murphy 和 Enis 认为，心理风险是指由于选择错误的产品而对用户情绪产生负面影响的风险[④]；Hassan 和 Kunz 认为，心理风险反映了用户对网上购物行为可能产生的心理不适和紧张的担忧[⑤]；Kwon 等人认为，心理风险是由于新事物的不确定性而产生的某种形式的情绪和心理压力[⑥]。Soliha 和 Zulfa 认为，心理风险是指产品不符合用户自我形象的可能性，其指标包括：使用产品或服务时感到不舒服，使用产品或服务

①　STONE R N, GRØNHAUG K. Perceived risk: further considerations for the marketing discipline [J]. European journal of marketing, 2013, 27(3): 39-50.

②　COCOSILA M, ARCHER N, YUAN Y. Early investigation of new information technology acceptance: a perceived risk-motivation model [J]. Communications of the association for information systems, 2009, 25(1): 339-358.

③　UELTSCHY L C, KRAMPF R F, YANNOPOULOS P. A cross-national study of perceived consumer risk towards online (Internet) purchasing [J]. Multinational business review, 2004, 12(2): 59-82.

④　MURPHY P E, ENIS B M. Classifying products strategically [J]. Journal of marketing, 1986, 50(3): 24-42.

⑤　HASSAN A M, KUNZ M B, PEARSON A W, et al. Conceptualization and measurement of perceived risk in online shopping [J]. Marketing management journal, 2006, 16(1): 138-147.

⑥　KWON K N, LEE M H, JIN K Y. The effect of perceived product characteristics on private brand purchases [J]. Journal of consumer marketing, 2008, 25(2): 105-114.

时感觉意外，以及使用产品或服务时感到不必要的紧张[①]。Boksberger等人认为，心理风险是由于使用产品或服务的困难而导致的尴尬或丧失自尊的可能性，会对用户内心的平静或自我感知产生负面影响[②]。

因此，本书认为，心理风险是指用户在采纳网络健康信息时所产生对任何可能的心理挫折、压力或焦虑的感知。网络健康信息的采纳是一个相对较新和复杂的业务，与网络信息获取水平、健康素养和互联网使用环境等变量都相关，因此，用户可能无法成功地采纳网络健康信息，从而导致心理压力。此外，即使采纳网络健康信息已成功，在生活中如何利用其指导健康实践也可能会导致一般用户的焦虑。

4.4.5　系统质量风险

系统质量是信息系统的基本条件，其主要要素包括系统的有用性（易于使用、易于导航）、可用性（界面清晰，可以满足用户的特定目的）、实用性（可以动态调整以满足客户需求）和响应时间（快速响应用户需求，不需要长时间的网页加载时间）[③]。由于网络健康信息的获取通常是通过互联网而非私有的专有网络进行的，所以系统安全也是衡量系统质量问题的重要指标。此外，设置邮件链接或常见问题（FAQ）为用户提供有关产品相关信息的反馈机制也是衡量系统质量的标准之一。

本书中的系统质量风险体现在用户获取网络健康信息时感受到的用户友好程度上，是对网站系统的整体性能的衡量。用户操纵和利用网站提供

---

① SOLIHA E, ZULFA N. The difference in consumer risk perception between celebrity endorser and expert endorser in college advertisements [J]. Journal of indonesian economy and business, 2009, 24（1）: 100-114.

② BOKSBERGER P E, BIEGER T, LAESSER C. Multidimensional analysis of perceived risk in commercial air travel [J]. Journal of air transport management, 2007, 13（2）: 90-96.

③ DELONE W H, MCLEAN E R. Measuring e-commerce success: applying the DeLone & McLean information systems success model [J]. International journal of electronic commerce, 2004, 9（1）: 31-47.

的信息受到交互水平的显著影响[1]，同时，网站的界面特征也是吸引用户与网络健康信息提供者进行互动的极具吸引力的媒介[2]。Tirkaso和Cerna认为，系统质量风险包括：缺乏可访问性、缺乏可靠性和缺乏在线响应时间[3]。Hao将电子商务的系统质量风险分为4个维度，可用性和易用性风险（包括下载时间风险、帮助功能风险、直观性风险和吸引力风险）、可靠性风险（系统响应能力和响应时间风险）、实用性和功能性风险（版本风险和处理能力风险）以及安全风险（可扩展性风险和交互风险）[4]。

4.4.6 财务风险

财务风险也被称为是经济风险，它代表了在网上因为采纳健康信息从而导致金钱损失的可能性[5]，既包括资金损失的概率，也包括产品的后续维护成本。财务风险包括：不可靠的供应商无法提供令用户满意的产品，甚至是无法将产品交付给消费者；用户需要付费来修复有问题的产品；个人的信用卡信息可能被盗用等。

Yang等人认为，用户对于信息加密和移动支付的认证的不确定，会增加他们对财务风险的担忧[6]。Zielke和Dobbelstein将财务风险定义为由于

① PALMER J W. Web site usability, design, and performance metrics [J]. Information systems research, 2002, 13 (2): 151-167.

② NOVAK T P, HOFFMAN D L. Measuring the flow experience among web users [J]. Interval research corporation, 1997, 31: 1-36.

③ TIRKASO S A, CERNA P D. Factors affecting the use of ICT services in commercial bank of Ethiopia: the case study of southern regional State in Hossana town branches [J]. Archives of current research international, 2016, 5 (2): 1-8.

④ HAO D J. On the risk analysis for e-commerce based on fuzzy comprehensive evaluation [C]// 2011 International Conference on Management Science and Industrial Engineering (MSIE). IEEE, 2011: 1151-1154.

⑤ ROSELIUS T. Consumer rankings of risk reduction methods [J]. Journal of marketing, 1971, 35 (1): 56-61.

⑥ YANG Y, LIU Y, LI H, et al. Understanding perceived risks in mobile payment acceptance [J]. Industrial management & data systems, 2015, 115 (2): 253-269.

购买不足或对产品不够了解导致金钱损失的状态[①]，但这个定义也可以扩展到包括产品质量与价格不匹配的风险[②]，用户获得的价格—质量关联对财务风险起着重要作用[③]。Kwak等人认为，财务风险的产生是由于用户无法亲自选择产品，或者产品可能有缺陷或不符合他们的需求[④]。Bhatnagar等人认为，财务风险并不是购买或使用特定产品的后果，这种风险与互联网的特性密切相连[⑤]。用户对于通过互联网传递信用卡信息非常担心。财务风险并不是由于交易中涉及的金钱数量，更多的是因为它会使得用户可能因为在线交易遭受信用卡诈骗而损失金钱。大部分互联网渠道相当开放，更容易受到不良攻击。

本书中的财务风险是指用户在获取网络健康信息时对可能遭受的经济损失，或潜在的被欺诈的可能性（如被广告或没有资质的医院所欺骗）的担忧，除此之外，还包括用户对于其付费获取的健康信息或服务（如网络医生付费咨询等）的质量与价格不匹配的风险。

---

①③　ZIELKE S, DOBBELSTEIN T. Customers' willingness to purchase new store brands [J]. Journal of product & brand management, 2007, 16（2）: 112-121.

②　SOLOMON M R, RUSSELL-BENNETT R, Previte J. Consumer behaviour: buying, having, being [M]. Malaysia: Pearson Australia, 2013.

④　KWAK H, FOX R J, ZINKHAN G M. What products can be successfully promoted and sold via the Internet? [J]. Journal of advertising research, 2002, 42（1）: 23-38.

⑤　BHATNAGAR A, MISRA S, RAO H R. On risk, convenience, and internet shopping behavior [J]. Communications of the ACM, 2000, 43（11）: 98-105.

5 网络健康信息风险感知维度量化研究

本章在第四章的基础上，编制网络健康信息风险感知测量初始量表，通过探索性因子分析，对网络健康信息风险感知的维度结构进行量化研究，确定最终的风险感知多维度量表和对应的测量项。最后，对确定的网络健康信息风险感知多维度量表进行信度和效度的检验，通过验证性因子分析，验证网络健康信息风险感知多维度量表的合理性和科学性。

5.1 实验设计与研究方法

5.1.1 测量项目确定与设计

用户对网络健康信息的风险感知评价是一种基于自我体验的心理状态，具有强烈的主观性。本书将基于扎根理论初步构建的网络健康信息的风险感知维度中的条目作为初始问卷题项，进行量表测量。量表采用心理测量的程序进行设计。心理测量是指通过科学、客观、标准的测量手段对人的特定素质进行测量、分析、评价，以心理测评量表为主要测评手段。量表指的是能够使事物特征数量化的数字的连续体，心理测量要求施测者明确，需要从什么方面对心理特征进行客观评估，这些方面构成了量表的测量维度。Gerbing和Anderson提出，应通过测量的认知结构来确定测验的结构[1]，

---

［1］ GERBING D W, ANDERSON J C. An updated paradigm for scale development incorporating unidimensionality and its assessment [J]. Journal of marketing research,1988,25（2）:186–192.

这种认知模型的详细特征对量表中的每一项条目进行了具体说明。

为了避免风险评价中出现居中趋势，本书使用李克特6点计分来测量风险发生的可能性，即将问卷中，每个风险测量项的评分等级划分为6个等级：非常不可能、不太可能、有些不可能、有些可能、比较可能、非常可能。同时赋予每一个评分等级相应的分值：非常不可能为1分、不太可能为2分、有些不可能为3分、有些可能为4分、比较可能为5分、非常可能为6分。

5.1.2 预调研样本

在对网络健康信息风险感知进行扎根理论解析时，共提炼出27个子范畴。通过文献梳理，本书将这些风险范畴划入6个风险维度。为了更好地探索和检验这些分散范畴中的内在结构，还需要对其进行统计学检验，以形成具有较大的相关性和较合适的题项数量的一组量表题项。

预调研问卷的设计在扎根理论获得的6个风险维度下的27个子范畴的基础上，综合了以往风险感知研究维度设置，最终选取了40个风险感知维度作为初始问卷题项，题项随机进行编排。根据简单随机抽样原则，采用现场发放问卷、现场回收问卷的方式进行收集，共发放问卷150份，回收有效问卷110份，问卷有效率为73.33%。预调研的样本信息如表5-1所示。

表5-1 风险感知量表预调研样本人口统计学特征

变量		数量（人）	比例
性别	女	18	16.36%
	男	92	83.64%
年龄	18岁以下	2	1.82%
	18—30岁	62	56.36%
	31—40岁	26	23.64%
	41—50岁	15	13.64%
	51—60岁	5	4.55%
教育背景	高职或大专	3	2.73%
	大学本科	69	62.73%
	硕士	23	20.91%
	博士	15	13.63%

变量		数量（人）	比例
职业	学生	52	47.27%
	政府机关/事业单位	21	19.09%
	企业职员	26	23.64%
	个体/私营业主	5	4.55%
	自由职业者或无业	6	5.45%

5.1.3 正式调研样本

在预调研的基础上，本书编制了探索性因子分析量表，正式问卷见附录二。问卷采用李克特6点计分来测量风险发生的可能性，"1"代表"非常不可能"、"2"代表"不太可能"、"3"代表"有些不可能"、"4"代表"有些可能"、"5"代表"比较可能"、"6"代表"非常可能"。

问卷的收集采用简单随机抽样和分层抽样相结合的原则。一部分问卷采用现场填写并回收的方式，收集纸质问卷393份，一部分问卷通过问卷星进行网上填写，收集228份，共收集了621份问卷。最终，剔除明显随意作答、关键数据缺失及问卷星上填写时间少于180秒的问卷之后，一共收到有效问卷505份，其中，现场问卷337份，网络问卷168份。问卷有效率为81.32%。样本信息如表5-2所示。

表5-2 风险感知量表正式问卷样本人口统计学特征

变量		数量（人）	比例
性别	男	299	59.21%
	女	206	40.79%
年龄	18岁以下	22	4.36%
	18—30岁	252	49.90%
	31—40岁	87	17.23%
	41—50岁	54	10.69%
	51—60岁	46	9.11%
	60岁以上	44	8.71%

续表

变量		数量（人）	比例
学历	普通高中/中专及以下	14	2.77%
	高职/大专	30	5.94%
	大学本科	339	67.13%
	硕士研究生	102	20.20%
	博士研究生	20	3.96%
职业	学生	212	41.98%
	军人/武警/警察	17	3.37%
	农民	3	0.59%
	公司职员	62	12.28%
	政府公务员	75	14.85%
	个体从业者	3	0.59%
	教师	38	7.53%
	医务人员	60	11.88%
	自由职业者	3	0.59%
	无业	1	0.20%
	其他	31	6.14%

5.2 实验结果分析

5.2.1 预调研结果分析

首先，使用题项与量表的相关系数（corrected item-total correlation，CITC）净化调查问卷的测量条目。CITC反映了维度的内部结构，因为我们的研究需要对题项进行因子分析，而如果没有净化条款就进行因子分析，可能会导致量表的多维度现象和各个因子含义的模糊，因此须利用CITC矫正项总计相关性。在实际应用中，CITC应大于0.5，如果题项的CITC小于0.4，且剔除后会使Cronbach's α 值增加的话，则考虑题项在一定程度上要被删除[①]。经过检验

---

① YOO B, DONTHU N. Developing and validating a multidimensional consumer-based brand equity scale [J]. Journal of business research, 2001, 52（1）: 1-14.

发现，A2、A3 题项低于 0.4，且 Cronbach's α 值在剔除后可达到 0.96，可以考虑进行删除。

在删除了 CITC 值低于 0.4 的题项后，重新计算 Cronbach's α 值，检验剩余题项的信度。α 值可以比较准确地反映出测量题项的一致性，同时也能反映出内部结构性。α 值越大，则证明测量指标间的相关性越高，信度就越大。一般来讲，在实际应用中 α 值至少要大于 0.70[①]。剩余题项的 α 系数达到了 0.96，可以认为可信度较高。

而后，通过结构变量层面的因子分析来检验单维度性。研究使用小样本的极端比较法进行独立样本的 t 检验。将预调研样本中整体得分最高与最低的两端者归类为极端组进行检验。t 检验结果可以反映抽样过程是否符合正态分布，从而对项目的鉴别度进行检验。结果显示，t 检验未达到 0.05 显著水平的有题项 A8、A14、A15、A18、A19、A21、A22、A32 和 A35，但这 9 个题项均达到 0.001 水平，说明这些题项具有鉴别度。

最后，对初始量表的题项进行探索性因子分析。探索性因子分析的目的在于找出量表的潜在结构，减少题项的数目，使之成为一组数目较少而彼此相关性较大的变量。探索性因子分析结果显示，预调研样本的 KMO 值为 0.876，KMO 值越接近于 1，表示变量间的公共因子越多，变量间的偏相关（partial correlation）系数越低，越适合进行因子分析[②]，探索性因子分析的 KMO 值在 0.8—0.9 之间是良好的（meritorious），可以看出，问卷非常适合进行因子分析；Bartlett's 球检验是显著的，Sig 值为 0.000，说明数据来自正态分布总体，适合进一步分析。

综合以上分析，合并了语义重复的题项，调整了不清晰的语言表述。此外，部分题项的 CITC 系数和 t 检验结果并不理想，但前期访谈的受访者表示出对这些题项极强的风险认知，因而保留这些题项，以期望在大规模的数据调查中得到改善。最终，通过预调研共删除了 6 个题项，保留 34 个题项。在此基础上开展正式调研。

---

① GUILFORD J P. Psychometric methods [M]. New York: Mcgraw-Hill Press, 1954.

② KAISER H F. An index of factorial simplicity [J]. Psychometrika, 1974, 39（1）: 31-36.

5.2.2 探索性因子分析

在对网络健康信息风险感知进行经典扎根解析时，共提炼出27个子范畴。这些子范畴属于不同的风险维度。尽管已经基于文献梳理对其进行了整理，但还需要统计学检验，探索存在于这些分散的题项中的内在结构，最终形成具有较大的相关性和较合适的题项数量的一组量表题项。因此，本书将进行探索性因子分析，进一步对量表题项适切性进行判断，并确定网络健康信息风险感知在统计学意义上的维度结构。

探索性因子分析法通过找出影响观测变量的因子个数，以及各个因子和各个观测变量之间的相关程度，用来解释观测变量的内在结构，并进行降维处理[①]。本书使用统计软件SPSS（版本22.0）来进行探索性因子分析。

为了更好地进行探索性与验证性研究，本书将正式调查样本随机分为样本一与样本二，用样本一数据进行探索性研究分析，用样本二数据进行验证性研究分析[②]，分析工具为SPSS（版本22.0）。

5.2.2.1 题项清理

使用CITC系数净化调查问卷的测量条目。网络健康信息风险感知量表的初始Cronbach's α系数为0.956，题项A1、A2、A11的项目总体相关系数低于0.5，予以剔除。剔除后，所有项目的总体相关系数均大于0.5，且Cronbach's α系数保持在0.955。

5.2.2.2 探索性因子分析

首先对样本数据是否适合进行探索性因子分析进行判断。根据计算结果（见表5-3），KMO值为0.948，接近于1，非常适合进行因子分析。Bartlett's球形检验主要是用于检验数据的分布，以及各个变量间的独立情况。本书中，Bartlett's球形检验卡方值为10038.365（$p < 0.001$），通过了显著性检验，说明原始变量之间存在相关性，适合进行因子分析。

① 周晓宏,郭文静.探索性因子分析与验证性因子分析异同比较[J].科技和产业,2008(9):69-71.

② 孙跃.产业集群知识员工离职风险感知对离职意图影响研究[D].武汉:华中科技大学,2009:69.

表5-3 KMO和Bartlett's球形检验

Kaiser-Meyer-Olkin测量取样适当性		0.948
Bartlett's球形检验	卡方值	10038.365
	df	465
	显著性	0.000

第四章的研究通过扎根理论的研究方法，尽可能多地收集到与网络健康信息风险感知相关的风险维度，尽可能全面、完整地把握和认识该问题。这些风险维度构成了本书的变量，尽管已经通过预调研进行了精简，但数量依然较多。这些变量间信息存在的高度重叠和高度相关会给统计方法的应用带来许多障碍。因此本书采用主成分分析法，有效减少参数各个变量的个数，同时也不会造成信息的大量丢失。在因子分析抽取共同因素时，应最先抽取特征值最大的共同因素，其次是次大者，最后抽取的共同因素特征值最小，通常会接近0。

本书根据"Kaiser准则"只保留特征值大于1的因子[1]，并利用最大方差正交旋转法（varimax）对因子载荷矩阵进行旋转，简化旋转后的因子载荷矩阵结构，剔除因子载荷量绝对值小于0.5以及存在明显交叉载荷的题项。

第一次探索性因子分析抽取了4个特征值大于1的因子，能够解释总变异的61.103%。根据研究显示，当解释变异量大于50%的时候，可以认为较良好[2]。而后，根据因子载荷量对题项进行筛选，删除的题项为A7、A20、A21、A22、A26、A27、A32、A34。删除这些题项后，根据同样的原则，进行第二次探索性因子分析，抽取了3个特征值大于1的因子，由于因子载荷量不符合而删除的题项为A4、A5、A6、A10、A13、A14、A23、A24、A25。最后进行第三次探索性因子分析后，共抽取了3个因子，且这3个因子能够解释总变异的68.187%，这说明因子结构比

---

① KAISER H F. The application of electronic computers to factor analysis [J]. Educational and psychological measurement, 1960, 20（1）: 141–151.

② 蒋小花,沈卓之,张楠楠,等. 问卷的信度和效度分析 [J]. 现代预防医学,2010,37（3）:429–431.

较理想，此时，每个题项的因子载荷量均大于0.5，且不存在明显的交叉载荷现象。至此，探索性因子分析完成，第三次探索性因子分析的结构即为网络健康信息风险感知量表因子分析结果，具体见表5-4。

表5-4　探索性因子分析结果

题项	因子		
	1	2	3
A17我担心我的健康信息检索记录会被未经授权的人员访问	0.842		
A18我担心我的个人信息可能在我不知情的情况下被使用	0.795		
A16我对于透露个人疾病信息感到不安全	0.757		
A15我对于透露个人身份信息感到不安全	0.715		
A19我担心使用网络健康信息会使我失去对隐私数据的控制	0.673		
A29获取网络健康信息会让我感到心理上不舒服		0.864	
A30获取网络健康信息会带给我不必要的焦虑感		0.843	
A28网络健康信息会夸大病情和后果，使我经历不必要的紧张		0.733	
A31我担心网络医生回答健康问题不负责任，缺乏信誉		0.643	
A33我的朋友和家人对获取网络健康信息的态度让我感到担忧		0.622	
A8网络健康信息的发布机构缺乏权威性			0.768
A9网络健康信息的发布动机不明确			0.753
A3网络健康信息与医生提供的信息存在矛盾			0.720
A12网络健康信息缺乏明确的信息来源			0.607
特征值	6.856	1.685	1.006
解释变异量（%）	48.968	12.035	7.183
累计解释变异量（%）	48.968	61.003	68.187

注：因子按系数大小排序。

5.2.2.3　确定因子维度名称

结果显示，A17、A18、A16、A15、A19在因子1上的负荷较大，将此维度命名为"隐私风险"。此维度包括了五个题项，分别为：PrR1 我担心我的健康信息检索记录被未经授权的人员访问、PrR2 我担心我的个人信息在我不知情的情况下被使用、PrR3 我对于透露个人疾病信息感到不安全、PrR4 我对于透露个人身份信息感到不安全和PrR5 我担心使用网络健康信息会使我失去对隐私数据的控制。

A29、A30、A28、A31、A33在因子2上的负荷较大，将此维度命名为"心理风险"。此维度包括了五个题项，分别为：PsR1 获取网络健康信息会让我感到心理上不舒服、PsR2 获取网络健康信息会带给我不必要的焦虑感、PsR3 网络健康信息会夸大病情和后果，使我经历不必要的紧张、PsR4 我担心网络上医生在回答健康问题的时候不负责任，缺乏信誉和PsR5 我的朋友和家人对获取网络健康信息的态度会让我感到担忧。

A8、A9、A3、A12在因子3上的负荷较大，将此维度命名为"信息来源风险"。此维度包括了四个题项，分别为：PISR1 网络健康信息的发布机构缺乏权威性、PISR2 网络健康信息的发布动机不明确、PISR3 网络健康信息与医生提供的信息存在矛盾和PISR4 网络健康信息缺乏明确的信息来源。

因此，网络健康信息风险感知的全部测量项目完成，该总量表由14个测量题项组成，隐私风险分量表包含5个测量题项（A15、A16、A17、A18、A19），心理风险分量表包含5个测量题项（A28、A29、A30、A31、A33），信息来源风险分量表包含4个测量题项（A3、A8、A9、A12）。

5.3　信效度检验

5.3.1　网络健康信息风险感知量表的信度检验

信度指的是用同一个测量工具对同一个对象进行重复测量时，结论与结果数据的一致性的程度，即对测量结果稳定性（stability）、一致性（consistency）与可靠性（reliability）的评价。比较常用的评价指标是内部一致性信度（internal consistent reliability），通常用克朗巴赫系数（Cronbach's α 值）表示，α 值越大，则证明测量指标间的相关性越高，信度就越大。

　　本书对网络健康信息风险感知总量表及各个分量表进行Cronbach检验（见表5-5）。一般要求总量表的信度系数在0.8以上；分量表的信度系数最好在0.7以上。但Hair等人也指出，Cronbach's α 值大于0.7表明量表的可靠性较高，但在探索性研究中，内部一致性系数可以小于0.7，但应大于0.6[①]；Hills 和 Argyle研究指出，当项目数少于6个时，Cronbach's α 值只需大于0.6，则该量表的信度是有效的[②]。

表5-5　网络健康信息风险感知量表的内部一致性系数

分量表名称	项目数	Cronbach's α 系数
隐私风险	5	0.884
心理风险	5	0.880
信息来源风险	4	0.821
总量表	14	0.914

　　根据以上标准，网络健康信息风险感知的总量表和三个分量表对应的Cronbach's α 系数均在可以接受的范围内，量表具有可信度。

5.3.2　网络健康信息风险感知量表的效度检验

5.3.2.1　内容效度检验

　　内容效度（content validity）是指量表测量的内容与所要测量的内容之间的符合情况，即测定对象对问题的理解和回答是否与条目设计者希望

---

　　① HAIR J F, BLACK W C, BABIN B J, et al. Multivariate data analysis [M]. Upper Saddle River, NJ: Prentice Hall, 1998.

　　② HILLS P, ARGYLE M. The Oxford happiness questionnaire: a compact scale for the measurement of psychological well-being [J]. Personality and individual differences, 2002, 33（7）: 1073-1082.

询问的内容一致。在理论回顾中可以看到，隐私风险、心理风险、信息来源风险三个分量表的测量变量均可提供理论文献的支撑，因此该量表的内容效度具有保障。具体见表5-6。

表5-6 风险感知量表内容效度检验

风险维度	测量题项	扎根理论对应子范畴	文献比较与验证
隐私风险	PrR1 我担心我的健康信息检索记录被未经授权的人员访问	C12 浏览信息泄露风险	Andrews，et al.（2014）
	PrR2 我担心我的个人信息在我不知情的情况下被使用	C16 担心失去对隐私数据的控制	Cocosila，et al.（2009）
	PrR3 我对于透露个人疾病信息感到不安全	C11 疾病信息泄露风险	Liebermann & Stashevsky（2002）
	PrR4 我对于透露个人身份信息感到不安全	C10 身份信息泄露风险	Liebermann & Stashevsky（2002）
	PrR5 我担心使用网络健康信息会使我失去对隐私数据的控制	C16 担心失去对隐私数据的控制	Cocosila & Archer（2009）
心理风险	PsR1 获取网络健康信息会让我感到心理上不舒服	C15 网络交流障碍	Cocosila'et al.（2009）
	PsR2 获取网络健康信息会带给我不必要的焦虑感	C34 带来不必要的焦虑感	Liao，et al.（2010）
	PsR3 网络健康信息会夸大病情和后果，使我经历不必要的紧张	C32 给精神上带来紧张	Mou，et al.（2016）
	PsR4 我担心网络医生回答健康问题时不负责任，缺乏信誉	B46 医生缺乏责任心	Blesik & Bick（2016）；Sims，et al.（2014）
	PsR5 我的朋友和家人对获取网络健康信息的态度会让我感到担忧	C33 使人担忧	Cocosila，et al.（2009）

续表

风险维度	测量题项	扎根理论对应子范畴	文献比较与验证
信息来源风险	PISR1 网络健康信息的发布机构缺乏权威性	C09 缺乏权威性	王文韬（2017）
	PISR2 网络健康信息的发布动机不明确	C07 缺乏客观性	Salwen（1987）
	PISR3 网络健康信息与医生提供的信息存在矛盾	C06 缺乏专业性	Hovland & Weiss（1951）；Salwen（1987）
	PISR4 网络健康信息缺乏明确的信息来源	C08 缺乏可信性	Mccorkle（1990）；Chaiken & Maheswaran（1994）

5.3.2.2 结构效度检验

结构效度是指一个测验实际测到所要测量的理论结构和特质的程度，即实验是否真正测量到假设（构造）的理论。

首先检验收敛效度。收敛效度是测量相同潜在特质的测验指标是否会落在同一共同因子上。Tabachnik 和 Fidell 认为，当因子载荷值达到 0.45 之上时，均在可接受的范围内[①]。本书中，测量题项载荷均大于 0.6，符合标准，AVE 均大于 0.5，CR 均大于 0.7，可以说明，14 个测量题项的因子载荷值均通过了显著性检验，因此判断本量表具有良好的收敛效度，具体见表 5-7。

表 5-7 风险感知量表收敛效度检验

指标	测量题项	载荷	平均方差提取量（AVE）	构建信度（CR）
隐私风险	PrR1	0.843	0.6145	0.8883
	PrR2	0.787		
	PrR3	0.776		
	PrR4	0.786		
	PrR5	0.723		

---

① TABACHNIK B G, FIDELL L S. Using multivariate statistics [M]. New York：Pearson Education，2001.

续表

指标	测量题项	载荷	平均方差提取量（AVE）	构建信度（CR）
心理风险	PsR1	0.826	0.6044	0.8834
	PsR2	0.861		
	PsR3	0.788		
	PsR4	0.672		
	PsR5	0.725		
信息来源风险	PIR1	0.815	0.5459	0.8260
	PIR2	0.807		
	PIR3	0.616		
	PIR4	0.699		

在理论发展的过程中，使用探索性因子分析建立模型之后，要再使用验证性因子分析去检验模型，以保证量表所测特质的确定性、稳定性和可靠性[1]。因此，本书使用样本二数据，对网络健康信息风险感知量表进行验证性因子分析，利用AMOS（版本24.0）软件对结构方程模型进行估计与检验，其中卡方值 χ^2 为216.840，自由度df为74，那么，χ^2/df =2.930，符合 χ^2/df 的值至少应小于5的最低要求。表5-8为其他拟合指数。

表5-8 结构方程模型的拟合指标及评价标准

检验量	临界值	本书指数
卡方自由度比（χ^2/df）	<5适合，<3良好	2.930
节俭调整指数（PNFI）	>0.5	0.730
Tucker-Lewis指数（TLI）	>0.9	0.913
比较拟合指数（CFI）	>0.9	0.929
递增拟合指数（IFI）	>0.9	0.930
规范拟合指数（NFI）	>0.9	0.897
拟合度指数（GFI）	>0.9	0.929
近似误差的均方根（RMSEA）	<0.1合适，<0.05良好	0.088

① ANDERSON M J. A new method for non-parametric multivariate analysis of variance [J]. Austral ecology, 2010, 26（1）: 32-46.

最后检验区分效度。区分效度指的是在应用不同方法测量不同构念时，所观测到的数值之间应该能够加以区分。通过检验可以发现，各相关系数的95%置信区间不涵盖1，表示构念之间区别效度良好，同时，比较两个潜在变量的平均变异量的均值是否大于两个潜在系变量的相关系数的平方，如表5-9所示，AVE的均方根均大于变量之间的相关系数，因此具有良好的区别效度。

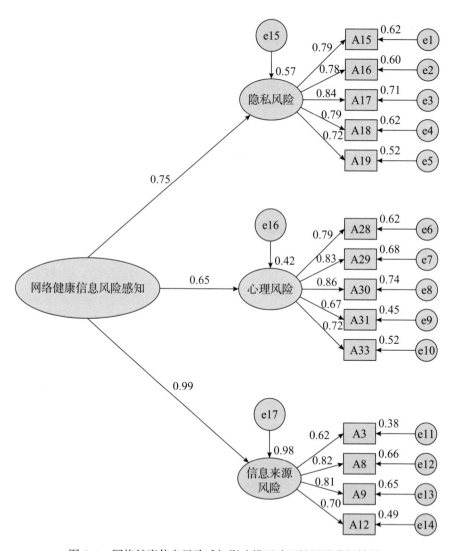

图 5-1　网络健康信息风险感知影响模型验证性因子分析结果

表5-9 风险感知量表区分效度检验

	隐私风险	心理风险	信息来源风险
隐私风险	0.784		
心理风险	0.491	0.777	
信息来源风险	0.748	0.645	0.739

综上所述，本章研究所开发的网络健康信息风险感知量表（如图5-1所示）具有较为理想的信度和效度，量表测量题项可以对各潜变量进行有效的测量。

5.4 网络健康信息多维度风险感知解析

本章在扎根理论研究的基础上，编制网络健康信息风险感知调查问卷，最初编制了40个题项，经预调研分析，删除了6个题项，保留了34个题项。经过大样本调查，保留了其中的14个题项，并抽取出了三个公共因子，即：隐私风险、心理风险和信息来源风险。具体风险感知维度及相应测量题项见表5-10。

表5-10 网络健康信息风险感知测量量表

风险维度		测量题项
隐私风险	PrR1	担心我的健康信息检索记录可能会被未经授权的人员访问
	PrR2	我担心我的个人信息在我不知情的情况下被使用
	PrR3	我对于透露个人疾病信息感到不安全
	PrR4	我对于透露个人身份信息感到不安全
	PrR5	我担心使用网络健康信息会使我失去对隐私数据的控制
心理风险	PsR1	获取网络健康信息会让我感到心理上不舒服
	PsR2	获取网络健康信息会带给我不必要的焦虑感
	PsR3	网络健康信息会夸大病情和后果，使我经历不必要的紧张

续表

风险维度	测量题项
	PsR4　我担心网络上医生在回答健康问题的时候不负责任，缺乏信誉
	PsR5　我的朋友和家人对获取网络健康信息的态度会让我感到担忧
信息来源风险	PISR1　网络健康信息的发布机构缺乏权威性
	PISR2　网络健康信息的发布动机不明确
	PISR3　网络健康信息与医生提供的信息存在矛盾
	PISR4　网络健康信息缺乏明确的信息来源

根据以上量表，对这三个风险感知维度进行解析。

5.4.1　隐私风险维度解析

隐私风险维度由五个测量题项来进行测量，体现了用户对网络健康信息会泄露个人隐私的担忧。

在网上获取健康信息的时候，个人必须透露私人健康信息才能得到适当的照顾。因此，用户担心这些涉及个人隐私的疾病信息（如患病情况、用药记录等）和身份信息（如性别、年龄、工作等）被泄露，因此隐私风险维度包括"PrR3我对于透露个人疾病信息感到不安全"和"PrR4我对于透露个人身份信息感到不安全"。

美国颁布了《健康保险流通与责任法案》（HIPAA），认为在大多数情况下，个人健康信息不可运用于与医务治疗无关的其他目的，在向任何营销团体透露信息前医疗服务提供者必须事先得到病人签署的特别授权书。但随着传统医疗环境中的电子信息技术的使用和业务实践的发展，HIPAA法规不足以用于处理卫生保健部门以外的实体处理健康信息，由此带来了新的隐私风险，包括"PrR1我担心我的健康信息检索记录可能会被未经授权的人员访问""PrR2我担心我的个人信息在不知情的情况下被使用""PrR5我担心使用网络健康信息会使我失去对隐私数据的控制"。面对用户对丧失隐私信息管理权和知情权的担忧，须制定新的法律保护措施，解决个人健康信息的隐私问题。

5.4.2　心理风险维度解析

心理风险维度由五个测量题项组成，体现了用户对网络健康信息可能会带来恐惧、紧张、不安等负面信息的不确定性。

心理风险来自于精神或情感创伤或压力的痛苦。虽然通过网络获取健康信息具有保密性，保障在线身份的匿名性，及可从任何位置私下使用互联网等特点，可使用户避免受到尴尬、羞辱或不平等的对待。但同时，用户也认为，相比于线下获取健康信息，线上获取健康信息会因为沟通形式（网络沟通、文字沟通）的限制等造成心理上的不舒服，即测量题项"PsR1获取网络健康信息会让我感到心理上不舒服"。对此，改善网络沟通交互形式、采取更多样的人机互动形式、加大沟通对策建设等措施，都对于降低用户的心理风险至关重要。

与具有医学知识的医务人员相比，用户在面临网络健康信息的时候，会囿于知识储备的不足、健康能力的不足等限制，对网络健康信息的判断能力有限，因此，在面临数量庞大、质量参差不齐的网络健康信息时，用户会面临包括"PsR2获取网络健康信息会带给我不必要的焦虑感""PsR3网络健康信息会夸大病情和后果，使我经历不必要的紧张"的心理风险。用户需要通过一些判断指标（如发布来源、健康认知能力）来降低这些风险感知。

此外，"PsR4我担心网络上医生在回答健康问题的时候不负责任，缺乏信誉"在扎根理论解析时，被归属于信息来源风险维度；"PsR5我的朋友和家人对获取网络健康信息的态度会让我感到担忧"在扎根理论解析时，被归属于社会风险维度。通过量化研究发现，用户对这两个测量题项的认识更趋近于网络健康信息可能带来的负面情绪，因此将这两个题项列入心理风险维度进行研究。

5.4.3　信息来源风险维度解析

信息来源风险维度由四个测量题项组成，体现了用户对于从不可靠的信息来源中获取网络健康信息，从而遭受损失的可能性的担忧。

网络作为健康信息的来源，其信任程度是存在分歧的。作为高度专业化的医学信息，需要在来源方面具有较大程度的说服力，以减少不确定性。研究发现，论据质量高、来源具有高度专业化的知识具有更明显的说服力，当信息来源高度专业性与高质量论据相结合时，才能产生高价值的信息[①]。不确定性还导致政府部门作为信息来源的可信程度较高，而非权威机构发布的网络健康信息，其来源可信度具有较大的不确定性。因此，用户对信息来源风险的担忧出现了"PISR1 网络健康信息的发布机构缺乏权威性"和"PISR4 网络健康信息缺乏明确的信息来源"，用户认为缺乏权威性的网络健康信息发布机构会缺乏说服力，没有标明信息来源的网络健康信息具有更大的不确定性。

在网络健康信息中，明确的专业信息来源能够有效降低用户对其内容的不确定性，健康信息的提供者需要进行专业化的正式培训，才能成为具有资质的信息提供者。医生作为具有重要的健康信息来源，当用户通过网络获取的信息与医生提供的信息具有矛盾时，用户感受到的风险程度会显著上升，因此，用户会担忧"PISR3 网络健康信息与医生提供的信息存在矛盾"。

沟通的不确定性在很大程度上也导致了信息来源存在风险，人们期望专家在其专业领域提供精确的知识，但在互联网交流环境下，医学专家提供的信息由于无法被用户直接获取或直接观察，由此带来的不确定性可能会降低他们的可信度，出现风险问题。因此，当用户无法确认网络健康信息源发布信息的动机时，他们对信息不确定性的担忧会上升，这个问题对应测量题项"PISR2 网络健康信息的发布动机不明确"。

---

① PETTY R E, CACIOPPO J T, GOLDMAN R. Personal involvement as a determinant of argument-based persuasion [J]. Journal of personality & social psychology, 1981, 41 (5): 847-855.

6 基于扎根理论的网络健康信息风险感知影响因素识别研究

　　作为经典的质性研究方法论，扎根理论从实证主义的立场来解析访谈资料，对资料进行缩减、转化和抽象，并形成核心概念以及概念之间关系的范畴，从而建立起来自于访谈对象的真实社会生活，并可以应用于更广泛人群和社会的理论。因此，本章研究不囿于传统的风险感知研究和信息技术采纳理论研究，而是运用扎根理论的方法，从访谈资料中解析出影响网络健康信息风险感知的因素，识别出包括健康信息素养能力、感知自我效能、感知信息质量、采纳意图、感知利益、信任在内的影响因素，并通过文献回顾，将得出的影响因素与网络健康信息风险感知之间的关系进行解析，最终确立了个体差异、健康认知能力（包括网络健康素养、感知信息质量和健康自我效能）和风险态度是影响网络健康风险感知的前置因素，而采纳意图是网络健康信息风险感知的影响后果，而感知利益和信任会在网络健康信息风险感知作用于采纳意图的路径中发挥中介作用。以此为基础，基于风险感知理论和信息技术采纳理论，对网络健康信息多维度风险感知与其影响因素之间的关系进行了探索，为后文的实证研究奠定了理论基础。

6.1 网络健康信息风险感知影响因素的探索研究

6.1.1 扎根理论资料编码分析

6.1.1.1 初始编码

根据扎根理论的编码要求，在初始编码过程中，研究者围绕"网络健康信息风险感知的影响因素"这一研究主题进行编码。为了让研究者保持开放的头脑，研究首先抽出与研究主题有关联的原始语句，分解成若干个摘要，尽量使用原生代码，保留受访对象的原始语气；而后，对相关现象使用尽可能简短、精要的词语或短句进行表达，使用E1—En来表示。以访谈对象I11的访谈记录为代表，阐释如何进行初始编码（见表6-1，其中与风险感知相关部分的访谈内容已省略）。

表6-1 受访对象I11的深度访谈记录

受访者编号		I11		访谈时间	2017年9月21日
性别	男	年龄	23	学历	硕士
是否有医学相关背景		无	是否有信息素养相关学科背景		有
问：您是否曾在网络上获取过健康信息？ 答：最简单的就是百度搜索，检索一些医院信息。还有扭了手，在百度知道上获取的比较多。支付宝现在有医疗功能，我在预约挂号的时候，可以看到医生信息。比如我要挂中南医院的医生号，上面有医生的专业背景，有一些病人对他的评价。还有虎扑，比如我们打球，会有一些伤病，（上面会有一些信息）一方面是预防，一方面是伤病之后的处理。比如有人发帖哪儿受伤了，下面会有人回复；或者有人发帖骨折了，医生告诉他应该怎么处理。					E16 获取对医生的评价信息 E17 获取医生的资质信息
问：您觉得在网络上获取健康信息是否存在风险？如果有，都有哪些风险？ 答：……在我们有健康问题的时候，我们是比较愿意去通过自己的检索能力获得初步的诊断。但实践中，我发现，很多时候，我们通过百度、帖子获取的网络健康信息，会让我们产生误判，以为是很严重。我有一次生病的时候，在网上搜索自己的病情，上面就说很严重，感觉自己命不久矣，但去医院检查，医生说					E20 检索网络可以获取初步诊断

续表

这没什么，休养几天就好。我在网上获取的信息和去医院医生提供的信息，差距非常大。我的初衷是去网上掌握一些初步的认识，但没有达到过这个目的。 自己没有医学背景和医疗常识，觉得有病还是要去医院。比如武大，医疗培训远远不够。其实这些都可以通过网上培训来实现。比如急救培训。这方面的教育可以通过网络来加强。健康信息不仅包括疾病，还有预防问题。	E35网络健康信息用于预防健康问题的发生
如果以后还是基于百度的话，我会慢慢放弃从网上获取健康信息。因为根据这几年的实践，我从网上获取健康信息的困扰大过帮助。但我可能会偏向于更加专业的医疗网站。我主要获取生病的信息，那我会倾向于去线下的；但包括养生在内的健康信息，我会比较信赖比如丁香医生；让我觉得比较可靠的，首先来自于口碑；然后其中发布的信息都有来源，他至少来源于权威官方的发声者，我就会更加相信这样的健康信息。对于百度来说，我很难准确描述疾病的情况，如果我要在网上获取健康信息，要首先对自己做一个诊断，这对没有医学常识的我们是很复杂的过程，可能会产生误判。这样我就会选择直接的手段，直接去医院，让医生做出诊断。 …………	E04专业医疗网站提供的信息更可信 E08权威机构发布的信息更可信 E44获取网络健康信息很方便
问：如果有风险，那您为什么还要在网上获取健康信息？ 答：网络的便利性，很快，很及时，处理很多突发问题的时候可以快捷地得到回复。当我们面对一些小的疾病，如感冒头疼，可能我们会更倾向于通过网络主动获取一些信息。免除去医院的麻烦。中国的医疗资源有些紧张，不管去校医院还是中南医院，会花很多的时间和精力。	E45相比于去医院更节省时间

受访对象I11的原始文本资料初始编码清单：

E04专业医疗网站提供的信息更可信。该编码条目来自"我可能会偏向于更加专业的医疗网站。我主要获取生病的信息，那我会倾向于去线下的；但包括养生在内的健康信息，我会比较信赖比如丁香医生"。

E08权威机构发布的信息更可信。该编码条目来自"发布的信息都有来源，他至少来源于权威官方的发声者，我就会更加相信这样的健康信息"。

E16获取对医生的评价信息和E17获取医生的资质信息。该编码条目来自"我在预约挂号的时候，可以看到医生信息……有医生的专业背景，有一些病人对他的评价"。

E20检索网络可以获取初步诊断。该编码条目来自"在我们有健康问题的时候，我们是比较愿意去通过自己的检索能力获得初步的诊断"。

E35网络健康信息用于预防健康问题的发生。该编码条目来自"健康信息不仅包括疾病，还有预防问题"。

E44获取网络健康信息很方便。该编码条目来自"网络的便利性，很快，很及时，处理很多突发问题的时候可以快捷地得到回复"。

E45相比于去医院更节省时间。该编码条目来自"免除去医院的麻烦。中国的医疗资源有些紧张，不管去校医院还是中南医院，会花很多的时间和精力"。

通过对20位受访对象的原始访谈资料进行初始编码，研究者共抽取了72个初始概念。

6.1.1.2 聚焦编码与轴心编码

在第一阶段经过初始编码提取72个初始标签的基础上，本书对最重要的或出现最频繁的初始编码来进行整理、分类和梳理，判断哪些初始编码最能敏锐地分析数据，形成59个概念（F1—F59），提炼出20个子范畴（G1—G20），并通过将类属的属性和维度具体化，归类合并蕴含相同概念内容的子范畴，最终提取出6个影响网络健康信息风险感知的核心范畴（H1—H6）。聚焦编码和轴心编码的结果具体见表6-2。

表6-2 网络健康信息风险感知影响因素编码结果

轴心编码 H	子范畴 G	聚焦编码 F
H1健康素养能力	G1信息判断能力	F1后续巩固治疗 F2缺乏信息素养会无法判断信息真假 F3需要提供一定的科学依据 F4信息能力较强的人会区分正确与错误信息，进行规避这些信息 F5寻求专家意见进行巩固

轴心编码 H	子范畴 G	聚焦编码 F
	G2 信息利用能力	F6 信息能力较强的人知道自己的短板在哪儿，并不是无条件的相信 F7 不太会使用网络健康信息 F8 缺乏信息素养会对网上信息全盘接受 F9 在线问诊平台功能太复杂
	G3 信息搜寻能力	F10 在网上获取信息比较被动 F11 信息能力较强的人获取有效信息能够游刃有余
	G4 加大健康鸿沟	F12 数字化也加深了信息鸿沟和信息贫困 F13 信息能力较强的人获取信息的风险较低 F14 存在信息不对称的问题
H2 感知自我效能	G5 对自我健康状况的了解	F15 对自己的病情充满信心 F16 关注家人的身体健康状况 F17 网络信息减少恐惧
	G6 努力改善自我健康状况	F18 根据对自我身体的了解采纳 F19 根据自身对疾病的了解判断 F20 网络信息可以改善医患关系
H3 感知信息质量	G7 与我相关	F21 在网上基本可以获取我想要的信息
	G8 满足需求	F22 网上大多数人都赞同的比较可信 F23 网上信息的内容质量可以满足我的需求
	G9 提供最新信息	F24 提供医生资料信息提高可信度 F25 知名医院增加可信性
H4 采纳意图	G10 一般性了解	F26 普及科学知识 F27 作为基础了解 F28 保健类知识 F29 预防性知识
	G11 对病情的预判	F30 简单的医学问题 F34 自我感觉不严重的病情预诊断 F36 获得对医生的评价信息
	G12 病情预后信息	F31 作为与医生诊断的参照 F32 对健康信息的关注与家人的身体状况相关 F33 网上挂号 F35 获取别人的经验

续表

轴心编码 H	子范畴 G	聚焦编码 F
H5感知利益	G13避免个人隐私、疾病信息暴露	F37网上可以获取不想去医院问诊的问题 F38网上就医可以保护隐私
	G14节省时间	F39相比于去医院更节省时间 F40搜索时快速获得大量信息 F41获取信息的惯性会使用网络
	G15方便，效率高	F42帮助不适宜出门的患者就医 F43网上就医很方便
	G16获得精神共鸣	F44多了解病情信息来稳定情绪 F45网络案例与自我经历相同更容易产生信任 F46有情绪上的共鸣，同病相怜
	G17节省金钱	F47在医院就医容易产生心理压力，不愿意去医院 F48比去医院更省钱
H6信任	G18网络健康信息存在值得信任的内容	F49对网络健康信息的信任 F50促进形成健康的生活方式 F51渠道不同，信任程度不同 F52国家机构发布，可信性强 F53医生回答态度专业提高可信度 F54有资质的机构增加可信性
	G19具有良好的服务	F55一次性获取大量健康信息 F56比较全面的去考察问题，不容易钻牛角尖 F57优质平台上发布的信息比较可信
	G20可以帮助管理个人健康	F58对常用平台会有依赖性 F59信任会更容易采纳信息

6.1.2 网络健康信息风险感知影响因素的理论检验

根据扎根理论的编码过程，本书将抽取出的核心范畴与研究备忘录进行了比照，发现研究者在研究过程中形成的思想、概念和范畴已经全部包含在核心范畴内，无须再次进行新的数据补充。而后，研究者将核心范畴及其所包含的子范畴内容与现有文献进行了比较，梳理网络健康信息采纳风险感知影响因素与风险感知之间的作用关系。

6.1.2.1　健康素养能力

在决定用户的健康差异的影响因素中，健康素养被证明在寻求健康信息的过程中起到重要的作用。健康素养是指"个人获取和理解健康信息，并运用这些信息促进和保持良好健康的动机和能力"[①]。健康素养包含了人们采纳健康信息（即获取、处理、评估和使用）时须具备的技能，研究发现，不同程度健康素养的人群在寻求、发现、理解和使用网络健康信息时的结果存在差异，例如，低健康素养的人较少进行健康信息的搜寻、较少选择不同的信息来源、对解释药物标签或健康信息的能力较弱[②]。

随着网络健康信息的增多，研究表明，健康素养与评估网络健康信息质量、信任网络健康信息的能力呈负相关，低健康素养的用户更容易对高质量网站进行低质量评分[③]；而较高的健康信息素养能力的用户则认为在互联网上找到可靠的健康信息非常容易[④]。知识缺口假说指出，随着大众媒体曝光的增加，高社会阶层中的个人往往比低阶群体中的人更快地获得信息。所以两者之间的知识差距趋于增加而不是减少[⑤]。传统上处于不利地位的群体（如受教育程度较低或健康素养较低的群体）可能会成为这方面差距较大的风险群体。

6.1.2.2　感知自我效能

自我效能由班杜拉在认知行为改变的背景下引入，在社会认知理论

①　NUTBEAM D. Health promotion glossary [J]. Health promotion international,1998,13（4）:349-364.

②　ANKER A E, REINHART A M, FEELEY T H. Health information seeking: a review of measures and methods [J]. Patient education & counseling,2011,82（3）:346-354.

③　BENOTSCH E G, KALICHMAN S, WEINHARDT L S. HIV-AIDS patients' evaluation of health information on the internet: the digital divide and vulnerability to fraudulent claims [J]. Journal of consulting and clinical psychology,2004,72（6）:1004-1011.

④　BIRRU M S, MONACO V M, CHARLES L, et al. Internet usage by low-literacy adults seeking health Information: an observational analysis [J]. Journal of medical internet research,2004,6（3）:e25.

⑤　TICHENOR P J, DONOHUE G A, OLIEN C N. Mass media flow and differential growth in knowledge [J]. Public opinion quarterly,1970,34（2）:159-170.

中，自我效能感是一种自我评价的形式，是个体对自己是否有能力完成某一行为所进行的推测与判断。班杜拉认为，自我效能感指"人们对自身能否利用所拥有的技能去完成某项工作行为的自信程度"[①]。

用户的行为改变是通过个人控制来促进的，如果人们相信可以通过采取某种行动来解决问题，他们就会更倾向于这么做，并对这一行动的决定感到更加坚定。感知自我效能就是个人对行为的控制，代表用户能够通过适应性的行动掌握具有挑战性的要求的信念，决定了个人会坚持多久，面对困难付出的努力和坚持的程度[②]。因此，自我效能感也被看作是一个人面临压力时的看法和能力。

自我效能在人们的感受、想法和行为方式上有所不同。强烈的个人效能感与更好的健康状况、更高的成绩和更多的社会融合有关。强大的自我效能感可以促进个体的认知过程并提高学习成绩。此外，自我效能水平还可以增强或阻碍行为动机。自我效能感高的人选择执行更具挑战性的任务。他们为自己设定了更高的目标并坚持下去，具有较高自我效能感的个体更希望获得成功，并坚持不懈地行动，直到完成。相反，个体自我效能感低，预期失败，不太可能坚持具有挑战性的活动。

当用户在采纳网络健康信息时，与健康目标相关的感知自我效能可以帮助用户确定其信息策略，相信自己有能力实现与健康有关目标的个人会主动寻求与其个人健康或疾病相关的信息，而那些怀疑自己能力的人可能不会获取网络健康信息，甚至避免接触。因此，将这种能力称为"健康自我效能"，即个人对自己管理健康的能力的看法。

6.1.2.3 感知信息质量

在对信息系统的研究中，评价感知信息质量的维度包括信息完整性、数据质量和信息质量，其中，信息完整性的核心组成部分包括准确性、及

---

① BANDURA A. The explanatory and predictive scope of self-efficacy theory [J]. Journal of social and clinical psychology, 1986, 4(3): 359-373.

② SCHWARZER R, FUCHS R. Self-efficacy and health behaviours [J]. Predicting health behavior: research and practice with social cognition models, 1996: 163-196.

时性和完整性①；数据质量维度包括准确性、可信度、相关性和及时性②；信息质量维度则包括相关性、可获得性（有效性）、可解释性和完整性③。Nicolaou和Mcknight提出，感知信息质量是影响风险感知和信任的因素，这将直接影响使用交换的意图④。Rieh认为信息质量包括有用性、有益性、准确性、时效性和重要性⑤。

本书中的感知信息质量是指用户在采纳网络健康信息时，所感知的信息的相关性、及时性、高质量和满足需求的程度。

6.1.2.4 采纳意图

互联网已经改变了人们搜索各种类型的信息、娱乐和通信需求的方式。互联网用于获取健康信息的情况越来越普遍。通过目的驱动，用户采取相应的信息获取或采纳行为。通过扎根理论解析出用户采纳网络健康信息常见的几个意图，包括一般性了解、对病情的预判和病情预后信息。

6.1.2.5 感知利益

人们会从他们所经历的负面事件中报告他们获得的利益，即使经历着压力源的负面影响，也可能因此带来一些积极的生活变化。Schaefer和Moos发现，人们主要从压力的三个方面感受到益处，包括：①增强社会资源，如与朋友的关系变化；②强化个人资源，如对自我认知的加强；③增强应对压力源的技能⑥。Tedeschi和Calhoun则认为，感知利益体现在：自信心的变化、与他人关系的变化以及生活态度的

---

① BORITZ J E. Managing enterprise information integrity: security, control, and audit issues [M]. Illinois, USA: Isaca, 2004: 98.

② MIT TDQM Program. About MIT TDQM program [EB/OL]. [2018-04-12]. http://web.mit.edu/tdqm/www/about.shtml.

③④ NICOLAOU A I, MCKNIGHT D H. Perceived information quality in data exchanges: effects on risk, trust, and intention to use [J]. Information systems research, 2006, 17(4): 332-351.

⑤ RIEH S Y. Judgment of information quality and cognitive authority in the Web [J]. Journal of the association for information science and technology, 2002, 53(2): 145-161.

⑥ SCHAEFER J A, MOOS R H. Life crises and personal growth [C]. Westport, CT, US: Praeger Publishers/Greenwood Publishing Group, 1992: 149-170.

变化①。因此，用户在采纳网络健康信息时，尽管感受到其中存在的风险与挑战，但也能从中发现他们可能获取的利益。使用在线健康信息的优势包括成本节约、隐私保护、避免尴尬、高效和有效的信息检索以及定制信息以满足个人需求的能力。在线健康信息搜索可以通过缩小医疗保健差距并鼓励患者与医生积极互动来改善医疗保健结果。

本书中的用户感知利益包括：避免个人隐私、疾病信息暴露；节省用户时间；在线问诊方便，效率高；可以获得精神共鸣和安慰；相比于去医院，更节省金钱等方面。

6.1.2.6　信任

Sztompka提出，人们所拥有的各种资源，如金钱、教育、健康等，使个人更有能力并愿意去相信别人②，充足的资源增强了自我概念，使个人更加乐观和具有同情心，从而转化为对他人的更多信任③。用户对自我健康的评估与对其他人的信任是显著相关的。电子商务研究认为，信任可以从可信赖的第三方（如来源可靠）转移到另一个用户知之甚少的实体中④。因此，Napoli认为，用户对网络健康信息的信任可以从用户对传统媒体的信任中转移而来⑤。本书发现，用户会出于对渠道的信任、发布机构的信任、发布个体（如医生）的信任、发布机构的资质认证等信息，对网络健康信息具有信任。

①　TEDESCHI R G, CALHOUN L G. The posttraumatic growth inventory: measuring the positive legacy of trauma [J]. Journal of traumatic stress, 1996, 9 (3): 455-471.

②　SZTOMPKA P. Trust: a sociological theory [M]. New York, NY: Cambridge University Press, 1999: 76.

③　GIDDENS A. Modernity and self-identity: self and society in the late modern age [M]. Redwood City, CA: Stanford university press, 1991: 86.

④　DONEY P M, CANNON J P, MULLEN M R. Understanding the influence of national culture on the development of trust [J]. Academy of management review, 1998, 23 (3): 601-620.

⑤　NAPOLI P M. Consumer use of medical information from electronic and paper media: a literature review [M]// RICE R E, KATZ J E. The internet and health communication: experiences and expectations. Thousand Oaks, USA: Sage, 2001: 79-98.

6.2 影响网络健康信息风险感知的因素解析

6.2.1 健康认知能力要素

用户对于健康的认知能力对其风险感知具有重大的影响。基于扎根理论解析出的感知信息质量、健康自我效能和网络健康素养是用来衡量个人的健康认知能力的重要因素。

感知信息质量会对风险感知产生负面影响，通过增加交换信息的感知价值，感知信息质量会降低风险认知[①]。高质量的信息意味着信息更相关、最新、准确和完整，而这些更相关的、最新的、准确的和完整的信息被提供时，它应该有助于减少用户面对陌生信息时的不确定性。

自我效能感与个体的身心健康及相关行为具有密切的关系，自我效能感作用于个体的生理过程，进而对个体的健康产生影响。研究发现，具有高水平健康自我效能的个体更多地参与运动[②]，可能会促进人们选择更健康的生活方式[③]。

随着互联网的发展，Norman 和 Skinner 提出网络健康素养（eHealth literacy）的概念。网络健康素养是在互联网环境下"寻求、发现、理解和评估来自电子资料的健康信息的能力，并将所获得的知识应用于解决健康问题"[④]。这种综合技能要求人们能够使用新技术，批判性地思考媒体和科学问题，并浏览大量的信息工具和来源，以获取决策所需的信息。网络健康素养集合了包括传统素养、信息素养、媒体素养、健康素养、计算机素

---

① NICOLAOU A I, MCKNIGHT D H. Perceived information quality in data exchanges: effects on risk, trust, and intention to use [J]. Information systems research, 2006, 17(4): 332-351.

② PALSDOTTIR Á. Information behaviour, health self-efficacy beliefs and health behaviour in Icelanders' everyday life [J]. Information research: an international electronic journal, 2008, 13(1): 334.

③ JACKSON E S, TUCKER C M, HERMAN K C. Health value, perceived social support, and health self-efficacy as factors in a health-promoting lifestyle [J]. Journal of American college health, 2007, 56(1): 69-74.

④ NORMAN C D, SKINNER H A. eHealth literacy: essential skills for consumer health in a networked world [J]. Journal of medical internet research, 2006, 8(2): e9.

养和科学素养在内的六种素养能力，形成了全面优化消费者与电子卫生保健经验所需的基本技能。临床决策知情权要求用户可以充分地访问、理解和处理健康信息以满足他们的需求。访问既包括访问健康网站等信息资源的到达能力，也包括访问的质量，如技术质量和使用条件，还包括人们是否有隐私或有时间来正确使用网络健康资源，以及人们从文本中获取有意义、有价值信息的能力。

6.2.2　风险态度要素

风险态度是指人们承担风险的意图。风险具有不确定性，依赖于个人的知识、能力、经验、偏好等因素，而这些因素又与个人的风险态度密切相关。象征主观期望效用[①]和前景理论[②]的标志理论将风险态度作为一个自由参数，个体可能对风险有不同的态度。Tversky 和 Kahneman 认为，人们的风险态度受到参照点和决策框架的影响，随着语义描述的不同，用户会形成不同的心理参照点，进而影响个人的风险态度[③]。Nicholson 等人认为，人们的风险态度受到人格特点、社会背景等因素的影响，不同个体在面对相同的情况会呈现出不同的风险态度[④]。因此，在衡量用户的风险感知的时候，须考虑不同的风险态度对用户的影响。

① SAVAGE J, PRITCHARD W H. The problem of rupture of the billet in the continuous casting of steel [J]. Journal of the iron and steel institute, 1954, 178 (3): 269-277.

② KAHNEMAN D, TVERSKY A. On the study of statistical intuitions [J]. Cognition, 1982, 11 (2): 123-141.

③ TVERSKY A, KAHNEMAN D. Advances in prospect theory: cumulative representation of uncertainty [J]. Journal of risk and uncertainty, 1992, 5 (4): 297-323.

④ NICHOLSON N, SOANE E, FENTON-O'CREEVY M, et al. Personality and domain-specific risk taking [J]. Journal of risk research, 2005, 8 (2): 157-176.

6.3 网络健康信息风险感知对采纳意图的影响路径解析

6.3.1 感知利益与风险感知对采纳意图的影响

用户在购买产品或使用服务时，通常存在着两种感知，即"想要的特性"与"不想要的特性"。感知利益即指"想要的特性"，而风险感知是指"不想要的特性"。感知利益指用户购买或使用产品或服务后所感受到的收获，这种出自主观的感受可以满足用户特定的情感需求，使用户感到物有所值。用户在做出购买决策时，会同时考虑感知利益与风险感知，并据此评估购买行为。在以往的技术采纳研究中，感知有用性，即人们认为使用某种技术可以帮助他们提高工作绩效的程度，是影响人们对某些技术的采纳意图的重要因素[①]，而在网络健康信息研究的背景下，对网络健康信息的感知有用性可以被感知利益所代替，即人们认为使用网络健康信息可以帮他们更好地理解某些健康问题的程度。研究发现，尽管风险与收益在危险活动中呈现正相关，但在人们的思想和判断中是负相关的[②]。与为采纳网络健康信息提供潜在障碍的风险感知相反，用户对网络健康信息的感知利益为采纳网络健康信息提供了主要的诱因。感知利益是用户对使用网络健康信息相关益处的评估，当用户体验到使用网络健康信息的各种好处时，他们更有可能继续参与获取网络健康信息并采纳其来指导健康行为。

6.3.2 信任与风险感知对采纳意图的影响

社会心理学、社会学、经济学、信息系统等学科都对信任作为行为驱动因素的重要性进行了广泛的研究。信任是对对方行为或意愿的积极期

---

① VENKATESH V, MORRIS M G, DAVIS G B, et al. User acceptance of information technol-ogy: toward a unified view [J]. MIS quarterly, 2003, 27(3): 425-478.

② SLOVIC P, PETERS E. Risk perception and affect [J]. Current directions in psychological science, 2006, 15(6): 322-325.

望，因而愿意处于容易受对方影响的风险心理状态[①]，反映了消费者愿意相信现有的有利条件并促进交易成功。信任发展取决于服务提供商的特点，用户基于服务提供者的能力、仁爱和诚信，形成相互信任的信念。

在网络健康医疗研究中，信任对解释用户的技术采纳行为特别有用，如用信任来解释网络药品购买或健康信息搜索行为[②]。在网络健康信息的采纳过程中，用户的信任可以被看作是用户对网络健康信息内容准确性的信念[③]。不准确或存在误导性的网络健康信息会对用户的健康造成负面影响，因此，用户对网络健康信息的信任度越高，他们对信息的感知有用程度就越高，因此他们将投入更多的时间和精力去寻求网络健康信息。同时，信任减少了网络健康信息的复杂性和不确定性[④]，加强了用户在采纳健康信息过程中的感知控制[⑤]，从而增加了用户采纳网络健康信息的意图。

① MAYER R C, DAVIS J H, SCHOORMAN F D. An integrative model of organizational trust [J]. Academy of management review, 1995, 20 (3): 709-734.

② WILSON E V, LANKTON N K. Modeling patients' acceptance of provider-delivered e-health [J]. Journal of the American medical informatics association, 2004, 11 (4): 241-248.

③ XIAO N, SHARMAN R, RAO H R, et al. Factors influencing online health information search: an empirical analysis of a national cancer-related survey [J]. Decision support systems, 2014, 57 (1): 417-427.

④ GEFEN D, KARAHANNA E, STRAUB D W. Trust and TAM in online shopping: an integrated model [J]. MIS quarterly, 2003, 27 (1): 51-90.

⑤ PAVLOU P A, FYGENSON M. Understanding and predicting electronic commerce adoption: an extension of the theory of planned behavior [J]. MIS quarterly, 2006, 30 (1): 115-143.

7 网络健康信息风险感知影响因素检验

前文已经通过扎根理论研究方法对网络健康信息多维度风险感知及其影响因素的关系进行了探索性研究。由于质性研究的数据要经过量化研究的检验，因此，本章研究将基于第四章到第六章的研究得出的概念范畴进行量化研究，以进一步证实扎根理论研究的初步结果。本章研究主要通过实证研究的方法来定量分析影响网络健康信息多维度风险感知的要素。

7.1 研究变量与研究假设

7.1.1 个体差异对风险感知的影响的研究假设

7.1.1.1 性别对网络健康信息风险感知的影响

许多网络健康信息服务主要按性别关注用户，因此了解性别如何影响采纳网络健康信息的效果，可能有助于有针对性地方客户量身定制降低风险的策略。

性别因素对风险感知具有显著的影响，女性的风险感知水平一般高于男性[①]。女性被认为更容易在包括金融、医疗和环境在内的多个行为领域中

---

① BYRNES J P, MILLER D C, SCHAFER W D. Gender differences in risk taking: a meta-analysis [J]. Psychological bulletin, 1999, 125(3): 367-383.

感知到风险因素①。性别差异在互联网使用中也有所体现。Weber等人调查了性别在金融、健康/安全、娱乐、道德和社会等五个领域中的风险感知差异，发现除了社会决策领域之外，女性在其他四个领域中的风险感知均大于男性，男性对风险的感知较小，即表明他们更有可能参与冒险行为②。类似的调查结果在德国也得到了大样本量的调查证实③，相对于女性，男性认为他们将从从事危险行为的过程中获得更大的收益。而健康风险研究已经证明，男性往往不愿意，也缺乏动力去获取健康相关的信息④，此外，男性比女性更容易接受增加风险的信念和行为，并且不太可能从事与健康和长寿有关的行为⑤。男性在医疗接触中提供较简短的解释，而且在医疗访问中医生的访问时间明显少于女性⑥。

在互联网的使用情况上，截至2017年6月，中国网民男女比例为52.4∶47.6，同期全国人口男女比例为51.2∶48.8，网民性别结构趋向均衡，且与人口性别比例基本一致⑦。然而，尽管在人数分布方面的性别差距已经消失，但在与互联网有关的态度和活动方面仍然存在性别差异。例如，之前的研究表明女性对网络的兴趣低于男性；女性在网上的活动时间比男性

---

① MUMPOWER J L, SHI L, STOUTENBOROUGH J W, et al. Psychometric and demographic predictors of the perceived risk of terrorist threats and the willingness to pay for terrorism risk management programs [J]. Risk analysis, 2013, 33（10）: 1802-1811.

② WEBER E U, BLAIS A R, BETZ N E. A domain- specific risk- attitude scale: Measuring risk perceptions and risk behaviors [J]. Journal of behavioral decision making, 2002, 15（4）: 263-290.

③ JOHNSON J, WILKE A, WEBER E U. Beyond a trait view of risk taking: a domain-specific scale measuring risk perceptions, expected benefits, and perceived-risk attitudes in German-speaking populations [J]. Polish psychological bulletin, 2004, 35: 153-172.

④ MANSFIELD A K, ADDIS M E, MAHALIK J R. " Why won't he go to the doctor? ": the psychology of men's help seeking [J]. International journal of mens health, 2003, 2: 93-110.

⑤ LONNQUIST L E, WEISS G L, LARSEN D L. Health value and gender in predicting health protective behavior [J]. Women & health, 1992, 19（2-3）: 69-85.

⑥ HALL J A, ROTER D L, KATZ N R. Meta-analysis of correlates of provider behavior in medical encounters [J]. Medical care, 1988, 26（7）: 657-675.

⑦ 中国互联网络信息中心. 第40次《中国互联网络发展状况统计报告》[EB/OL]. [2018-04-12]. http://www.cnnic.net.cn/hlwfzyj/hlwxzbg/hlwtjbg/201708/P020170807351922262153.pdf.

少[①]，并查看更少的页面[②]；女性比男性更关注网上购物存在的风险[③]。因此，不同性别在从事网络信息行为时对风险感知存在明显的差异。

性别也被认为是提供有效降低风险建议的重要指标之一。在不同的文化中，男性从小被鼓励独立，而女性更为依赖相互依存的关系和社会联系。由于这种社会化的结果，女性更有可能向他人透露更多的个人信息，并改变自己的行为，作为与其他人互动的反应。同时，女性比男性更容易分享个人经验。因此，控制互联网的使用，接受朋友的推荐都可能有效地降低女性的风险感知。因此，对性别差异导致的风险感知结果有必要进行讨论，本书提出假设：

H1：女性在网络健康信息风险感知各维度上的水平要高于男性；

H1a：女性在网络健康信息隐私风险上的水平要高于男性；

H1b：女性在网络健康信息心理风险上的水平要高于男性；

H1c：女性在网络健康信息来源风险上的水平要高于男性。

7.1.1.2　年龄对网络健康信息风险感知的影响

年龄因素对风险感知也具有稳定影响，但其影响方向还存在争议。有研究认为年龄与用户的风险感知呈负相关关系[④]，年龄越大的用户，其风险感知水平越低，Toh和Heeren认为，15—24岁的人的风险感知最大，其次是25—44岁，而54岁以上的人风险感知最小[⑤]；也有研究认为年龄

---

① GORDON C F, JUANG L P, SYED M. Internet use and well-being among college students：Beyond frequency of use [J]. Journal of college student development,2007,48(6)：674-688.

② Intel Corporation. Women and the Web [EB/OL]. [2018-04-12]. https://www.intel.com/content/dam/www/public/us/en/documents/pdf/women-and-the-web.pdf.

③ GARBARINO E, STRAHILEVITZ M. Gender differences in the perceived risk of buying online and the effects of receiving a site recommendation [J]. Journal of business research, 2004,57(7)：768-775.

④ NICHOLSON N, SOANE E, FENTON-O'CREEVY M, et al. Personality and domain-specific risk taking [J]. Journal of risk research,2005,8(2)：157-176.

⑤ TOH R, HEEREN S G. Perceived risks of generic grocery products and risk reduction strategies of consumers [J]. Akron business and economic review,1982,13(4)：43-48.

与风险感知呈正向关系[①]，Cunningham认为，年龄与头痛补救措施的风险感知只在三分之一的情况下显著相关，年轻人对于头疼的风险感知没有老年人高[②]，Kogan和Wallach发现老年人在面临危险情况时可能会更加保守[③]。因此，关于年龄与风险感知的关系需根据具体的风险事件类型进行判断。

年龄的变化使得老年用户的信息决策过程和习惯不同于年轻人[④]。信息处理理论表示，老年用户不太可能寻求额外的信息，并在做出决策或解决问题时依靠启发式或基于模式的处理形式；相比之下，年轻人由于其经验有限，可能会寻求或使用更多的信息来做出决定，并更倾向于依赖健康信息来源者提供的其他信息[⑤]。在网上获取或采纳健康信息时，老年用户更倾向于使用他们的经验，熟悉度和健康知识来评价健康信息并做出决策，并且他们对自己的决定充满信心。同时，年轻人更擅长处理信息，因此并不介意为了获取信息而投入更多的努力。与年轻人相比，老年人对时间和精力更加重视。因此，本书提出假设：

H2：老年用户在网络健康信息风险感知各个维度上的水平要比年轻人更低；

H2a：老年用户在网络健康信息隐私风险上的水平要比年轻人更低；

H2b：老年用户在网络健康信息心理风险上的水平要比年轻人更低；

H2c：老年用户在网络健康信息来源风险上的水平要比年轻人更低。

---

① GUBER D L. The grassroots of a green revolution: polling America on the environment [M]. MA, USA: MIT Press, 2003: 94.

② CUNNINGHAM S M. The major dimensions of perceived risk: risk taking and information handling in consumer behavior [M]. Boston, USA: Harvard University Press, 1967: 82-108.

③ KOGAN N, WALLACH M A. Risk taking: a study in cognition and personality [J]. American journal of psychology, 1964, 78 (3): 57-60.

④ COLE C, LAURENT G, DROLET A, et al. Decision making and brand choice by older consumers [J]. Marketing letters, 2008, 19 (3/4): 355-365.

⑤ GANESAN-LIM C, RUSSELL-BENNETT R, DAGGER T. The impact of service contact type and demographic characteristics on service quality perceptions [J]. Journal of services marketing, 2008, 22 (7): 550-561.

7.1.1.3 教育程度对网络健康信息风险感知的影响

教育程度作为一个重要的途径，可以帮助个人改善与理解和决策相关的机制和过程，有助于他们做出更好的选择。研究表明，少数民族、教育程度较低的人使用信息技术的机会和水平都较低[①]。美国的研究表明，获取网络健康信息的美国公民可能是更年轻，具有相对较高的教育和收入水平的白种人[②]。研究发现，教育程度越高的患者，越会使用更多的信息来源来获取健康信息[③]。

教育程度与风险感知一般被认为呈现负相关关系。例如，Riley 和 Chow 研究美国家庭样本的投资决策数据发现，随着教育年限的增加，风险感知水平趋于显著下降[④]。同样，Caliendo 等人采用不同的风险规避措施，发现高等教育水平显著负面影响风险感知[⑤]，其他类似的研究也都证明了教育程度与风险感知之间的负面联系[⑥]。但 Jung 研究发现，教育在个人成长的不同阶段对风险感知的影响存在不同：在早期教育中，教育会增加个人的风险感知，但包括高等教育在内的成人教育则会显著降低个人的风险感知[⑦]。

教育程度已经被多个研究证实是决定个人风险承受能力的重要因素，

---

① FOX S. The social life of health information,2011. Pew Research Center's Internet & American life project [EB/OL]. [2017-06-24]. http//www.pewinternet.org/2011/05/12/the-social-life-of-health-information-2011/.

② BAKER L, WAGNER T H, SINGER S, et al. Use of the Internet and e-mail for health care information: results from a national survey [J]. Journal of the American medical association, 2003,289(18): 2400-2406.

③ ISHIKAWA H, TAKEUCHI T, YANO E. Measuring functional, communicative, and critical health literacy among diabetic patients [J]. Diabetes care,2008,31(5): 874-879.

④ RILEY Jr W B, CHOW K V. Asset allocation and individual risk aversion [J]. Financial analysts journal,1992,48(6): 32-37.

⑤ CALIENDO M, FOSSEN F M, KRITIKOS A S. Risk attitudes of nascent entrepreneurs-new evidence from an experimentally validated survey [J]. Small business economics,2009,32(2): 153-167.

⑥ DONKERS B, MELENBERG B, VAN SOEST A. Estimating risk attitudes using lotteries: a large sample approach [J]. Journal of risk and uncertainty,2001,22(2): 165-195.

⑦ JUNG S. Does education affect risk aversion?: evidence from the 1973 british education reform [D]. Paris, France: Paris School of Economics,2014: 13.

较高水平的教育程度使得个人对不同领域的风险的危害有着更为客观的评价和较高的风险承受能力，因此其风险感知的水平也相应较低；具有较高教育程度的个人更容易通过学习和了解相关知识，对可能发生的风险进行规避。因此，我们提出假设：

H3：教育程度与网络健康信息风险感知各维度有着显著的负向关系。

H3a：教育程度与网络健康信息隐私风险有着显著的负向关系。

H3b：教育程度与网络健康信息心理风险有着显著的负向关系。

H3c：教育程度与网络健康信息来源风险有着显著的负向关系。

7.1.1.4　职业对网络健康信息风险感知的影响

在许多方面，互联网是传播健康信息的最佳途径，它为医务人员和普通用户提供了即时访问大量与健康相关信息的途径。但大多数一般用户不具备复杂的健康医学相关的专业知识，无法直接评估与健康信息相关的风险和利益，而必须依赖专家提供的信息。然而，专家，特别是在网络上发布健康信息的专家并不是一个同质的群体，他们对同一个健康问题的看法可能截然相反。因此，一般用户无法根据信息的来源判断健康信息的准确性和可靠性，无法正确分析使用网络健康信息的风险，导致他们的风险感知随之上升。

同时，尽管越来越多的用户从互联网获取健康信息，但许多健康专业人士对他们正在寻找的信息的质量以及如何使用这些信息表示严重关切。研究发现，一些医务人员感受到来自网络健康信息的挑战[1]，他们会担心网络健康信息的准确性，病人解读信息的能力，以及网络健康信息可能导致病人不适当的自我诊断或对不可用治疗的需求[2]。一些医务人员还认为，他们在问诊过程中没有足够的时间去回答患者们因网络上获取

---

① CHNE X, SIU L L. Impact of the media and the internet on oncology: survey of cancer patients and oncologists in Canada [J]. Journal of clinical oncology, 2001, 19(23): 4291-4297.

② HART A, HENWOOD F, WYATT S. The role of the Internet in patient-practitioner relationships: findings from a qualitative research study [J]. Journal of medical Internet research, 2004, 6(3): e36.

的健康信息所产生的问题①。此外，医务人员甚至可能落后于熟悉使用互联网等信息技术的患者，患者经常会觉得自己能够更好地了解自己的健康状况和治疗方案，进而引发一系列依从性问题和医患矛盾。医务人员发现，尽管网络健康信息资源非常丰富，但要在泛滥的信息中查找到所需信息却比较困难②。

医务人员获取网络健康信息的特点与一般用户有所区别：医务人员在获取健康信息时，会避开浏览像Google这样的网站，而倾向于WebMD、Pubmed和Medline等专业性网站或门户网站③，说明医务人员非常重视信息来源。同时，由于医务人员具有充分的专业知识，他们在获取网络健康信息时，不仅知道在哪里找到信息，还知道如何处理信息④，换言之，医务人员在使用网络健康信息时依赖于自身的知识结构对信息的质量进行判断⑤。这些特点都导致了医务人员与一般用户在网络健康信息风险感知上存在差异，本书提出假设：

H4：医务人员对于网络健康信息风险感知各个维度上的感知强度要比一般用户更弱。

H4a：医务人员对于网络健康信息隐私风险上的感知强度要比一般用户更弱。

H4b：医务人员对于网络健康信息心理风险上的感知强度要比一般用户更弱。

---

① ANDERSON J G. Consumers of e-health：patterns of use and barriers [J]. Social science computer review，2004，22（2）：242-248.

② DAVIES K. The information-seeking behaviour of doctors：a review of the evidence [J]. Health information & libraries journal，2007，24（2）：78-94.

③ DE LEO G, LEROUGE C, CERIANI C, et al. Websites most frequently used by physician for gathering medical information [C]. AMIA Annual Symposium Proceedings. American Medical Informatics Association，2006：902.

④ PRENDIVILLE T W, SAUNDERS J, FITZSIMONS J. The information-seeking behaviour of paediatricians accessing web-based resources [J]. Archives of disease in childhood，2009，94（8）：633-635.

⑤ TANG H, NG J H K. Googling for a diagnosis-use of Google as a diagnostic aid：internet based study [J]. Bmj，2006，333（7579）：1143-1145.

H4c：医务人员对于网络健康信息来源风险上的感知强度要比一般用户更弱。

7.1.2 健康认知能力与网络健康信息风险感知的关系

7.1.2.1 感知信息质量

启发式–系统式模型（HSM）将个体的认知加工分为启发式和系统式，动机与认知能力决定了认知加工的程度，启发式行为基于直觉，人们付出较少的认知努力，根据信息的外部线索进行判断；而基于理性的系统式行为是指人们通过对信息进行仔细审查和比较，对信息内容进行系统评估，如通过论述质量和论述强度来评价信息内容质量[1]。作为产品或服务的重要属性，感知信息质量是指用户根据自己的需求对产品/服务质量做出的判断和评价，反映的是信息、产品或服务是否可以满足用户的需求[2]，是从用户主观出发的一种评价标准。在信息系统的研究中，感知信息质量的维度可以包括信息完整性、数据质量和信息质量[3]。在互联网环境中，用户对产品或服务的购买决定是通过他们感知的信息质量来确定的。当用户认为信息可以满足其需求时，就会愿意根据他们的购买决策标准来评价每种产品或服务的价值[4]，因此信息质量被认为是保证网上购物交易顺利进行的营销工具[5]。

互联网上的信息质量差别很大，从高度准确可靠到不准确、不可靠，

---

① CHAIKEN S. Heuristic versus systematic information processing and the use of source versus message cues in persuasion [J]. Journal of personality and social psychology, 1980, 39（5）: 752-766.

② NAGEL P J A, CILLIERS W W. Customer satisfaction: a comprehensive approach [J]. International journal of physical distribution & logistics management, 1990, 20（6）: 2-46.

③ NICOLAOU A I, MCKNIGHT D H. Perceived information quality in data exchanges: effects on risk, trust, and intention to use [J]. Information systems research, 2006, 17（4）: 332-351.

④ OLSHAVSKY R W. Towards a more comprehensive theory of choice [J]. Advances in consumer research, 1985, 12（3）: 465-470.

⑤ XU H, KORONIOS A. Understanding information quality in e-business [J]. Journal of computer information systems, 2005, 45（2）: 73-82.

甚至是有意误导。同时，信息质量还包括网页信息的更新频率以及其内容是否经过了审查。目前的研究认为，基本的信息质量维度包括准确性、相关性、精确性、完整性、安全性、格式、可及性、及时性、一致性、连贯性、可比性和可理解性。在本书中，感知信息质量是指用户对信息质量的整体判断和评估，包括对信息的准确性、完整性、及时性、相关性和可靠性的认知信念。

　　错误的健康信息渗透到网络中，与高质量的健康信息共存，消费者通常很难分辨网络健康信息的质量，会增加用户的风险感知。Betsch 和 Sachse 发现，信息源的可信度影响风险感知，当风险被不可靠的信息来源（如制药行业）否定时，风险感知度更大，不可靠来源的强风险否定会增加风险感知；而可信的信息来源（如政府机构）没有这样的差异[①]。Mun 等人认为，网络健康信息的感知信息质量可以分为论据质量和来源专业性，论据质量根据信息的内容属性来定义和评估，而来源专业性则根据有说服力的消息来源来做出正确的判断[②]。医疗信息通常是高度专业化的，信息提供者须接受专业的正式培训来获得资格认证，所以在基于网络的健康信息的背景下，论据质量和来源专业性都应有助于降低风险感知。他们的研究也证实了，信息的论据质量和来源专业性对风险感知都有负面作用。当信息质量及时、准确和完整的时候，用户对网络健康信息的风险感知较小。另外，基于互联网和数字技术的服务应遵循严格的安全标准，确保数字信息的保密性、可靠性、保护性和完整性。因此，信息的完整性也对风险感知产生负面影响，确保数字健康数据完整性的安全措施非常重要。

　　感知信息质量通过增加了交换信息的感知价值，能够显著降低个人的风险感知。高质量的信息意味着信息内容更加准确、完整、相关和最新，而当用户被提供更为准确、完整、相关和最新的信息时，会有助于用户减

---

①　BETSCH C, SACHSE K. Debunking vaccination myths: strong risk negations can increase perceived vaccination risks [J]. Health psychology, 2013, 32(2): 146-155.

②　MUN Y Y, YOON J J, DAVIS J M, et al. Untangling the antecedents of initial trust in web-based health information: the roles of argument quality, source expertise, and user perceptions of information quality and risk [J]. Decision support systems, 2013, 55(1): 284-295.

少面对未知事物的不确定性和风险感知①。因此，我们认为感知信息质量与风险感知之间存在负相关关系，并提出假设：

H5：感知信息质量负向影响网络健康信息风险感知各个维度。

H5a：感知信息质量负向影响网络健康信息隐私风险。

H5b：感知信息质量负向影响网络健康信息心理风险。

H5c：感知信息质量负向影响网络健康信息来源风险。

7.1.2.2 健康自我效能

自我效能感在健康领域具有广泛的应用，被概念化为多种健康的特定功效②。自我效能感可以显著影响人们的疾病管理行为，包括用药习惯、压力应对及运动饮食等。在患者进行信息寻求时，除了对信息的期望之外，与健康有关的目标的自我效能也在决定个人的信息策略方面起到了关键作用。那些相信自己有能力实现健康目标的人会主动寻求关于他们疾病的信息，而那些怀疑自己能力的人可能不会去搜索信息甚至回避它③。这种信念被称为"健康自我效能"（health self-efficacy），即个人对自身健康管理能力的信念，被广泛用于健康领域以预测分析人们的健康行为。

在许多情况下，健康信息包含正面和负面信息。Rimal认为，当用户的风险感知水平较高时，如果具有较高的健康自我效能，人们会意识到自己的风险状况，并相信他们具备避免疾病威胁的必要技能，积极寻求健康信息；而健康自我效能较低的人，则可能采取回避的态度，避免接触使他们的风险状况更加突出的信息④。考虑到教育、性别和年龄在健康问题上的影响和知识方面的作用，本书在控制人口变量的影响的基础上，

---

① KIM D J, FERRIN D L, RAO H R. A trust-based consumer decision-making model in electronic commerce: the role of trust, perceived risk, and their antecedents [J]. Decision support systems, 2008, 44 (2): 544-564.

② SCHWARZER R, RENNER B. Social-cognitive predictors of health behavior: action self-efficacy and coping self-efficacy [J]. Health psychology, 2000, 19 (5): 487-495.

③ LEE S Y, HWANG H, HAWKINS R, et al. Interplay of negative emotion and health self-efficacy on the use of health information and its outcomes [J]. Communication research, 2008, 35 (3): 358-381.

④ RIMAL R N. Perceived risk and self-efficacy as motivators: understanding individuals' long-term use of health information [J]. Journal of communication, 2006, 51 (4): 633-654.

提出假设：

H6：健康自我效能负向影响网络健康信息风险感知各个维度。

H6a：健康自我效能负向影响网络健康信息隐私风险。

H6b：健康自我效能负向影响网络健康信息心理风险。

H6c：健康自我效能负向影响网络健康信息来源风险。

对于普通用户来说，对健康信息质量的感知非常重要，因为对健康风险和利益的了解是改善健康行为的前提条件。详尽可能性模型提出，用户是否通过中心路线或外围路线改变他们的态度取决于拟合的可能性，包括用户的动机和能力①。健康自我效能反映用户的感知能力，当用户具有较强的健康自我效能时，他们会更有自信选择到高质量的健康信息，从而可能会减弱风险感知的产生。因此，本书提出假设：

H7：健康自我效能调节感知信息质量与网络健康信息风险感知各个维度之间的关系。

H7a：健康自我效能调节感知信息质量与隐私风险之间的关系。

H7b：健康自我效能调节感知信息质量与心理风险之间的关系。

H7c：健康自我效能调节感知信息质量与信息来源风险之间的关系。

7.1.2.3 网络健康素养

随着用户的健康素养水平的提高，有效利用互联网解决健康问题的能力也会有所提高。已有的一些研究显示，使用电子技术在健康素养或健康生活方式方面进行干预使得健康素养与健康风险行为之间有着显著的正向变化②。由于网络上会发布不可靠的或有偏见的信息，用户使用这些信息会导致判断失误而损害自身或家人的健康，因此，对网络健康信息的风险感知会随着用户的网络健康素养能力不同而有所变化③。即使是使用了医疗专业人士提供的诊断或治疗，但用户使用网络健康信息来理

---

① BHATTACHERJEE A, SANFORD C. Influence processes for information technology acceptance: an elaboration likelihood model [J]. MIS quarterly, 2006, 30(4): 805-825.

② JACOBS R J, LOU J Q, OWNBY R L, et al. A systematic review of eHealth interventions to improve health literacy [J]. Health informatics journal, 2016, 22(2): 81-98.

③ KILEY R. Does the internet harm health?: some evidence exists that the internet does harm health [J]. British medical journal, 2002, 324(7331): 238-239.

解这些诊断或治疗，依然可能会存在缺乏信誉、过时或不准确的风险。因此，我们提出假设：

H8：网络健康素养水平负向影响网络健康信息风险感知各个维度。

H8a：网络健康素养水平负向影响网络健康信息隐私风险。

H8b：网络健康素养水平负向影响网络健康信息心理风险。

H8c：网络健康素养水平负向影响网络健康信息来源风险。

评估网络健康信息时，用户可能会接触错误或不完整的信息，而这些信息已被证明与不良的健康结果有关，如参与筛查计划程度较低或治疗依从性低[1]。网络健康信息的质量问题容易受到用户对其进行评估能力的影响。研究发现，网络健康素养较高的网络用户更关注信息质量，能够根据搜索意图和数据来源（如病人博客与健康论坛）有效地实施和过滤信息，而网络健康素养较低的用户很容易被与查询无关的信息分散注意力，收到相当一般的搜索结果[2]。据此，本书提出假设：

H9：网络健康素养调节感知信息质量与网络健康信息风险感知各个维度之间的关系。

H9a：网络健康素养调节感知信息质量与隐私风险之间的关系。

H9b：网络健康素养调节感知信息质量与心理风险之间的关系。

H9c：网络健康素养调节感知信息质量与信息来源风险之间的关系。

7.1.3 风险态度与网络健康信息风险感知的关系

风险态度作为影响人们在不确定情境下决策的主要因素，可以分为风险厌恶、风险中性和风险偏好三类[3]，其中持风险厌恶态度的人对利益反应比较迟钝，而对损失比较敏感，而持有风险偏好态度的人对损失反应比较

---

① CLINE R J W, HAYNES K M. Consumer health information seeking on the internet: the state of the art [J]. Health education research, 2001, 16(6): 671-692.

② FENFEL M A, STAHL S F. What do web-use skill differences imply for online health information searches? [J]. Journal of medical internet research, 2012, 14(3): e87.

③ 任翠玉. 中国上市公司股权资本成本影响因素研究 [D]. 大连: 东北财经大学, 2011: 49.

迟钝，而对利益反应比较敏感。风险在决策中无处不在，人们愿意承担风险的态度构成了他们的风险偏好，评估和衡量个人的风险偏好对经济分析和政策规定至关重要。Dohmen等人研究了通过不同方法引发的风险偏好和预测个体行为之间的关系[①]，研究发现，面对不同的情况，个人可能会表现出不同的风险态度；即使同一个人，在面对不同领域（如财务、健康、道德、社交和娱乐）的风险事件时，针对不同领域的风险态度都会有所不同[②]。此外，当人们面临盈利或损失的情况下风险态度倾向呈现不同。

Sitkin和Pablo认为，风险厌恶的决策者更有可能关注并衡量负面结果，高估威胁和低估机会，而风险偏好的决策者则倾向于关注和衡量积极成果，高估机会和低估威胁[③]。虽然也有研究表示，风险态度难以准确了解，不仅与个体的心理、知识、决策内容以及环境等有关，也与其所处的社会经济文化环境有关[④]。但一个人的风险态度是衡量个体风险承担或风险规避的倾向性变量，具有一定的稳定性。因此，本书提出假设：

H10：积极承担风险的用户，其对网络健康信息风险各个维度的感知程度较低。

H10a：积极承担风险的用户，其对网络健康信息隐私风险的感知程度较低。

H10b：积极承担风险的用户，其对网络健康信息心理风险的感知程度较低。

H10c：积极承担风险的用户，其对网络健康信息来源风险的感知程度较低。

---

① DOHMEN T, FALK A, HUFFMAN D, et al. Individual risk attitudes：measurement, determinants, and behavioral consequences [J]. Journal of the European economic association, 2011,9（3）：522-550.

② WEBER E U, BLAIS A R, BETZ N E. A domain-specific risk-attitude scale：measuring risk perceptions and risk behaviors [J]. Journal of behavioral decision making,2002,15（4）：263-290.

③ SITKIN S B, PABLO A L. Reconceptualizing the determinants of risk behavior [J]. Academy of management review,1992,17（1）：9-38.

④ 谢识予,孙碧波,朱弘鑫,等. 两次风险态度实验研究及其比较分析 [J]. 金融研究, 2007（11）:57-66.

7.1.4 研究假设小结

研究假设作为网络健康信息风险感知的实证研究的核心部分，建立在理论回顾和文献梳理的基础之上，本书并进行了假设验证。为了便于比对，将本章提出的研究假设进行小结（见表7-1）。

本文共提出15个研究假设，将研究假设涉及的变量间的关系分为三类，分别为：个体差异与风险感知的关系、健康认知能力与风险感知的关系、风险态度与风险感知的关系。

表7-1 研究假设小结

假设分类		假设内容
个体差异与风险感知的关系	H1a	女性在网络健康信息隐私风险上的水平要比男性高
	H1b	女性在网络健康信息心理风险上的水平要比男性高
	H1c	女性在网络健康信息来源风险上的水平要比男性高
	H2a	老年用户对于网络健康信息隐私风险上的水平要比年轻人更低
	H2b	老年用户对于网络健康信息心理风险上的水平要比年轻人更低
	H2c	老年用户对于网络健康信息来源风险上的水平要比年轻人更低
	H3a	教育程度与网络健康信息隐私风险有着显著的负向关系
	H3b	教育程度与网络健康信息心理风险有着显著的负向关系
	H3c	教育程度与网络健康信息来源风险有着显著的负向关系
	H4a	医护人员与网络健康信息隐私风险有着显著的负向关系
	H4b	医护人员与网络健康信息心理风险有着显著的负向关系
	H4c	医护人员与网络健康信息来源风险有着显著的负向关系
健康认知能力与风险感知的关系	H5a	感知信息质量负向影响网络健康信息隐私风险
	H5b	感知信息质量负向影响网络健康信息心理风险
	H5c	感知信息质量负向影响网络健康信息来源风险
	H6a	健康自我效能负向影响网络健康信息隐私风险
	H6b	健康自我效能负向影响网络健康信息心理风险

假设分类		假设内容
	H6c	健康自我效能负向影响网络健康信息来源风险
	H7a	健康自我效能调节感知信息质量与网络健康信息隐私风险之间的关系
	H7b	健康自我效能调节感知信息质量与网络健康信息心理风险之间的关系
	H7c	健康自我效能调节感知信息质量与网络健康信息来源风险之间的关系
	H8a	网络健康素养水平负向影响网络健康信息隐私风险
	H8b	网络健康素养水平负向影响网络健康信息心理风险
	H8c	网络健康素养水平负向影响网络健康信息来源风险
	H9a	网络健康素养调节感知信息质量与网络健康信息隐私风险之间的关系
	H9b	网络健康素养调节感知信息质量与网络健康信息心理风险之间的关系
	H9c	网络健康素养调节感知信息质量与网络健康信息来源风险之间的关系
风险态度与风险感知的关系	H10a	积极承担风险的用户，其对网络健康信息隐私风险的感知程度较低
	H10b	积极承担风险的用户，其对网络健康信息心理风险的感知程度较低
	H10c	积极承担风险的用户，其对网络健康信息来源风险的感知程度较低

7.2　研究变量的测量

7.2.1　网络健康信息风险感知

本节研究用第 5 章确定的网络健康信息风险感知量表，包含三个风险维度。

其中，隐私风险维度包含五个测量项，分别为：

PrR1 我担心我检索健康信息的记录可能会被他人访问；

PrR2 我担心我的个人信息在不知情的情况下被使用；

PrR3 透露个人疾病信息（如患病情况、用药记录等）会使我感到不安全；

PrR4 透露个人身份信息（如性别、年龄、工作等）会使我感到不安全；

PrR5 我担心使用网络健康信息会使我失去对隐私数据的控制。

心理风险维度由五个测量项组成，分别为：

PsR1 使用网络获取健康信息会让我感到心理上不舒服；

PsR2 获取网络健康信息会带给我不必要的焦虑感；

PsR3 网络健康信息会夸大病情和后果，使我经历不必要的紧张；

PsR4 我担心网络上医生在回答健康问题的时候不负责任；

PsR5 我的朋友和家人对获取网络健康信息的态度会对我产生影响。

信息来源风险维度由四个测量项组成，分别为：

PISR1 网络健康信息的发布机构缺乏权威性；

PISR2 网络上健康信息的发布动机不明确；

PISR3 网络健康信息与医生提供的信息存在矛盾；

PISR4 网络健康信息缺乏明确的信息来源。

7.2.2 感知信息质量

本书使用 Cao 等人[①]研究中提到的感知信息质量量表，其可信度达到 0.94，测量项为：

IQ1 互联网提供准确的健康信息，用来衡量网络健康信息质量的准确性；

---

① CAO M, ZHANG Q, SEYDEL J. B2C e-commerce web site quality: an empirical examination [J]. Industrial management & data systems, 2005, 105（5）: 645-661.

IQ2互联网可以提供与我有关的健康信息，用来衡量网络健康信息质量的相关性；

IQ3互联网可以满足我对健康信息的需求，用来衡量网络健康信息质量的完整性；

IQ4互联网提供最新的健康信息，用来衡量网络健康信息质量的及时性；

IQ5互联网提供高质量的健康信息，用来衡量网络健康信息质量的可靠性。

参与者从1（强烈不赞成）到6（强烈赞成）进行评分，分数越高表示其对网络健康信息的感知信息质量越高。

7.2.3　健康自我效能

与健康实践有关的健康自我效能测量，根据Lee等人[①]的研究中提到的量表进行评估。这个量表有三个测量项，要求参与者在调查中表明他们对以下陈述的一致程度：

HSF1我有信心自己能够积极改善自己的健康状况；

HSF2我设定了一些明确的目标来改善自己的健康状况（如戒烟，坚持运动等）；

HSF3我积极努力改善自己的健康状况（如采取更健康的生活方式）。

参与者从1（强烈不赞成）到6（强烈赞成）进行评分，分数越高表示其健康自我效能水平越高。

7.2.4　网络健康素养

本书采用网络健康素养量表（the eHealth literacy scale，eHEALS）[②]

---

①　LEE S Y, HWANG H, HAWKINS R, et al. Interplay of negative emotion and health self-efficacy on the use of health information and its outcomes [J]. Communication research, 2008, 35（3）: 358-381.

②　NORMAN C D, SKINNER H A. eHEALS: the eHealth literacy scale [J]. Journal of medical Internet research, 2006, 8（4）: e27.

的汉化版本进行研究，eHEALS对网络健康素养进行评估，主要测量网民在寻求、应用网络健康知识时的自我感觉技能。郭帅军等人在2013年对其进行了汉化，汉化量表的Cronbach's α系数为0.913[①]。本次测量共有四个题目，包括：

网络健康信息与服务的应用能力测试（EHL1我可以从网络上找到有用的健康信息；EHL2我可以利用网络健康信息解决自身健康问题）；

评判能力测试（EHL3我有能力评估网络健康信息并分辨出高质量信息）；

决策能力测试（EHL4我对应用网络信息做出健康相关决定充满自信）。

参与者从1（强烈不赞成）到6（强烈赞成）进行评分，分数越高表示其健康素养水平越高。

7.2.5 风险态度

对个人风险态度的测量首先来自简易版刺激寻求量表（brief sensation seeking scale），这是由Hoyle等人遵循Zuckerman的感觉寻求理论，在感觉寻求量表第五式（sensation seeking scale-V）基础上发展而成的，并用其对1263名青少年施测，发现对成瘾的区分和预测能力较好[②]。经翻译后对我国被试进行测定，全量表的α系数为0.90，具有较好的可靠性[③]。测量项"RP1我很喜欢尝试新奇的事物""RP2有挑战性的任务令我感到兴奋""RP3我更喜欢变化而不是维持现状"来自该

---

① 郭帅军,余小鸣,孙玉颖,等. eHEALS健康素养量表的汉化及适用性探索[J]. 中国健康教育,2013,29(2):106-108,123.

② HOYLE R H, STEPHENSON M T, PALMREEN P, et al. Reliability and validity of a brief measure of sensation seeking[J]. Personality and individual differences,2002,32(3):401-414.

③ CHEN X, LI F, NYDEGGER L, et al. Brief sensation seeking scale for chinese-cultural adaptation and psychometric assessment[J]. Personality and individual differences,2013,54(5):604-609.

量表①。参与者从1（强烈不赞成）到6（强烈赞成）进行评分，分数越高表示其风险态度越积极。测量项"RP4一般来说，我比较容易接受风险"来自Nadeau等人的研究②，探求受访者对风险的整体态度。Nadean等人认为，个人的风险倾向可以通过一个直接的自我评估问题来挖掘，并指出这种自我评估往往是用于建立风险倾向度量表的因子分析中最高的加载项目，Ehrlich和Maestas的研究也验证了这种可能性③。参与者从1（强烈不赞成）到6（强烈赞成）进行评分，分数越高表示其对于风险的态度越趋于积极。

7.3 实验样本

根据文献梳理，确定了感知信息质量、健康自我效能、网络健康素养、风险态度、采纳意图、感知利益和信任各个变量的测量题项，并结合网络健康信息风险感知量表测量题项，初步设计出所需要的调查问卷。

随后，针对初步设计的问卷，本书进行了预调研。预调研发放问卷20份，填写者均为图书情报领域的硕士或博士。在问卷填写后，逐一征求填写者的意见，对可能产生歧义和语意模糊的题项进行了讨论和修正，据此形成最终的调查问卷（详见附录三）。

研究采用方便抽样的手段，进行问卷收集。问卷收集的途径主要有两种，一是现场填写；二是通过问卷星平台填写。现场填写的时间是

---

① QUINTELIER E, HOOGHE M. Political attitudes and political participation: a panel study on socialization and self-selection effects among late adolescents [J]. International political science review, 2012, 33（1）: 63-81.

② NADEAU R, MARTIN P, BLAIS A. Attitude towards risk-taking and individual choice in the Quebec referendum on sovereignty [J]. British journal of political science, 1999, 29（3）: 523-539.

③ EHRLICH S, MAESTAS C. Risk orientation, risk exposure, and policy opinions: the case of free trade [J]. Political psychology, 2010, 31（5）: 657-684.

2018年1月4日至20日之间，共收集到173份纸质问卷。网络问卷填写时间为同一时期，发放方式主要是将问卷通过问卷星发放给微信和QQ好友，进行问卷链接的扩散，共通过问卷星平台收集到611份电子问卷。一共回收到784份问卷。而后对问卷进行筛查，其中，将现场发放的问卷中，漏填3题及以上的问卷，或答案过于集中或呈现明显规律性的问卷予以剔除，最终剔除了31份；问卷星上收集的问卷，剔除了填写时间低于180秒的网络问卷。最后一共收到656份有效问卷，问卷有效率为83.67%。有效问卷的样本特征显示见表7-2。

表7-2　实证检验研究样本人口统计学特征

变量		数量（人）	比例
性别	男	280	42.68%
	女	376	57.32%
年龄	18岁以下	7	1.07%
	18—30岁	281	42.84%
	31—40岁	163	24.85%
	41—50岁	128	19.51%
	51—60岁	72	10.97%
	60岁以上	5	0.76%
学历	普通高中/中专及以下	138	21.04%
	高职/大专	108	16.46%
	大学本科	270	41.16%
	硕士研究生	93	14.18%
	博士研究生	47	7.16%
职业	学生	180	27.44%
	军人/武警/警察	16	2.44%
	农民	52	7.93%

变量		数量（人）	比例
	公司职员	80	12.20%
	政府公务员	103	15.70%
	个体从业者	49	7.47%
	教师	20	3.04%
	医护人员	84	12.80%
	自由职业者	30	4.57%
	无业	10	1.53%
	其他	32	4.88%
日均使用互联网时间	1—3小时	162	24.69%
	3—5小时	216	32.93%
	5—8小时	180	27.44%
	8小时以上	98	14.94%

　　在有效问卷中的性别分布上，女性比例略大。年龄分布上，主要集中于18—30岁和31—40岁两个年龄段。根据第40次《中国互联网络发展状况统计报告》显示，我国网民仍以10—39岁群体为主，占整体的72.1%：其中20—29岁年龄段的网民占比最高。本书的样本年龄分布符合上网人群的实际情况。教育程度方面，大学本科程度的人数最多，占41.16%。职业分布方面，学生占27.44%，政府公务员占15.70%，医护人员占12.80%，公司职员占12.20%。日均使用互联网时间分布上，使用3—5小时人群占32.93%。第40次《中国互联网络发展状况统计报告》显示，2017年上半年，我国网民的人均每周上网时长为26.5小时，本书样本的使用互联网时长符合实际情况。

7.4 测量题项的描述性统计

通过对网络健康信息风险感知三个维度的测量题项的平均值进行统计（见图7-1），可以发现，首先用户最担心的网络健康信息风险感知来自心理风险，包括获取网络健康信息所带来的焦虑感、心理上的不适应、社会压力和对病情的夸大；其次来自信息来源风险，包括网络健康信息与医生提供的信息存在矛盾、医生的网络回答缺乏信誉、信息发布动机不明等；最后是隐私风险，对于泄露个人疾病信息、个人信息被不知情地利用等的担忧。

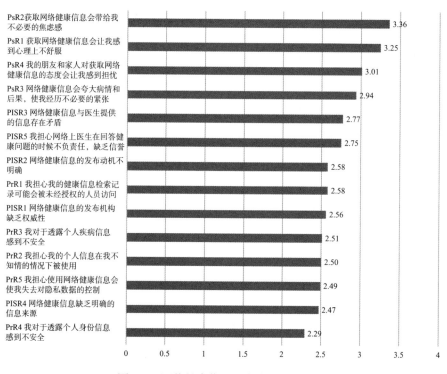

图 7-1 网络健康信息风险感知指标排序

而后，以个体差异为标准，对网络健康信息风险感知各个测量题项进行描述性统计。

7.4.1　性别差异

在隐私风险感知测量题项中，不同性别的均值比较见图7-2。

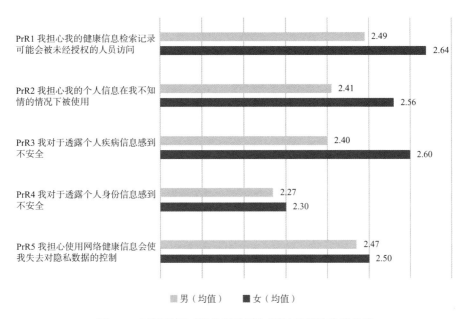

图 7-2　不同性别对隐私风险感知测量题项的均值排序

从图7-2可以看出，女性在隐私风险感知各项测量题项中的均值均大于男性，其中，女性最担心其健康信息的检索记录被未经授权的人员访问（均值=2.64）和个人疾病信息被透露（均值=2.60），而男性最担心健康信息的检索记录被未经授权的人员访问（均值=2.49）和网络健康信息使其失去对隐私数据的控制（均值=2.47）。

在心理风险的感知测量题项中，不同性别的均值比较，见图7-3。

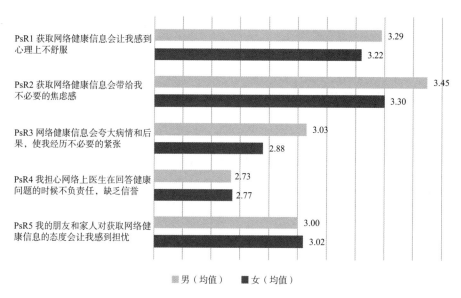

图7-3　不同性别对心理风险感知测量题项的均值排序

从图7-3可以看出，男性和女性在最担心的心理风险感知测量题项上比较趋同，都担心获取网络健康信息可能会带来不必要的焦虑感（PsR2）和导致心理上不舒服（PsR1）。但在衡量PsR4测量题项时，男性比女性的感知略大，说明社会评价对男性的影响要大于女性。

在信息来源风险的感知测量题项中，不同性别的均值比较，见图7-4。

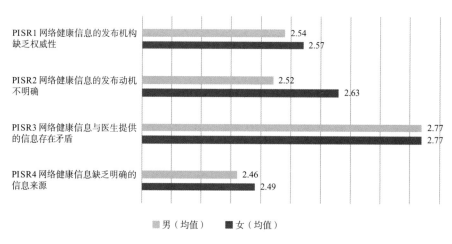

图7-4　不同性别对信息来源风险感知测量题项的均值排序

从图7-4可以看出，男性与女性都非常担忧网络健康信息与医生提供信息之间的差异性，当网络健康信息与医生提供的信息存在矛盾（PISR3），或者医生在网络上回答问题缺乏信誉时（PISR5），男性和女性都感知到较为强烈的信息来源风险。此外，男性在信息来源风险各个测量题项上的感知强度都略小于女性，说明男性通过信息来源的可靠或可信来判断网络健康信息是否可以采纳的意图强于女性，男性更依赖网络健康信息的来源资料。

7.4.2　年龄差异

在隐私风险感知各个测量题项中（见图7-5），年龄较大的人群在隐私风险各个测量题项上的感知强度要略大于年轻人，特别是在PrR3我对于透露个人疾病信息感到不安全、PrR4我对于透露个人身份信息感到不安全、

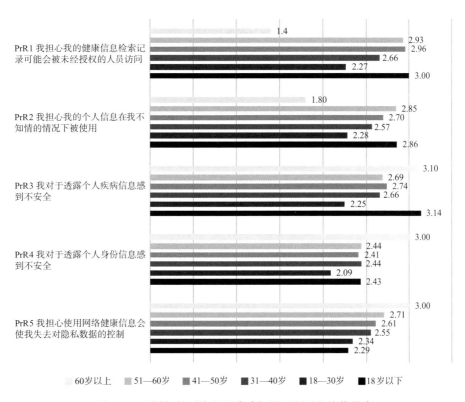

图7-5　不同年龄对隐私风险感知测量题项的均值排序

PrR5 我担心使用网络健康信息会使我失去对隐私数据的控制这三个测量题项上，60岁以上的人群显示出高于均值的风险感知。但同时，年轻样本（18岁以下）在 PrR1 我担心我的健康信息检索记录可能会被未经授权的人员访问、PrR2 我担心我的个人信息在不知情的情况下被使用、PrR3 我对于透露个人疾病信息感到不安全这三个隐私风险测量题项上的感知强度也高于均值，因此隐私风险随年龄变化而产生的差异需要进行统计学分析。

在心理风险感知各个测量题项中（见图7-6），不同年龄段对于心理风险的感知强度比较趋同，风险感知差异不大。但与隐私风险和信息来源风险相比，用户对于心理风险感知测量题项的均值较大（均值≥3），说明各个年龄段的用户在面对网络健康信息时，从心理上感受到的不确定性均较为强烈。

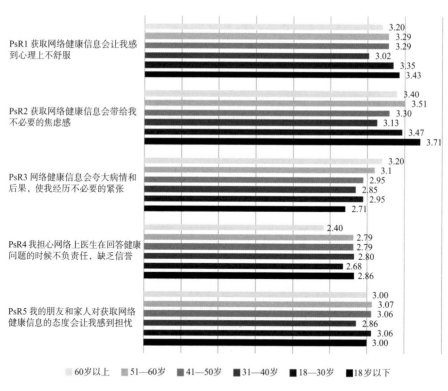

图 7-6　不同年龄对心理风险感知测量题项的均值排序

在信息来源风险感知各个测量题项中（见图7-7），年轻人样本（18岁以下）用户对于网络健康信息的来源风险感知非常强烈，而老年样本

（60岁以上）用户对于来源风险的感知则较弱，特别是在"PISR4网络健康信息缺乏明确的信息来源"和"PISR1网络健康信息的发布机构缺乏权威性"两个测量题项中，老年样本的均值得分仅为年轻人样本的二分之一左右，说明与老年用户相比，年轻人更为依赖信息来源判断网络健康信息是否进行采纳，因而对其存在的风险问题更为敏感，感知强度更强烈。

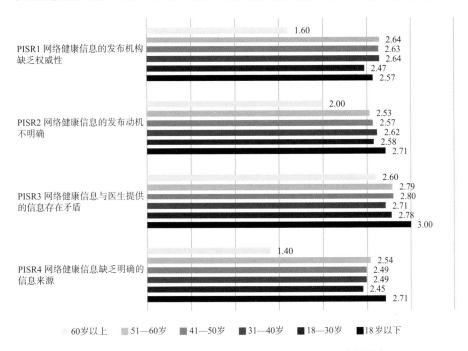

图 7-7　不同年龄对信息来源风险感知测量题项的均值排序

7.4.3　教育程度差异

在隐私风险感知测量题项中（见图7-8），随着学历的增高，用户对隐私风险的感知程度逐步下降，普通高中/中专及以下学历的用户对于隐私风险各个测量题项的感知均值都在3左右，而博士研究生对于隐私风险各个测量题项的感知均值则都在2左右。此外，不同教育程度的人对于隐私风险的关注角度也不同，博士学历的用户最关注"PrR5我担心使用网络健康信息会使我失去对隐私数据的控制"，说明他们最看重对个人隐私数据的管控，而对"PrR4我对于透露个人身份信息感到不安全"的感知程度较低，这可能因为他们接受了一定的网络安全教育，对于在网络上保护个人信息的方式具有一定的了解。而普通高中/中专及以下学历的用户最关注"PrR1 我担心我的健康信息检索记录可能会被未经授权的人员访问"，他们可能对如何保护自己的检索记录、如何在网络上发放隐私记录的授权等互联网安全操作并不熟练。

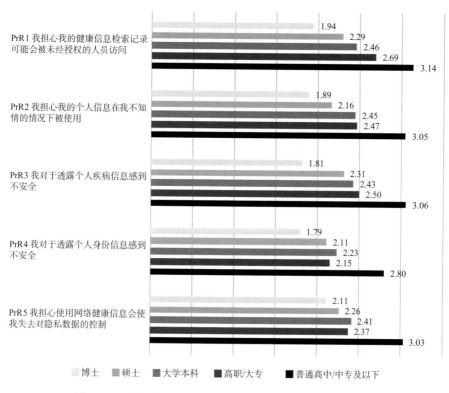

图 7-8　不同教育程度对隐私风险感知测量题项的均值排序

　　在心理风险感知测量题项的排序中（见图7-9），高职/大专教育背景的用户在心理风险感知各个测量题项的均值打分最少，而其他教育水平的用户在各个测量题项上的均值基本相似，说明用户在心理风险感知上的水平基本相似。

　　在信息来源风险中（见图7-10），普通高中/中专及以下学历的用户对于信息来源风险的感知强度更大，而博士研究生学历的用户对信息来源风险的感知强度较低。另外，可以发现，硕士研究生和博士研究生学历的用户对于"PISR1网络健康信息的发布机构缺乏权威性"的感知程度较低，说明教育程度较高的用户对于并非从权威机构发布的网络健康信息具有较弱的不确定性。

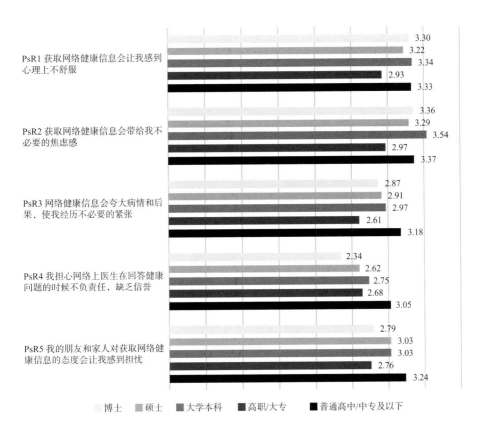

图 7-9 不同教育程度对心理风险感知测量题项的均值排序

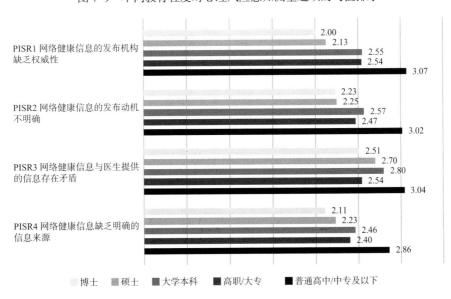

图 7-10 不同教育程度对信息来源风险感知测量题项的均值排序

7.4.4 职业差异

相比于医务人员，一般用户对网络健康信息风险测量题项的感知程度都较高。在隐私风险感知测量题项上（图7-11），医务人员与一般用户的均值差异不大，但一般用户在隐私风险感知测量题项的均值均大于总体平均值。

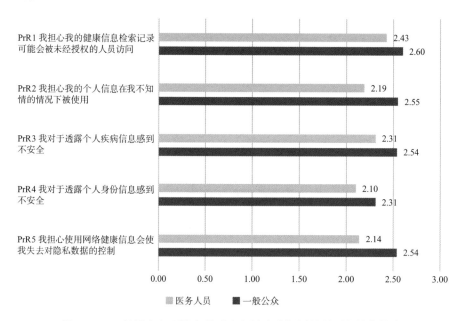

图 7-11　一般用户与医护人员对隐私风险感知测量题项的均值排序

在心理风险的感知测量题项中（见图7-12），一般用户的均值远大于医务人员，医务人员在心理风险各个测量题项中的均值低于3，而一般用户的均值大于3，说明一般用户与医务人员在心理风险的感知上存在巨大的差异。医务人员对于医学信息的掌握程度更高，具有更强的专业信心，因此不容易受到网络健康信息带来的心理波动。

信息来源风险的均值比较中（见图7-13），医务人员在各个题项中的均值均小于一般公众。医务人员本身也是重要的网络健康信息提供源，自身也具有较高的医学专业素养，对医学信息的判断更为专业，因此他们不会轻易受到信息的发布机构、发布动机等信息来源不确定因素的影响，在信息来源风险上的感知强度也较弱。

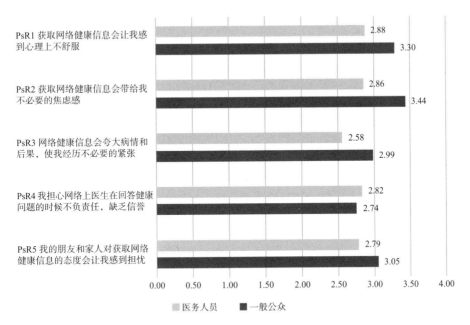

图 7-12 一般用户与医护人员对心理风险感知测量题项的均值排序

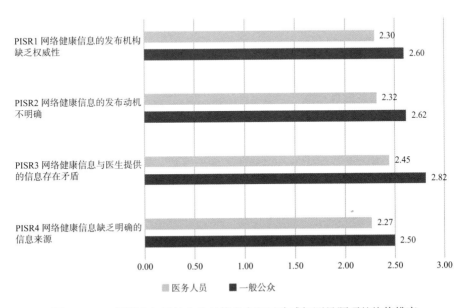

图 7-13 一般用户与医护人员对信息来源风险感知测量题项的均值排序

7.5　实验结果

本书将基于扎根理论构建的影响网络健康信息风险感知的前提条件分为两大类，包括：①基于健康认知的能力（观察），包括感知信息质量、网络健康素养、健康自我效能；②基于个人对风险的态度。

在此基础上，本书还考虑了个体差异对网络健康信息风险感知的影响，并通过多元回归分析来验证这些潜在影响因素对网络健康信息风险感知及其各个维度的具体作用。回归分析是对具有因果关系的影响因素（自变量）和预测对象（因变量）所进行的数理统计分析处理。只有当自变量与因变量确实存在某种关系时，建立的回归方程才有意义。因此，作为自变量的影响因素与作为因变量的预测对象是否有关，相关程度如何，以及判断这种相关程度的把握性多大，就成为进行回归分析时必须要解决的问题。进行相关分析，一般要求自变量和因变量具有相关关系，以相关系数的大小来判断自变量和因变量的相关程度[①]。本书采用多元回归分析的方法，研究个体差异（性别、年龄、教育程度）、健康认知能力和个人风险态度对网络健康信息风险感知的影响。

7.5.1　数据信度检验

7.5.1.1　正态性检验

本书采用最小二乘法进行多元线性回归分析，研究因变量网络健康信息风险感知各个维度和自变量影响因素之间的关系。线性回归的假设前提是因变量和自变量需要服从正态分布。

本书基于偏度和峰度、非参数检验（Kolmogorov-Smirnov 检验和 Shapiro-Wilk 检验）对研究所涉及的变量进行正态性检验。如表 7-2 所示。

---

① 朱峰. 浅谈数学建模中预测方法 [J]. 科技信息，2010（35）：836，856.

表7-2　变量的正态性检验

变量	偏度	峰度	非参数检验	
			K-S检验 Sig.	S-W检验 Sig.
性别	−0.297	−1.918	0.000	0.000
年龄	0.637	−0.668	0.000	0.000
教育程度	0.068	−0.666	0.000	0.000
职业	2.231	2.988	0.000	0.000
隐私风险	0.961	0.574	0.000	0.000
心理风险	0.169	−0.278	0.000	0.000
信息来源风险	0.816	0.800	0.000	0.000
感知信息质量	−0.070	0.094	0.000	0.000
网络健康素养	−0.229	0.085	0.000	0.000
健康自我效能	−0.720	1.559	0.000	0.000
风险态度	−0.239	−0.028	0.000	0.000
采纳意图	−0.246	0.093	0.000	0.000
感知利益	−0.528	0.773	0.000	0.000
信任	−0.388	1.574	0.000	0.000

各个因变量和自变量经过K-S检验和S-W检验的P值均小于0.05，因此并不符合严格意义上的正态分布。但从偏度和峰度来看，除了性别、职业、健康自我效能、信任的偏度或峰度的绝对值略大于1之外，其他各个变量的值均在−1到1之间，可以将这些变量近似看成是服从近似正态分布的特征。因此可以进行多元线性回归分析。

7.5.1.2　项目分析

项目分析是用来检验编制的量表或测验个别题项的适切或可靠程度。对项目分析的判别指标一般采用临界比值法。分量表各个题项的项目分析结果（见表7-3）均通过了显著性检验，题项具有鉴别度。

表7-3　分量表项目分析结果

分量表名称	题项代码	Cronbach's α 值	题项与总分相关系数	删除题项后的α值	分量表名称	题项代码	Cronbach's α 值	题项与总分相关系数	删除题项后的α值
隐私风险	PrR1	0.899	0.689	0.891	感知信息质量	IQ1	0.901	0.777	0.873
	PrR2		0.769	0.873		IQ2		0.652	0.899
	PrR3		0.773	0.872		IQ3		0.763	0.876
	PrR4		0.760	0.875		IQ4		0.759	0.877
	PrR5		0.764	0.874		IQ5		0.812	0.865
心理风险	PsR1	0.861	0.698	0.828	风险态度	RP1	0.873	0.724	0.838
	PsR2		0.741	0.816		RP2		0.750	0.828
	PsR3		0.702	0.827		RP3		0.758	0.825
	PsR4		0.616	0.848		RP4		0.680	0.857
	PsR5		0.642	0.842	采纳意图	BI1	0.907	0.830	0.855
信息来源风险	PISR1	0.906	0.791	0.878		BI2		0.839	0.845
	PISR2		0.800	0.874		BI3		0.777	0.898
	PISR3		0.760	0.889	感知利益	PB1	0.894	0.690	0.890
	PISR4		0.805	0.873		PB2		0.760	0.866
网络健康素养	EHL1	0.865	0.627	0.862		PB3		0.828	0.841
	EHL2		0.718	0.827		PB4		0.789	0.855
	EHL3		0.765	0.807	信任	TS1	0.763	0.508	0.780
	EHL4		0.758	0.810		TS2		0.638	0.635
健康自我效能	HSF1	0.851	0.681	0.831		TS3		0.644	0.624
	HSF2		0.734	0.780					
	HSF3		0.750	0.765					

　　而后，使用题项与量表的相关系数（corrected item-total correlation，CITC）净化调查问卷的测量条目。Numally认为，CITC大于0.3的结果比

较可靠，低于0.15的结果则不可靠[①]。本书中，各个题项的CITC值均大于0.3的最低标准，各题项的同质性较高。

7.5.1.3 探索性因子分析

虽然研究变量的测量题项来自于成熟的量表，但由于抽样和系统误差等原因，量表的预设变量结构是否与实际数据匹配需要进一步检验，因此本书对各个变量的测量题项进行探索性因子分析。

首先对网络健康信息风险感知进行探索性因子分析，分析结果见表7-4。通过主成分分析法抽取因子，使用直交转轴的最大变异法，抽取出3个特征值大于1的清晰因子结构，各因子载荷在0.591—0.872之间，均大于0.5的最低值。其中，题项PsR4"我担心网络上医生在回答健康问题的时候不负责任，缺乏信誉"在因子分析时，被分到了因子2（信息来源风险）中。通过与5.2.2节确定的网络健康信息风险感知维度相比，目前的三因子结构对方差变异量的解释量从68.187%提升到了72.081%。此外，对比国际研究并回溯4.2节中的扎根理论编码过程可以发现，该维度被分到信息来源风险维度更符合用户对这一题项的理解。因此，将PsR4更改为PISR5。虽然与第5章开发的网络健康信息风险感知量表存在一定差异，但其稳健性和解释力更强。

表7-4　网络健康信息风险感知探索性因子分析结果

题项代码	因子1	因子2	因子3
PrR2	0.811		
PrR4	0.797		
PrR3	0.796		
PrR5	0.772		
PrR1	0.757		
PISR1		0.830	
PISR4		0.815	

---

① NUMALLY J C. Psychometric theory [M]. New York, USA：McGraw-Hill Press,1978：48.

续表

题项代码	因子 1	因子 2	因子 3
PISR2		0.799	
PISR3		0.759	
PsR4（PISR5）		0.591	
PsR2			0.872
PsR1			0.815
PsR3			0.675
PsR5			0.605
特征值	7.407	1.558	1.127
变异解释量（%）	52.908	11.126	8.048
累计变异解释量（%）	52.908	64.034	72.081
KMO值 =0.929，显著性P=0.000			
Bartlett 的球形检验卡方值 =6118.447，自由度 =91			

而后，对其余分量表进行探索性因子分析，感知信息质量、网络健康素养、健康自我效能、风险态度、采纳意图、感知利益和信任分量表都通过了显著性检验，可以展开进一步分析。

7.5.2 变量相关性分析

本书主要通过相关分析，定量分析影响网络健康信息风险感知的各个因素的作用。

通过 Pearson 相关系数进行相关分析，考察关系模型中用户认知能力因素与网络健康信息风险感知之间的相关性。分析结果如表 7-5。从相关系数来看，感知信息质量、网络健康素养、健康自我效能、风险态度与网络健康信息风险感知各个维度之间具有正相关关系。关于相关的程度，一般认为r=0，完全不相关；0<|r|<0.4，低度线性相关；0.4<|r|<0.7，显著线性相关；0.7<|r|<1，高度线性相关;|r|=1，完全相关。因此可以看出，这些影响因素与

网络健康信息风险感知各个维度呈现低度线性相关。信息质量仅与心理风险维度存在负相关关系，但与隐私风险和信息来源风险不存在相关关系。

表7-5　影响网络健康信息风险感知各个维度要素之间的相关分析

	隐私风险	心理风险	信息来源风险	健康自我效能	网络健康素养	感知信息质量	风险态度	采纳意图	感知利益	信任
隐私风险	1									
心理风险	0.551**	1								
信息来源风险	0.607**	0.671**	1							
健康自我效能	−0.295**	−0.315**	−0.344**	1						
网络健康素养	−0.260**	−0.300**	−0.227**	0.354**	1					
感知信息质量	−0.059	−0.164**	−0.028	0.355**	0.609**	1				
风险态度	−0.233**	−.0236**	−0.210**	0.409**	0.362**	0.455**	1.000			
采纳意图	−0.179**	−0.177**	−0.129**	0.654**	0.432**	0.500**	0.492**	1.000		
感知利益	−0.210**	−0.213**	−0.191**	0.523**	0.506**	0.394**	0.518**	0.617**	1.000	
信任	−0.300**	−0.333**	−0.287**	0.620**	0.493**	0.890**	0.461**	0.595**	0.630**	1.000

注：** 为相关性在0.01层上显著（双尾）；* 为相关性在0.05层上显著（双尾）。

　　相关分析用来反应变量之间有无相互作用的可能性。由于风险感知受到个体差异的影响，因此使用偏相关系数进行分析，以识别干扰变量，并揭示隐含的相关性。为了更好地识别显著性，相关性分析选择使用单尾检验，因为它更为敏感，可以处理相对较小的效应。分析结果如表7-6。由此可以看到，在控制了个体差异（性别、年龄、教育程度、职业）之后，感知信息质量与网络健康信息风险感知三个维度的相关性呈现低度负相关关系。但比较Pearson相关系数，感知信息质量与健康自我效能、网络健康素养、风险态度的相关系数较大，相关程度也较高，因此，对感知信息质量与三个变量进行多重共线性诊断，发现感知信息质量与健康自我效能、网络健康素养、风险态度的三个变量之间存在多重共线性问题。为了避免多重共线性对多元回归分析的影响，同时从研究理论中可以发现，感知信息质量维度可能受到健康自我效能、网络健康素养维度的调节作用，因此在回归分析的时候不单独研究感知信息质量变量，仅研究感知信息质量受到健康自我效能、网络健康素养变量的调节作用从而对网络健康信息风险感知产生的影响。

表7-6　网络健康信息风险感知各维度影响因素之间的相关分析（控制个体差异）

影响因素		隐私风险	心理风险	信息来源风险
感知信息质量	相关	−0.120	−0.175	−0.070
	显著性（单尾）	0.001	0.000	0.031
健康自我效能	相关	−0.302	−0.307	−0.336
	显著性（单尾）	0.000	0.000	0.000
网络健康素养	相关	−0.284	−0.297	−0.245
	显著性（单尾）	0.000	0.000	0.000
风险态度	相关	−0.232	−0.242	−0.210
	显著性（单尾）	0.000	0.000	0.000
采纳意图	相关	−0.207	−0.179	−0.143
	显著性（单尾）	0.000	0.000	0.000
感知利益	相关	−0.225	−0.214	−0.196
	显著性（单尾）	0.000	0.000	0.000
信任	相关	−0.325	−0.337	−0.302
	显著性（单尾）	0.000	0.000	0.000

7.5.3 个体差异对网络健康信息风险感知的影响

通过研究发现如何减少风险感知以及采取什么行动可以降低哪类客户的风险具有重要的价值。先前的研究已经调查了用户对于网络健康信息的风险感知。人口因素被认为对风险感知具有较为理想的解释力[①]。

7.5.3.1 性别差异

本书使用独立样本T检验来对不同性别的用户在网络健康信息风险感知上是否存在显著差异进行分析，如表7-7所示。在置信度为95%的情况下，不同性别的用户在网络健康信息风险感知上没有显著差异。因此H1不成立。

表7-7 独立样本T检验结果

风险维度	性别	N	均值	方差齐性检验		均值差异检验	
				显著性概率	是否齐性	显著概率	均值差（男－女）
隐私风险	男	280	12.045	0.960	是	0.229	-0.560
	女	376	12.605			0.229	
心理风险	男	280	12.775	0.731	是	0.292	0.365
	女	376	12.410			0.294	
信息来源风险	男	280	13.014	0.374	是	0.601	-0.212
	女	376	13.226			0.597	

7.5.3.2 年龄差异

年龄存在三个以上的区分组，在比较各组在网络健康信息风险感知上的差异时，本书采用单因素方差分析法（Analysis of Variance，ANOVA）进行分析。首先，对三个风险维度进行方差同质性检验，如表7-8所示。心理风险和信息来源风险的P值大于0.2，方差具有齐性；隐私风险的P值

① DIETZ P M, ROCHAT R W, THOMPSON B L, et al. Differences in the risk of homicide and other fatal injuries between postpartum women and other women of childbearing age: implications for prevention [J]. American journal of public health, 1998, 88（4）: 641-643.

小于0.2，方差不齐。

表7-8　年龄对网络健康信息风险感知影响方差分析表

风险维度	平方和	平均值平方	方差同质性检验		
			F	显著性	是否齐性
隐私风险	676.121	135.224	3.981	0.001	否
心理风险	113.611	22.722	1.179	0.318	是
信息来源风险	70.270	14.054	0.532	0.752	是

　　因此，根据方差是否具有齐性，选取LSD法和Games-Howell 检定法进行两两比较。分析结果如表7-9所示。在置信度为95%的情况下，不同年龄阶段的用户在心理风险维度上没有显著差异。而在隐私风险和信息来源风险维度上，不同年龄阶段的用户表现出显著差异，结果表明，18—30岁的受访对象感受到的隐私风险比31—40岁、41—50岁和51—60岁的受访对象更小。由于健康信息的披露具有潜在的污名化性质[①]，年龄较大的群体会更加关注隐私的保护，因而更在意网络健康信息可能导致的隐私和个人信息泄露风险；而18—30岁的青年人在获取网络健康信息时缺乏全面的个人隐私保护意识，他们会认为通过网络获取健康信息的效率的重要性超过了健康信息隐私被泄露的风险[②]。同时，60岁以上的人群相比于其他年龄的人群，对信息来源风险的感知程度更低，这是因为老年人相对于信息来源，更依赖于自身经验对健康信息的内容进行判断，因此对来源风险的不确定性较小，风险感知程度较低。

---

　　① MORENO M A, JELENCHICK L A, EGAN K G, et al. Feeling bad on Facebook：depression disclosures by college students on a social networking site [J]. Depression and anxiety, 2011,28（6）: 447-455.

　　② TRAN K, MORRA D, LO V, et al. Medical students and personal smartphones in the clinical environment：the impact on confidentiality of personal health information and professionalism [J]. Journal of medical internet research, 2014,16（5）: e132.

表7-9　年龄对网络健康信息风险感知影响多重比较结果

风险维度	两两比较方法	（I）年龄	（J）年龄	平均差异（I−J）	显著性
隐私风险	LSD检定	18—30岁	31—40岁	−1.640*	0.004
			41—50岁	−2.202*	0.000
			51—60岁	−2.394*	0.002
信息来源风险	Games-Howell检定	60岁以上	18—30岁	−2.968*	0.038
			31—40岁	−3.264*	0.020
			41—50岁	−3.336*	0.018
			51—60岁	−3.292*	0.022

注:* 为平均值差异在0.05层级显著。

7.5.3.3　教育程度差异

教育程度存在三个以上的区分组，在比较各组在网络健康信息风险感知上的差异时，本书采用单因素方差分析法（ANOVA）进行分析。首先，对三个风险维度进行方差同质性检验，如表7-10所示。三个风险维度的P值都小于0.2，因此选取Games-Howell检定法进行两两比较。分析结果如表7-11所示。

表7-10　教育程度对网络健康信息风险感知影响方差分析表

风险维度	平方和	平均值平方	方差同质性检验			Welch's anova 显著性
			F	显著性	是否齐性	
隐私风险	1584.425	396.106	12.181	0.000	否	0.000
心理风险	255.138	63.784	3.353	0.010	否	0.012
信息来源风险	845.035	211.259	8.392	0.000	否	0.000

在置信度95%的情况下，不同教育程度的用户对网络健康信息风险感知的各个维度都存在明显差异。在隐私风险维度，学历越低，在网络健康信息获取过程感知到的隐私风险程度更高。这可能是因为高学历的人对于

隐私问题的关注程度较高,并从以往的学习、生活经验中获取了许多保护
隐私的方式,在获取网络健康信息的时候习惯于保护自己的隐私信息,而
低学历的人在保护隐私能力上较为薄弱,因此感知的隐私风险较高。在信
息来源维度,同样呈现出,学历越低,对不同信息来源带来的网络健康信
息风险感知更高。高学历的人对于使用信息来源来判断信息的可靠性具有
一定的经验,较高的教育程度使得他们可以更好地分辨可靠的信息来源,
进而对健康信息内容做出判断,因此相对于低学历的人群,对信息来源风
险的感知程度较低。而在心理风险维度,教育程度对心理风险的影响不是
特别稳定,普通高中/中专及以下人群和大学本科人群的心理风险均大于
高职/大专教育程度的人群。

表7-11 Games-Howell检定法多重比较结果

风险维度	(I)教育程度	(J)教育程度	平均差异(I-J)	显著性
隐私风险	普通高中/中专及以下	高职/大专	2.912*	0.003
		大学本科	3.109*	0.000
		硕士	3.954*	0.000
		博士	5.552*	0.000
	博士	高职或大专	-2.639*	0.010
		大学本科	-2.442*	0.002
心理风险	高职/大专	普通高中/中专及以下	-1.847*	0.018
		大学本科	-1.617*	0.009
信息来源风险	普通高中/中专及以下	高职/大专	2.423*	0.007
		大学本科	1.921*	0.011
		硕士	3.119*	0.000
		博士	3.852*	0.000
	大学本科	博士	1.931*	0.024

注:*为平均值差异在0.05层级显著。

7.5.3.4 一般用户与医务人员的差异

本书主要关注一般用户与医务人员在面对网络健康信息风险感知时的

差异，因此将职业变量分为一般用户与医务人员两类。

　　由7.5.1.1节中，对职业变量的正态性检验可以发现，职业变量不符合严格意义上的正态分布，因此，使用非参数检验的方法对其影响网络健康信息风险感知的显著性进行检验。首先使用配对样本非参数检验，检验结果显示，检验统计量的双侧P值均为0.000，差异有统计学意义，可以认为不同职业对网络健康信息风险感知三个维度的影响有差别。而后，使用成组设计多样本非参数检验进行检验，结果见表7-12。经过Kruskal-Wallis H检验，心理风险的P值远小于0.05，差异有统计学意义，可以认为一般用户与医务人员对心理风险的感知不完全相同；信息来源风险的P值小于0.05，差异有统计学意义，说明一般用户与医务人员对信息来源风险的感知不同或不全相同；而隐私风险的P值大于0.05，说明一般用户与医务人员的隐私风险没有差异性。

表7-12　职业变量的配对样本非参数检验

风险维度	职业	N	Kruskal-Wallis 检验	
			卡方	显著性
隐私风险	一般用户	572	3.393	0.065
	医务人员	84		
心理风险	一般用户	572	11.533	0.001
	医务人员	84		
信息来源风险	一般用户	572	4.014	0.045
	医务人员	84		

7.5.4　网络健康信息风险感知影响因素的多元回归分析

　　本节的研究采用多元线性回归的分析方法，研究个体差异、健康认知能力和风险态度对网络健康信息风险感知（隐私风险、心理风险、信息来源风险）的影响。

　　首先，由于个体差异变量（性别、年龄、教育程度、职业）属于分类变量，无法用一个回归系数来解释多分类变量之间的变化关系及其对因变量的影响。因此需要将原始变量转化为虚拟变量（Dummy Variable）后再引入模型[①]。转化结果如表7-13所示。

表7-13　虚拟变量的转化设置

		Sex_D				
性别	**男**	1				
	女	0				
		Age_D1	Age_D2	Age_D3	Age_D4	Age_D5
年龄	18岁以下	0	0	0	0	0
	18—30岁	1	0	0	0	0
	31—40岁	0	1	0	0	0
	41—50岁	0	0	1	0	0
	51—60岁	0	0	0	1	0
	60岁以上	0	0	0	0	1
		Edu_D1	Edu_D2	Edu_D3	Edu_D4	
教育程度	普通高中/中专及以下	0	0	0	0	
	高职/大专	1	0	0	0	
	大学本科	0	1	0	0	
	硕士	0	0	1	0	
	博士	0	0	0	1	
		Car_D				
职业	一般用户	1				
	医务人员	0				

通过对虚拟变量之间进行相关分析，显示年龄虚拟变量之间的相关系数的数值接近1，且容差（tolerance）小于等于0.1，方差膨胀因子VIF值大于10，说明年龄虚拟变量之间存在严重的多重共线性问题。因此，在多

---

① 孙跃. 产业集群知识员工离职风险感知对离职意愿影响研究 [D]. 武汉:华中科技大学,2009:106.

元回归分析中将年龄变量视为连续型变量，对其取对数处理以降低偏度。而性别、教育程度、职业的虚拟变量之间的相关系数不大，初步判断不存在多重共线性问题。

网络健康信息风险感知是一个包括隐私风险、心理风险和信息来源风险在内的多维度结构。因此，本书以隐私风险、心理风险和信息来源风险三个维度为因变量，分别进行多元回归分析。研究将采用逐步回归的方法，将各个自变量分别加入回归模型。考虑到回归模型中含有虚拟变量，根据Mikulić和Prebežac的建议[①]，由于使用标准化回归系数会导致无法对虚拟变量回归中得到明确、合理的解释，还会构成理论阐释偏误的风险，因此本书对回归系数采用非标准化系数进行讨论，用来解释自变量（个体差异、健康认知能力和风险态度）对因变量（隐私风险、心理风险和信息来源风险）的作用。

多元回归分析选用强行进入（enter）法，分步添加变量。第一步回归研究的自变量为个体差异变量，包括性别、年龄、教育程度、职业，其中，性别、教育程度、职业变量取虚拟变量进入方程分析，年龄变量取对数值进入方程分析；第二步回归分析加入健康认知能力因素，包括健康自我效能、网络健康素养两个变量；第三步回归分析加入个人风险态度变量，即全模型的多元回归分析。

在7.5.2节的相关性分析中，发现感知信息质量变量与健康自我效能、网络健康素养、风险态度的三个变量之间存在多重共线性问题，为了避免多重共线性导致多元回归模型估计失真或难以估计准确，本书引入第四步回归分析，研究受到健康自我效能、网络健康素养变量的调节效应影响的感知信息质量变量。调节效应是交互效应的一种，是有因果指向的交互效应。当变量Y与变量X的关系受到第三个变量M的影响，就称M为调节变量。在统计回归分析中，检验变量的调节效应意味着检验调节变量和自变量的交互效应是否显著。简要模型是：$Y = aX + bM + cXM + e$，Y与X的关系由回归系数$a + cM$来刻画，它是M的线性函数，c衡量了调节效应

---

① MIKULIĆ J, PREBEŽAC D. Using dummy regression to explore asymmetric effects in tourist satisfaction: a cautionary note [J]. Tourism management, 2012, 33（3）: 713-716.

（moderating effect）的大小。如果c显著，说明M的调节效应显著。根据研究假设，健康自我效能、网络健康素养调节感知信息质量与网络健康信息风险感知各个维度之间的关系。由于这三个变量都属于连续变量，因此在做调节效应分析时将自变量和调节变量做标准化转换，而后对三个变量的交互乘积项进行多元回归分析。因此，第四步回归分析加入调节效应检验，即感知信息质量与健康自我效能、网络健康素养三个影响因素的交互乘积项，并比较其与第三步多元回归分析结果的差异，确定最合适的多元回归方差模型。

7.5.4.1 隐私风险影响因素的多元回归分析

以隐私风险为因变量，以研究假设中涉及的三大类影响因素为自变量，依照上述步骤进行强行进入（enter）回归，结果如表7-14所示。由于性别、教育程度和职业是虚拟变量，而每个虚拟变量所有类型的均值之和等于1。因此表7-14表示的多元回归模型中性别以女性为基准；教育程度以普通高中/中专及以下为基准；职业以医务人员为基准。

表7-14　隐私风险影响因素的多元回归分析结果

变量	Model1	Model2	Model3	Model4	共线性统计	
					允差	VIF
Sex_D	−0.697	−0.554	−0.542	−0.561	0.923	1.084
年龄	5.385 ***	6.041 ***	5.852 ***	6.042 ***	0.893	1.120
Edu_D1	−1.629 **	−1.398 **	−1.345 **	−1.448 **	0.784	1.276
Edu_D2	−1.188 **	−1.274 **	−1.216 **	−1.285 ***	0.751	1.331
Edu_D3	−3.365 ***	−3.731 ***	−3.713 ***	−3.511 ***	0.844	1.184
Car_D	1.765 **	1.129 *	1.230 *	1.000	0.926	1.080
健康自我效能		−0.596 ***	−0.533 ***	−0.409 ***	0.709	1.410
网络健康素养		−0.254 ***	−0.225 ***	−0.242 ***	0.790	1.266
风险态度			−0.120 *	−0.133 **	0.763	1.311
感知信息质量×网络健康素养				0.697 ***	0.729	1.373

变量	Model1	Model2	Model3	Model4	共线性统计	
					允差	VIF
感知信息质量×健康自我效能				−0.849 ***	0.690	1.450
Durbin-Watson	1.051	1.574	1.588	1.586		
R²	0.058	0.178	0.183	0.213		
调整 R²	0.050	0.168	0.171	0.200		
F	6.696	17.525	16.056	15.884		
Sig.	0.000	0.000	0.000	0.000		

注:*** 为 $p < 0.01$,** 为 $p < 0.05$,* 为 $p < 0.1$;双尾检验。

从表7-14中可以看出,F值是用来检验模型的回归效果是否能明显与因变量相适合,四个模型的F值都在0.01的水平上呈现显著,说明这四个回归模型都是成立的。对于多元回归分析中可能存在的自相关和多重共线性问题,判断方法为:当Durbin-Watson统计量的取值在2附近时,残差相互独立,不存在自相关;当共线性统计中,允差大于0.1,方差膨胀因子VIF小于10的时候,判断各自变量间不存在多重共线性。根据这些判断标准,Model1、Model2、Model3、Model4的变量之间不存在多重共线性问题。

多元回归方程的解释力通过R²和调整R²来表示,R²取值在0—1之间,R²越接近于1,说明回归方程对样本数据点的拟合优度越高。根据分层多元回归分析设计,第一步加入个体差异变量,即Model1。对其分析结果可以看出,个体差异变量解释了5.8%的方差变异。其中,年龄(非标准化系数 β =5.385,p < 0.01)对隐私风险产生显著的正向影响,年龄越大的用户,感受更强烈的网络健康信息隐私风险;教育程度为普通高中/中专及以下的用户相比于高职/大专及以上学历的用户,有着更强烈的网络健康信息隐私风险;一般用户相比于医务人员,有着更强烈的网络健康信息隐私风险。

第二步和第三步加入健康认知能力和个人风险态度之后，Model2、Model3的R^2分别为0.178、0.183，这说明模型的解释力在分别加入了健康认知能力和个人态度之后得到了显著增强。在第四步加入调节感知信息质量的变量（网络健康素养和健康自我效能）后，Model4模型对网络健康信息风险感知的解释力提高了3%，因此，选择模型Model4作为最终的回归模型，用以解释各个因素对隐私风险的影响。

Model4回归结果显示，年龄（非标准化系数 $\beta = 6.042$，$p < 0.01$）对隐私风险产生显著的正向影响；教育程度为普通高中/中专及以下的用户相比于高职/大专及以上学历的用户，有着更强烈的网络健康信息隐私风险；健康自我效能（非标准化系数 $\beta = -0.409$，$p < 0.01$）、网络健康素养（非标准化系数 $\beta = -0.242$，$p < 0.01$）和风险态度（非标准化系数 $\beta = -0.133$，$p < 0.05$）对隐私风险产生显著的负向影响；性别对隐私风险没有影响；在方程中增加了健康认知能力和风险态度之后，一般用户与医务人员在网络健康信息隐私风险上的差异不再显著；在调节变量中，通过相关性分析可以知道，感知信息质量与隐私风险呈现负相关，即，感知信息质量越高，隐私风险越低，而在多元回归方程中，感知信息质量和网络健康素养的显著值小于0.01，说明网络健康素养非常显著的调节感知信息质量与隐私风险之间的关系，网络健康素养比较高的人，其感知信息质量对降低隐私风险的作用相应变得更弱；健康自我效能和感知信息质量的交互项的显著值小于0.01，且回归系数是负数，说明健康自我效能非常显著的负向调节感信息质量与隐私风险之间的关系，健康自我效能比较高的人，其感知信息质量对降低隐私风险的作用相应变得更强。

7.5.4.2 心理风险影响因素的多元回归分析

以心理风险为因变量，以研究假设中涉及的三大类影响因素为自变量，依照上述步骤进行强行进入回归，结果如表7-15所示。由于性别、教育程度和职业是虚拟变量，而每个虚拟变量所有类型的均值之和等于1。因此表7-15表示的多元回归模型中，性别以女性为基准；教育程度以普通高中/中专及以下为基准；职业以医务人员为基准。

表7-15　心理风险影响因素的多元回归分析结果

变量	Model1	Model2	Model3	Model4	共线性统计	
					允差	VIF
Sex_D	0.021	0.147	0.158	0.142	0.923	1.084
年龄	0.456	0.881	0.727	0.854	0.893	1.120
Edu_D1	−1.498***	−1.297***	−1.254***	−1.329***	0.784	1.276
Edu_D2	0.139	0.059	0.106	0.006	0.751	1.331
Edu_D3	−0.611	−0.914	−0.899	−0.898	0.844	1.184
Car_D	1.653***	1.159**	1.241**	1.095**	0.926	1.080
健康自我效能		−0.423***	−0.372***	−0.306***	0.709	1.410
网络健康素养		−0.221***	−0.198***	−0.200***	0.790	1.266
风险态度			−0.097**	−0.102**	0.763	1.311
感知信息质量*网络健康素养				0.651***	0.729	1.373
感知信息质量*健康自我效能				−0.437***	0.690	1.450
Durbin-Watson	1.084	1.659	1.684	1.682		
R^2	0.034	0.162	0.168	0.199		
调整R^2	0.025	0.152	0.156	0.186		
F	3.805	15.673	14.489	14.583		
Sig.	0.001	0.000	0.000	0.000		

注:*** 为 $p<0.01$，** 为 $p<0.05$，* 为 $p<0.1$；双尾检验。

从表7-15中可以看出，四个模型的F值都在0.01的水平上呈现显著，说明这四个回归模型都是成立的。通过测量D-W值和共线性统计，各自变量间基本不存在多重共线性问题。

根据分层多元回归分析设计，第一步加入个体差异变量，即Model1。对其分析结果可以看出，个体差异变量解释了3.4%的方差变异。其中，教育程度为普通高中/中专及以下的用户相比于教育程度为高职/大专的用户，有着更强烈的网络健康信息心理风险；一般用户相比于医务人员，有着更强烈的网络健康信息心理风险。

第二步和第三步加入了健康认知能力和个人风险态度之后，Model2、Model3的R²分别为0.162、0.168，说明模型的解释力在分别加入健康认知能力和个人态度之后得到了显著增强。在第四步加入调节感知信息质量的变量（网络健康素养和健康自我效能）后，Model4对网络健康信息心理风险的解释力提高了3.1%，因此，选择Model4作为最终的回归模型，用以解释各个因素对心理风险的影响。

Model4回归结果显示，教育程度为普通高中/中专及以下的用户相比于教育程度为高职/大专的用户，有着更强烈的网络健康信息心理风险；一般用户相比于医务人员，有着更强烈的网络健康信息心理风险；健康自我效能（非标准化系数 β =-0.306，p＜0.01）、网络健康素养（非标准化系数 β =-0.200，p＜0.01）和风险态度（非标准化系数 β =-0.102，p＜0.05）对心理风险产生显著的负向影响；性别、年龄对心理风险没有影响；相比于教育程度为普通高中/中专及以下的用户，教育程度为大学本科及以上的用户对网络健康信息心理风险的感知程度没有差异；在调节变量中，通过相关性分析可以知道，感知信息质量与心理风险呈现负相关，即感知信息质量越高，心理风险越低，而在多元回归方程中，感知信息质量和网络健康素养的显著值小于0.01，说明网络健康素养非常显著的调节感知信息质量与心理风险之间的关系，网络健康素养比较高的人，其感知信息质量对降低心理风险的作用相应变得更弱；健康自我效能和感知信息质量的交互项的显著值小于0.01，且回归系数是负数，说明健康自我效能非常显著地负向调节感知信息质量与心理风险之间的关系，健康自我效能比较高的人，其感知信息质量对降低心理风险的作用相应变得更强。

7.5.4.3 信息来源风险影响因素的多元回归分析

以信息来源风险为因变量，以研究假设中涉及的三大类影响因素为自变量，依照上述步骤进行强行进入回归，结果如表7-16所示。由于性别、教育程度和职业是虚拟变量，而每个虚拟变量所有类型的均值之和等于1。因此表7-16表示的多元回归模型中，性别以女性为基准；教育程度以普通高中/中专及以下为基准；职业以医务人员为基准。

表7-16 信息来源风险影响因素的多元回归分析结果

变量	Model1	Model2	Model3	Model4	共线性统计	
					允差	VIF
Sex_D	−0.308	−0.228	−0.221	−0.240	0.923	1.084
年龄	−0.250*	−1.071*	−0.962*	−1.148*	0.893	1.120
Edu_D1	−1.127*	−0.988*	−0.957*	−1.057*	0.784	1.276
Edu_D2	−0.549	−0.588	−0.554	−0.616	0.751	1.331
Edu_D3	−2.613***	−2.877***	−2.867***	−2.658***	0.844	1.184
Car_D	1.263**	0.706	0.764	0.538	0.926	1.080
健康自我效能		−0.636***	−0.601***	−0.478***	0.709	1.410
网络健康素养		−0.152***	−0.135***	−0.153***	0.790	1.266
风险态度			−0.069	−0.082	0.763	1.311
感知信息质量*网络健康素养				0.664***	0.729	1.373
感知信息质量*健康自我效能				−0.842***	0.690	1.450
Durbin−Watson	1.144	1.632	1.645	1.662		
R²	0.024	0.155	0.157	0.196		
调整 R²	0.015	0.145	0.145	0.182		
F	2.692	14.855	13.390	14.264		
Sig.	0.014	0.000	0.000	0.000		

注：***为 $p < 0.01$，**为 $p < 0.05$，*为 $p < 0.1$；双尾检验。

从表7-16中可以看出，四个模型的F值都在0.05的水平上呈现显著，说明这四个回归模型都是成立的。通过测量D-W值和共线性统计，各自变量间基本不存在多重共线性问题。

根据分层多元回归分析设计，第一步加入个体差异变量，即Model1。对其分析结果可以看出，个体差异变量解释了2.4%的方差变异。其中，年龄（非标准化系数 β =−0.250，$p < 0.1$）对信息来源风险产生显著的负

向影响，年龄越小的用户，感受更强烈的网络健康信息来源风险；教育程度为普通高中/中专及以下的用户相比于教育程度为硕士的用户，有着更强烈的网络健康信息来源风险；教育程度为普通高中/中专及以下的用户相比于教育程度为高职/大专的用户，有着较弱显著（P < 0.1）的网络健康信息来源风险；一般用户相比于医务人员，有着弱显著（p < 0.05）的网络健康信息来源风险。

第二步和第三步加入了健康认知能力和个人风险态度之后，Model2、Model3的R²分别为0.155、0.157，说明模型的解释力在分别加入健康认知能力和个人态度之后得到了增强。在第四步加入调节感知信息质量的变量（网络健康素养和健康自我效能）后，Model4对网络健康信息来源风险的解释力提高了3.9%，因此，选择Model4作为最终的回归模型，用以解释各个因素对信息来源风险的影响。

Model4回归结果显示，年龄（非标准化系数 β =−0.148，p < 0.1）对信息来源风险有显著的负向影响；教育程度为普通高中/中专及以下的用户相比于教育程度为硕士的用户，有着更强烈的网络健康信息来源风险；教育程度为普通高中/中专及以下的用户相比于教育程度为高职/大专的用户，有着较弱显著（p < 0.1）的网络健康信息来源风险；健康自我效能（非标准化系数 β =−0.478，p < 0.01）、网络健康素养（非标准化系数 β =−0.153，p < 0.01）对信息来源风险产生显著的负向影响；性别对信息来源风险没有影响；在方程中增加了健康认知能力和风险态度之后，一般用户与医务人员在网络健康信息隐私风险上的差异不再显著；在调节变量中，通过相关性分析可以知道，感知信息质量与信息来源风险呈现负相关，即感知信息质量越高，信息来源风险越低，而在多元回归方程中，感知信息质量和网络健康素养的显著值小于0.01，说明网络健康素养非常显著地调节感知信息质量与信息来源风险之间的关系，网络健康素养比较高的人，其感知信息质量对降低信息来源风险的作用相应变得更弱；健康自我效能和感知信息质量的交互项的显著值小于0.01，且回归系数是负数，说明健康自我效能非常显著地负向调节感知信息质量与信息来源风险之间的关系，健康自我效能比较高的人，其感知信息质量对降低信息来源风险的作用相应变得更强。

风险态度（非标准化系数 β =-0.082，p＞0.1）在多元回归方程中没有通过显著性分析，但在7.5.2节相关性分析中与信息来源风险存在显著负相关关系。在多元回归分析中，自变量与其他自变量一起联合发挥作用，每个自变量的影响都是在控制了其他自变量的基础之上的分析。因此，在此将风险态度和感知信息来源进行偏相关系数分析，以辨别二者是否具有相关性。在控制个体变量（性别、年龄、教育程度、职业）和健康认知能力（健康自我效能、网络健康素养）之后，风险态度与信息来源风险的显著性P值大于0.05，因此，风险态度与信息来源风险不相关。

7.5.5 假设验证

通过多元线性回归分析结果，对本章假设验证情况进行了汇总（见表7-17，表7-18，表7-19）。

7.5.5.1 隐私风险影响因素的假设验证

作为网络健康信息用户最关心的风险维度，研究假设提出的各个变量对隐私风险的解释力达到21.3%，个体差异影响变量中，性别与隐私风险的相关性不显著，因此假设H1a未得到支持；年龄与隐私风险呈现正相关关系，与假设的方向相反，因此H2a未得到支持；教育程度与隐私风险有着显著的负相关关系，因此H3a得到支持；医务人员与一般用户在网络健康信息隐私风险上的水平在多元回归模型中，被证明在仅考虑人口差异变量时呈现弱显著性，但在引入其他变量后该差异不再显著，因此H4a被认为是部分支持。

在健康认知能力影响变量中，感知信息质量与隐私风险的相关关系呈现微弱的负相关关系，假设H5a得到支持；在增加了健康自我效能和网络健康素养两个调节变量后，感知信息质量对隐私风险影响因素的多元回归方程增加了3%的解释力，因此H7a和H9a假设得到支持；健康自我效能变量和网络健康素养变量与隐私风险呈现了稳定的负相关关系，因此，假设H6a和H8a得到支持。

此外，风险态度变量与隐私风险显著相关，并为隐私风险影响因素的多元回归方程增加了0.5%的解释力，因此假设H10a得到支持。

表7-17　假设验证结果：隐私风险

假设	内容	验证结果
H1a	女性在网络健康信息隐私风险上的水平要高于男性	不支持
H2a	老年用户在网络健康信息隐私风险上的水平要比年轻人更低	不支持（方向相反）
H3a	教育程度与网络健康信息隐私风险有着显著的负向关系	支持
H4a	医务人员对网络健康信息隐私风险的感知强度要比一般用户更弱	部分支持
H5a	感知信息质量负向影响网络健康信息隐私风险	支持
H6a	健康自我效能负向影响网络健康信息隐私风险	支持
H7a	健康自我效能调节感知信息质量与网络健康信息隐私风险之间的关系	支持
H8a	健康素养水平负向影响网络健康信息隐私风险	支持
H9a	网络健康素养调节感知信息质量与网络健康信息隐私风险之间的关系	支持
H10a	积极承担风险的用户，其对网络健康信息隐私风险的感知程度较低	支持

7.5.5.2　心理风险影响因素的假设验证

研究假设提出的各个变量对心理风险的解释力达到19.9%，个体差异影响变量中，性别、年龄与心理风险的相关性不显著，因此假设H1b、H2b未得到支持；在教育程度变量中，仅能证明教育程度为普通高中/中专及以下的用户相比于教育程度为高职/大专和大学本科的用户，有着更强烈的网络健康信息心理风险，而其他教育程度的用户之间的差异无法证明，因此H3b部分支持；职业与心理风险有着显著的负相关关系，且在多元回归最终模型中呈现弱显著性（$p < 0.05$），说明医务人员对于网络健康信息心理风险上的水平要比一般用户更小，因此假设H4b得到支持。

在健康认知能力影响变量中，感知信息质量与心理风险的相关关系通过显著性检验，具有显著的负相关关系，因此，假设H5b得到支持；在增加了健康自我效能和网络健康素养两个调节变量后，信息质量对心理风险影响因素的多元回归方程增加了3.1%的解释力，说明健康自我效能和网络健康素养的调节效应显著，因此H7b和H9b假设得到支持；健康自我效能变量和网络健康素养变量与心理风险呈现了稳定的负相关关系，假设H6b和H8b得到支持。

此外，风险态度变量与心理风险显著相关，并为心理风险影响因素的多元回归方程增加了0.6%的解释力，因此假设H10b得到支持。

表7-18 假设验证结果：心理风险

假设	内容	验证结果
H1b	女性在网络健康信息心理风险上的水平要高于男性	不支持
H2b	老年用户在网络健康信息心理风险上的水平要比年轻人更低	不支持
H3b	教育程度与网络健康信息心理风险有着显著的负向关系	部分支持
H4b	医务人员对网络健康信息心理风险的感知强度要比一般用户更弱	支持
H5b	感知信息质量负向影响网络健康信息心理风险	支持
H6b	健康自我效能负向影响网络健康信息心理风险	支持
H7b	健康自我效能调节感知信息质量与网络健康信息心理风险之间的关系	支持
H8b	健康素养水平负向影响网络健康信息心理风险	支持
H9b	网络健康素养调节感知信息质量与网络健康信息心理风险之间的关系	支持
H10b	积极承担风险的用户，其对网络健康信息心理风险的感知程度较低	支持

7.5.5.3 信息来源风险影响因素的假设验证

研究假设提出的各个变量对信息来源风险的解释力达到19.6%，个体差异影响变量中，性别信息来源风险的相关性不显著，因此假设H1c未得到支持；年龄与信息来源风险存在负相关关系，因此H2c得到支持；教育程度与信息来源风险有着显著的负相关关系，但在多元回归分析中，只能证明教育程度为普通高中/中专及以下的用户相比于教育程度为硕士的用户，有着更强烈的网络健康信息来源风险；教育程度为普通高中/中专及以下的用户相比于教育程度为高职/大专的用户，有着较弱显著（p＜0.1）的网络健康信息来源风险，因此H3c得到部分支持；医务人员和一般用户对于网络健康信息来源风险的差异p值小于0.05，有统计学意义，但在引入其他变量后该差异不再显著，因此H4c被认为是部分支持。

在健康认知能力影响变量中，感知信息质量与信息来源风险的相关关系呈现微弱的负相关关系，因此，假设H5c得到支持；在增加了健康自我效能和网络健康素养两个调节变量后，信息质量对信息来源风险影响因素的多元回归方程增加了3.9%的解释力，说明健康自我效能和网络健康素养的调节效应显著，因此H7c和H9c假设成得到支持；健康自我效能变量和网络健康素养变量与信息来源风险呈现了稳定的负相关关系，假设H6c和H8c得到支持。

此外，风险态度在信息来源风险的多元回归分析中没有通过显著性检验，经过偏相关系数检验也证实了两变量不存在相关性，因此假设H10c没有得到支持。

表7-19　假设验证结果：信息来源风险

假设	内容	验证结果
H1c	女性在网络健康信息来源风险上的水平要高于男性	不支持
H2c	老年用户在网络健康信息来源风险上的水平要比年轻人更低	支持
H3c	教育程度与网络健康信息来源风险有着显著的负向关系	部分支持
H4c	医务人员对网络健康信息来源风险的感知强度要比一般用户更弱	部分支持
H5c	感知信息质量负向影响网络健康信息心理风险	支持
H6c	健康自我效能负向影响网络健康信息心理风险	支持
H7c	健康自我效能调节感知信息质量与信息来源风险之间的关系	支持
H8c	健康素养水平负向影响网络健康信息来源风险	支持
H9c	网络健康素养调节感知信息质量与信息来源风险之间的关系	支持
H10c	积极承担风险的用户，其对网络健康信息来源风险的感知程度较低	不支持

8 网络健康信息风险感知影响模型构建与检验

8.1 网络健康信息多维度风险感知的影响模型

基于前文的分析，本书试图构建网络健康信息多维度风险感知与各个影响因素的关系。Smith等人在研究隐私关注问题时，提出了APCO逻辑模型，即前置因素（Antecedents，A）→隐私关注（Privacy Concerns，PC）→影响结果（Outcomes，O）[①]。本书通过扎根理论解析和文献回顾发现，网络健康信息风险感知与其前置因素和影响后果之间的关系也是密不可分的，因此提出研究概念模型如图8-1。模型中，网络健康信息风险感知由隐私风险、心理风险和信息来源风险三个维度构成，受到前置因素包括个体差异、健康认知能力和风险态度三个因素的影响，并通过感知利益、信任最终影响采纳意图。

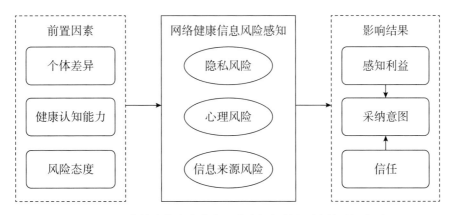

图 8-1 网络健康信息多维度风险感知与影响因素关系概念图

① SMITH H J, DINEV T, XU H. Information privacy research: an interdisciplinary review [J]. MIS quarterly, 2011, 35（4）: 989−1016.

本书主要借鉴了两个研究领域，即信息技术采纳理论和风险感知理论，来开发本书的研究模型和相关假设。

Engel等人把消费者的决策制定分为了问题识别、信息搜索、结果评估、购买决策和购买后行为共五个阶段[①]；Ives和Learmonth认为在用户资源生命周期中，用户的行为在购买前、购买期间和购买后会有三个不同阶段的改进[②]。本书所涉及的网络健康信息采纳行为并不是一个具有持续性的过程，当用户感受到个人健康的改善或疾病程度的减轻后，就会减少对网络健康信息的采纳行为，因此本书所涉及的采纳行为主要发生在购买决策产生时。

信息技术采纳模型，特别是计划行为理论（TPB）及其扩展已经被广泛地应用于审查信息技术的使用[③]和电子服务的采纳研究[④]。计划行为理论（TPB）是理性行为理论的延伸，它假设目标行为可以通过意图来预测，而行为意图可以通过考虑用户的个人角色（态度、行为控制）和环境角色（主观规范）来预测[⑤]。尽管TPB在预测用户对创新的接受程度方面表明了强有力的支持[⑥]，然而，包括计划行为理论（TPB）、技术接受模型（TAM）和扩散创新理论（DOI）在内的大量的采纳行为研究模型无法全面地预测消费者对网络产品的采纳行为，因为这些产品的消费者受到时间、空间和灵活性等个人便利性的约束，同时这些消费者对于安全性、隐私和信任的担忧也是阻

---

① ENGEL J F, KOLLAT D T, BLACKWELL R D. Consumer behavior [M]. 2nd ed. Oxford, England: Holt, Rinehart & Winston, 1973: 48.

② IVES B, LEARMONTH G P. The information system as a competitive weapon [J]. Communications of the ACM, 1984, 27 (12): 1193-1201.

③ WU L, LI J Y, FU C Y. The adoption of mobile healthcare by hospital's professionals: an integrative perspective [J]. Decision support systems, 2011, 51 (3): 587-596.

④ LEE M C. Factors influencing the adoption of internet banking: an integration of TAM and TPB with perceived risk and perceived benefit [J]. Electronic commerce research and applications, 2009, 8 (3): 130-141.

⑤ AJZEN I. The theory of planned behavior [J]. Organizational behavior and human decision processes, 1991, 50 (2): 179-211.

⑥ ARMITAGE C J, CONNER M. Efficacy of the theory of planned behaviour: a meta-analytic review [J]. British journal of social psychology, 2001, 40 (4): 471-499.

碍其采纳网络产品的因素①。同时，也有人担忧，TPB不是针对医疗健康环境
开发的模型，其通用形式可能无法捕捉与计算机医疗服务相关的信息行为特
征②，因此，需要扩展该模型并将其与进一步的因素结合起来，以加强对采纳
行为的解释和预测③。

　　另一方面，社会和健康心理学中的各种理论，包括并行过程模型
（parallel process model）、健康信念模型（health belief model）、保护动机
理论（protection motivation theory）和新平行过程模式（extended parallel
process model）等，都强调了风险感知在影响行为中的作用。这些理论都
考虑到风险感知在认知评估方面的影响，如对严重性和受到影响的可能
性的判断，用户对于描述严重程度较高的信息会正向影响其行为意图④。
研究发现，当人们认为受到潜在的威胁时，人们将会采取措施保护自
己⑤。自20世纪60年代以来，风险感知理论一直被用来解释消费者的行为。
大量的研究已经考察了风险对传统消费者决策的影响⑥。Bauer认为，消费
者在评估购买/或采纳产品和服务时会有意识地或无意识地感受到风险因
素⑦。采纳信息系统会给消费者带来焦虑和不安⑧，互联网传送使用媒体也
会增加由于其无担保性质而带来的额外的不确定性和潜在的危险。

---

①　MALLAT N. Exploring consumer adoption of mobile payments—a qualitative study [J].
The journal of strategic information systems, 2007, 16（4）: 413-432.

②　HOLDEN R J, KARSH B T. The technology acceptance model: its past and its future in
health care [J]. Journal of biomedical informatics, 2010, 43（1）: 159-172.

③　MCFARLAND D J, HAMILTON D. Adding contextual specificity to the technology ac-
ceptance model [J]. Computers in human behavior, 2006, 22（3）: 427-447.

④　LU H, SCHULDT J P. Communicating Zika risk: using metaphor to increase perceived
risk susceptibility [J]. Risk analysis, 2018, 38（12）: 2525-2534.

⑤　BOSS S R, GALLETTA D F, LOWRY P B, et al. What do systems users have to fear?
using fear appeals to engender threats and fear that motivate protective security behaviors [J]. Mis
quarterly, 2015, 39（4）: 837-864.

⑥　LIN W B. Investigation on the model of consumers' perceived risk—integrated
viewpoint [J]. Expert systems with applications, 2008, 34（2）: 977-988.

⑦　BAUER E. Multiple scattering versus superstructures in low energy electron diffraction
[J]. Surface science, 1967, 7（3）: 351-364.

⑧　IGBARIA M. User acceptance of microcomputer technology: an empirical test [J].
Omega, 1993, 21（1）: 73-90.

在其他领域基于计划行为理论的研究中，人们已经发现，风险感知可以预测人们参与危险行为的意图[①]。而由于网络健康信息具有不确定性，其质量并没有合适的保障制度[②]，因此研究风险感知对采纳网络健康医疗服务的影响更有意义。用户在使用网络健康信息时必然会遇到各种风险，而研究已经显示，组成风险感知的不确定性（损失概率）和危险（损失成本）会妨碍消费者对产品的评估和采纳[③]。此外，风险感知作为一个多维度的概念，在研究过程中被作为一种结构化概念进行分析，不同维度的风险感知对于行为意图的影响强度存在差异[④]。因此，本书将网络健康信息风险感知的三个维度视为用户采纳行为的影响因素，与计划行为理论结合，探究网络健康信息风险感知及其影响因素之间的关系。

8.2 网络健康信息风险感知影响模型的研究假设

8.2.1 研究假设

8.2.1.1 采纳意图

在社会科学研究和信息系统研究中，学者广泛将受访者的行为意图作为实际行为的预测指标。Fishbein 和 Ajzen 认为，行为意图是与实际行为最佳和最接近的心理预测因子[⑤]；Venkatesh 等人认为，行为意图具有"作

① HAMILTON K, SCHMIDT H. Drinking and swimming: investigating young Australian males' intentions to engage in recreational swimming while under the influence of alcohol [J]. Journal of community health, 2014, 39（1）: 139-147.

② LI Y, WANG X, LIN X, et al. Seeking and sharing health information on social media: a net valence model and cross-cultural comparison [J]. Technological forecasting and social change, 2018, （126）: 28-40.

③ DOWLING G R, STAELIN R. A model of perceived risk and intended risk-handling activity [J]. Journal of consumer research, 1994, 21（1）: 119-134.

④ YANG J Z, CHU H. Who is afraid of the Ebola outbreak? The influence of discrete emotions on risk perception [J]. Journal of risk research, 2018, 21（7）: 834-853.

⑤ FISHBEIN M, AJZEN I. Belief, Attitude, intention and behaviour: an introduction to theory and research [J]. Philosophy & rhetoric, 1975, 41（4）: 842-844.

为行为预测者的作用"①。因此，本书沿用了之前信息系统研究人员的做法，使用行为意图来衡量用户对网络健康信息的实际采纳行为。

人们面对网络健康信息时的风险感知使得人们害怕因为在不确定的环境中得到服务，或者获得的产品没有保障，而损害个人的利益。用户的风险感知已经被认为是影响个人在线决策的重要途径。用户不愿意在网络上获取健康信息是常见的，因为与传统的就医模式相比，风险感知所引起的不安对于网络健康信息的采纳影响可能是压倒性的。Hsieh认为，风险感知增加了对负面结果的预期，会降低用户利用网络健康信息的意图，或增加对其的抵抗力②。Betsch和Wicker也证实，健康行为意图受风险感知的影响很大，不良事件的较高风险感知也会导致较低的行为意图③。研究发现，特别是隐私风险在个人采用医疗可穿戴设备的意图中起着更重要的作用，如果一个人的感知利益高于隐私风险，则他更倾向于采纳该设备；否则，该设备将不被采纳④。Miltgen等人认为，消费者对所面临的各种风险非常关注，特别是在网络健康服务领域，当用户发现通过网站提供的健康信息服务存在风险，这将影响他们使用该服务的意图，风险感知在抑制用户采纳网络健康服务的意图方面起着重要的作用，高度的风险感知会导致较低的用户采纳意图⑤。Deng和Liu证实了感知健康风险显著影响消费者在移动

① VENKATESH V, MORRIS M G, DAVIS G B, et al. User acceptance of information technology: toward a unified view [J]. Mis quarterly, 2003, 27 (3): 425–478.

② HSIEH P J. Physicians' acceptance of electronic medical records exchange: an extension of the decomposed TPB model with institutional trust and perceived risk [J]. International journal of medical informatics, 2015, 84 (1): 1–14.

③ BETSCH C, WICKER S. E-health use, vaccination knowledge and perception of own risk: drivers of vaccination uptake in medical students [J]. Vaccine, 2012, 30 (6): 1143–1148.

④ LI H, WU J, GAO Y, et al. Examining individuals' adoption of healthcare wearable devices: an empirical study from privacy calculus perspective [J]. International journal of medical informatics, 2016, 88: 8–17.

⑤ MILTGEN C L, POPOVIC A, OLIVEIRA T. Determinants of end-user acceptance of biometrics: integrating the "Big 3" of technology acceptance with privacy context [J]. Decision support systems, 2013, 56: 103–114.

社交媒体网站中的健康信息寻求行为意图[①]。

因此，我们提出以下假设：

H11：风险感知与用户采纳网络健康信息的意图负相关，即用户的风险感知越强，其对网络健康信息的采纳意图越低。

H11a：隐私风险与用户采纳网络健康信息的意图负相关，即用户的隐私风险越强，其对网络健康信息的采纳意图越低。

H11b：心理风险与用户采纳网络健康信息的意图负相关，即用户的心理风险越强，其对网络健康信息的采纳意图越低。

H11c：信息来源风险与用户采纳网络健康信息的意图负相关，即用户的信息来源风险越强，其对网络健康信息的采纳意图越低。

8.2.1.2 感知利益

感知利益一般有两种主要类型，分为直接优势和间接优势。直接优势是指用户通过使用互联网服务或产品所享受直接和实际的利益，以网络健康信息为例，直接优势包括：用户可以从更便利的获取渠道、更快速的信息处理速度以及更高的信息透明度中获益。首先，更便利的获取渠道包括用户通过网络获得可靠的疾病信息，进行包括互联网健康咨询、网上预约分诊、在线问诊、移动支付、检查检验结果查询和随访跟踪等在内的多项应用，方便用户便捷获取医疗健康服务。其次，更快速的信息处理速度包括网络健康信息将医生与患者相连接，就医数据相连接，实现查房、输液、诊断、挂号和化验等环节的数据快速共享，提高医疗效率。再次，随着越来越多的健康信息通过网络得以传递，该类信息不再为医学专业人员所垄断。用户在网络上可以同时向多位医生咨询，选择回答最为迅速，或最细致耐心的医生，从而更加主动地参与医疗信息决策，使得医疗信息更加透明，医疗决策更具人性化和个性化。间接优势是那些不太明显或难以衡量的好处，例如，网络健康信息可以帮助用户享受24小时服务，可穿戴设备的出现使得人们可以实现个人健康状况不间断监控，从而接受及时的就医指导；网上医疗、远程就诊等方式可以快捷地将优质医疗资源覆盖

---

① DENG Z, LIU S. Understanding consumer health information-seeking behavior from the perspective of the risk perception attitude framework and social support in mobile social media websites [J]. International journal of medical informatics, 2017, 105: 98-109.

到各个地区，促进医疗公平等。因此，本书提出假设：

H12：感知利益正向影响网络健康信息的采纳意图。

Alhakami和Slovic的一项研究表明，风险感知和感知利益可能在人们的思想中呈负相关，并与个人对风险的有效评估相关，如果一个产品或服务受到欢迎，那么就会被评价为低风险，高收益[①]。许多研究也已经证实，感知利益与风险感知之间存在强烈的逆向依存关系，感知利益越高，风险感知越低，反之亦然[②]。对于风险事件，人们希望得到关于其所有信息，包括风险和利益。从风险沟通的角度来看，如果一个行为能够带来足够大的收益，人们因此而接受高风险的可能性就更大。因此，我们提出假设：

H13：网络健康信息风险感知负向影响感知利益。

H13a：网络健康信息隐私风险负向影响感知利益。

H13b：网络健康信息心理风险负向影响感知利益。

H13c：网络健康信息来源风险负向影响感知利益。

8.2.1.3 信任

一些研究人员认为，信任可能会导致关系中的风险承担，用户对服务的信任越多，特别是在对健康信息的采纳过程中，对健康信息的信任程度越高，越愿意冒险采纳知识。风险感知与信任的关系也是信息技术采纳中一个重要的关系。研究发现，较高的风险感知会降低用户对系统的正常功能和系统益处的信任，较低水平的风险感知会导致更高级别的信任[③]。在计划行为理论模型中，信任被认为是降低风险感知对行为意图的负面影响的重要缓冲或中介，信任可以部分或完全调节风险感知对行为意图的作用关

---

① ALHAKAMI A S, SLOVIC P. A psychological study of the inverse relationship between perceived risk and perceived benefit [J]. Risk analysis, 1994, 14(6): 1085-1096.

② MCDANIELS T L, AXELROD L J, CAVANAGH N S, et al. Perception of ecological risk to water environments [J]. Risk analysis, 1997, 17(3): 341-352.

③ DINEV T, BELLOTTO M, HART P, et al. Privacy calculus model in e-commerce — a study of Italy and the United States [J]. European journal of information systems, 2006, 15(4): 389-402.

系[①]。基于此，本书提出假设：

H14：信任正向影响网络健康信息采纳意图。

H15：网络健康信息风险感知负向影响信任。

H15a：网络健康信息隐私风险负向影响信任。

H15b：网络健康信息心理风险负向影响信任。

H15c：网络健康信息来源风险负向影响信任。

8.2.2 研究变量的测量

8.2.2.1 采纳意图

采纳意图使用Davis等人[②]和Venkatesh等人[③]研究中提到的测量项，包含三个项目，对应用户对网络健康信息持续采纳的意图。测量项为：

BI1 在将来我愿意持续使用网络健康信息；

BI2 在将来我愿意经常使用网络健康信息；

BI3 我愿意把利用网络获取健康信息的方式推荐给其他人。

参与者从1（"强烈不赞成"）到6（"强烈赞成"）进行评分，分数越高表示其对网络健康信息的采纳意图越高。

8.2.2.2 感知利益

对感知利益的测量使用Yiu等人[④]和Kim等人[⑤]在研究中提到的感知利

① SRIVASTAVA S C, CHANDRA S, THENG Y L. Evaluating the role of trust in consumer adoption of mobile payment systems: an empirical analysis [J]. Communications of the association for information systems,2010,27(29): 561-588.

② DAVIS F D, BAGOZZI R P, WARSHAW P R. Extrinsic and intrinsic motivation to use computers in the workplace [J]. Journal of applied social psychology,1992,22(14): 1111-1132.

③ VENKATESH V, MORRIS M G, DAVIS G B, et al. User acceptance of information technology: toward a unified view [J]. Mis quarterly,2003,27(3): 425-478.

④ YIU D W, LAU C M, BRUTON G D. International venturing by emerging economy firms: the effects of firm capabilities, home country networks, and corporate entrepreneurship [J]. Journal of international business studies,2007,38(4): 519-540.

⑤ KIM D J, FERRIN D L, RAO H R. A trust-based consumer decision-making model in electronic commerce: the role of trust, perceived risk, and their antecedents [J]. Decision support systems,2008,44(2): 544-564.

益测量项。对应网络健康信息为用户提供的包括更便利的获取渠道、更快速的信息处理速度以及更高的信息透明度等收益的测量项为：

PB1 我认为使用网络健康信息很方便；

PB2 我认为使用网络健康信息很省钱；

PB3 我认为使用网络健康信息可以节省时间；

PB4 我认为使用网络健康信息可以提高效率。

参与者从1（强烈不赞成）到6（强烈赞成）进行评分，分数越高表示其对网络健康信息的感知利益水平越高。

8.2.2.3 信任

对信任的测量使用Gefen等人[①]和Wu和Chen人[②]研究中提到的信任测量项。测量项为：

TST1 我知道网络健康信息是值得信任的；

TST2 我相信网络健康信息提供了良好的服务；

TST3 我相信网络健康信息可以帮助我管理个人健康。

参与者从1（强烈不赞成）到6（强烈赞成）进行评分，分数越高表示其对网络健康信息的信任水平越高。

8.3 基于结构方程模型的假设检验

8.3.1 结构方程模型检验

相关性分析显示（见7.5.2），网络健康信息风险感知与采纳意图之间存在相关关系。相关性分析对多数假设关系进行检验都具有统计显著性，但变量之间的影响不是简单的两变量关系比较，其作用关系比较间

---

① GEFEN D, KARAHANNA E, STRAUB D W. Trust and TAM in online shopping: an integrated model [J]. MIS quarterly, 2003, 27（1）: 51–90.

② WU L, CHEN J L. An extension of trust and TAM model with TPB in the initial adoption of on-line tax: an empirical study [J]. International journal of human-computer studies, 2005, 62（6）: 784–808.

接。多元线性回归分析只能相对直接地比较因变量和自变量之间的关系，当变量之间的关系比较间接时（如需要通过第三个因素或其他因素才能联系要分析的两变量关系时），可能得出无法解释的结构。结构方程模型与多元回归分析不同的是，当变量之间存在的关系比较间接时，结构方程模型可以同时处理多个因变量，并可比较及评价不同的理论模型[①]。因此，本书使用结构方程模型的方法对网络健康信息风险感知及其与对采纳意图之间的关系模型进行验证，所用的软件工具是 AMOS（版本24.0）。

通过构建结构方程模型对8.2.1节的研究假设进行路径分析，各项拟合指标如表8-1所示。从拟合指标可以看出，卡方值和自由度的比值大于3，且卡方值的P值小于0.05，说明模型虽然不支持，但模型拟合度尚可。

表8-1 初始验证性因子分析结果

	χ^2	df	χ^2/df	GFI	AGFI	NFI	IFI	CFI	RMSEA
标准	p＞0.05	–	＜5	＞0.90	＞0.90	＞0.90	＞0.90	＞0.90	≤0.1
原模型	4741.1（p=0.000）	706	6.715	0.684	0.641	0.577	0.594	0.593	0.146

变量之间的路径系数和假设检验情况如表8-2所示。验证结果显示，网络健康信息风险感知的隐私风险和心理风险与采纳意图没有显著相关（P＞0.05），但通过感知利益、信任和采纳意图之间建立间接影响。因此，风险感知与采纳意图有着密切的关系，风险感知通过感知利益、信任的中介作用发挥其对采纳意图的间接影响效应，之前类似的研究也证实了这样的间接影响效应[②]。此外，信息来源风险对感知利益没有显著相关。

---

① 吴明隆. 结构方程模型：AMOS的操作与应用 [M]. 重庆：重庆大学出版社，2009：2.

② CHANG M L, WU W Y. Revisiting perceived risk in the context of online shopping：an alternative perspective of decision- making styles [J]. Psychology & marketing，2012，29（5）：378-400.

表 8-2 初始模型的结构参数

	假设路径			标准化路径系数	P	假设检验结果
H5a	隐私风险	<---	感知信息质量	-0.376	***	成立
H5b	心理风险	<---	感知信息质量	-0.226	***	成立
H5c	信息来源风险	<---	感知信息质量	-0.360	***	成立
H6a	隐私风险	<---	健康自我效能	-0.467	***	成立
H6b	心理风险	<---	健康自我效能	-0.467	***	成立
H6c	信息来源风险	<---	健康自我效能	-0.477	***	成立
H8a	隐私风险	<---	网络健康素养	-0.383	***	成立
H8b	心理风险	<---	网络健康素养	-0.382	***	成立
H8c	信息来源风险	<---	网络健康素养	-0.303	***	成立
H10a	隐私风险	<---	风险态度	-0.239	***	成立
H10b	心理风险	<---	风险态度	-0.175	0.003	成立
H10c	信息来源风险	<---	风险态度	-0.161	***	成立
H11a	采纳意图	<---	隐私风险	-0.033	0.427	不成立
H11b	采纳意图	<---	心理风险	-0.045	0.292	不成立
H11c	采纳意图	<---	信息来源风险	0.145	0.009	成立
H12	采纳意图	<---	感知利益	0.713	***	成立
H13a	感知利益	<---	隐私风险	-0.096	0.014	成立
H13b	感知利益	<---	心理风险	-0.100	0.020	成立
H13c	感知利益	<---	信息来源风险	-0.035	0.494	不成立
H14	采纳意图	<---	信任	0.306	***	成立
H15a	信任	<---	隐私风险	-0.141	***	成立
H15b	信任	<---	心理风险	-0.142	0.003	成立
H15c	信任	<---	信息来源风险	-0.194	***	成立

注:*** 为 p < 0.001。

8.3.2 结构方程模型修正及评价

在综合了模型修正和理论回顾的结果之后,剔除了3条不显著路径,

形成了修正模型。对模型进行修正后进行路径分析，验证性因子分析结果
见表8-3，路径系数及假设检验结果见表8-4。

表8-3　修正模型与原模型验证性因素对比分析结果

	x^2	df	x^2/df	GFI	AGFI	NFI	IFI	CFI	RMSEA
标准	p＞0.05	－	＜3	＞0.90	＞0.90	＞0.90	＞0.90	＞0.90	≤0.1
原模型	4741.1（p=0.000）	706	6.715	0.684	0.641	0.577	0.594	0.593	0.146
修正模型	1923.07（P=0.113）	605	3.178	0.859	0.837	0.889	0.921	0.913	0.058

与原模型相比，修正模型的卡方值显著下降，卡方值/自由度之比为
3.178，且其他各项验证性指标都好于原模型，说明修正模型的拟合指标
较好，可以作为最终模型。

表8-4　修正假设模型的路径系数与假设验证

	假设路径			标准化路径系数	P	假设检验结果
H5a	隐私风险	<---	感知信息质量	-0.376	***	成立
H5b	心理风险	<---	感知信息质量	-0.228	***	成立
H5c	信息来源风险	<---	感知信息质量	-0.360	***	成立
H6a	隐私风险	<---	健康自我效能	-0.471	***	成立
H6b	心理风险	<---	健康自我效能	-0.474	***	成立
H6c	信息来源风险	<---	健康自我效能	-0.474	***	成立
H8a	隐私风险	<---	网络健康素养	-0.382	***	成立
H8b	心理风险	<---	网络健康素养	-0.380	***	成立
H8c	信息来源风险	<---	网络健康素养	-0.304	***	成立
H10a	隐私风险	<---	风险态度	-0.239	***	成立
H10b	心理风险	<---	风险态度	-0.175	0.003	成立
H10c	信息来源风险	<---	风险态度	-0.160	***	成立
H11c	采纳意图	<---	信息来源风险	-0.093	0.032	成立

	假设路径			标准化路径系数	P	假设检验结果
H12	采纳意图	<---	感知利益	0.715	***	成立
H13a	感知利益	<---	隐私风险	−0.107	0.003	成立
H13b	感知利益	<---	心理风险	−0.116	0.002	成立
H14	采纳意图	<---	信任	0.328	***	成立
H15a	信任	<---	隐私风险	−0.146	***	成立
H15b	信任	<---	心理风险	−0.152	0.001	成立
H15c	信任	<---	信息来源风险	−0.181	0.001	成立

注:*** 为 $p < 0.001$。

8.3.3 研究假设与模型验证结果

根据回归分析和结构方程模型,对研究假设的验证情况如表8-5。

表8-5 风险感知与采纳意图的假设验证结果

假设分类		假设内容	验证结果
风险感知与采纳意图的关系	H11a	隐私风险与用户采纳网络健康信息的意图负相关	支持
	H11b	心理风险与用户采纳网络健康信息的意图负相关	支持
	H11c	信息来源风险与用户采纳网络健康信息的意图负相关	支持
感知利益、信任与风险感知之间的关系	H12	感知利益正向影响网络健康信息的采纳意图	支持
	H13a	网络健康信息隐私风险负向影响感知利益	支持
	H13b	网络健康信息心理风险负向影响感知利益	支持
	H13c	网络健康信息来源风险负向影响感知利益	不支持
	H14	信任正向影响网络健康信息采纳意图	支持
	H15a	网络健康信息隐私风险负向影响信任	支持
	H15b	网络健康信息心理风险负向影响信任	支持
	H15c	网络健康信息来源风险负向影响信任	支持

　　首先，感知利益、信任都对网络健康信息的采纳意图产生了正向影响，支持H12、H14假设；风险感知三个维度均对信任产生了负向影响，支持假设H15；隐私风险和心理风险对感知利益产生负向显著，支持H13a和H13b，而信息来源风险对感知利益的影响不显著，假设H13c不成立。

　　其次，虽然在结构方程模型中网络健康感知信息风险三个维度并没有直接作用于采纳意图，但通过相关性分析可以得出结论，网络健康感知信息风险三个维度与用户的采纳意图均通过显著性检验，因此支持假设H11。在各个风险维度对采纳意图的作用路径中，隐私风险和心理风险通过信任、感知利益的中介作用，负向影响采纳意图，但信息来源风险仅通过感知利益的中介作用对采纳意图产生负向影响。

　　因此，最终网络健康信息风险感知影响模型如图8-2所示。

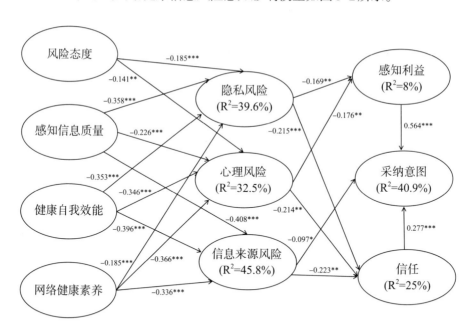

图 8-2　网络健康信息风险感知影响模型检验结果

注：*** 为 $p < 0.01$，** 为 $p < 0.05$，* 为 $p < 0.1$。

　　由图8-2可以看出，在网络健康信息风险感知影响模型中，首先，感知信息质量、健康自我效能、网络健康素养和风险态度都显著影响了网络健康信息风险感知各个分维度。隐私风险和心理风险主要是通过感知利益和信任变量，间接地作用于采纳意图；信息来源风险直接对采纳意图产生较弱的影响，同时也通过信任变量间接地作用于采纳意图。感知利益、信任均正向地作用于采纳意图；隐私风险对信任、感知利益均存在显著的负向影响，而对采纳意图产生的作用主要是通过这些变量作为中介变量而实现的，因此，隐私风险对采纳意图的影响强度为：$(-0.169) \times 0.08+(-0.215) \times 0.25=-0.06727$；同理，心理风险对感知利益、信任均存在显著的负向影响，也是通过这些变量的中介作用实现对采纳意图的影响，心理风险对采纳意图的影响强度为：$(-0.176) \times 0.08+(-0.214) \times 0.25=-0.06758$；而感知信息来源既直接对采纳意图产生较弱的影响，也对信任具有显著的负向影响，通过信任对采纳意图产生影响，因此信息来源风险对采纳意图产生的影响强度为：$-0.097+(-0.223) \times 0.25=-0.15275$。

也就是说，隐私风险对用户采纳网络健康信息的意图的影响强度为-6.727%，心理风险对用户采纳网络健康信息的意图的影响强度为-6.758%，信息来源风险对用户采纳网络健康信息的意图的影响强度为-15.275%。信息来源风险的影响强度最大，心理风险的影响强度次之，隐私风险的影响强度较低。

9　网络健康信息资源社会采纳效率提升路径

基于第四章到第八章的内容，本书对网络健康信息风险感知结构进行了扎根理论解析，并通过实证分析，确立了风险感知三维度结构。同时，基于对网络健康信息风险感知的影响因素解析，本书验证了影响网络健康信息风险感知影响模型。通过数据分析和模型检验，本章首先对实证研究的结果进行了分析。从用户风险感知与客观风险的感知偏差，提出加强网络健康信息风险管控；从网络健康信息风险感知三维度结构，提出制定区别化的风险控制策略；从用户自身的特征对风险感知产生的影响，提出根据用户的个体差异、健康认知能力差异和风险态度的不同，制定差异化的风险沟通机制；从网络健康信息风险感知对采纳意图的影响路径研究，提出感知利益和信任在风险感知影响采纳意图的作用路径中的影响。最后，本章对网络健康信息资源的社会采纳效率提出了提升建议，并分别从参与网络健康信息风险管理的各个主体角度出发，针对政府、互联网企业、图书馆等信息服务机构和用户，提出不同的网络健康信息资源社会采纳提升实践建议，以更好地发展和利用网络健康信息。

9.1　加强风险管控，减少用户风险感知偏差

本书通过扎根理论解析出的风险感知维度与量化研究得出的风险感知维度存在着显著差异。这说明用户对于网络健康信息的风险感知存在一定的偏差。

本书对网络健康信息风险感知进行了探索性分析。通过使用扎根理论

研究方法，解析出六个维度的风险感知，包括信息质量风险、信息来源风险、隐私风险、心理风险、系统质量风险和财务风险。这些风险维度都通过了理论验证，在用户的网络健康信息采纳行为中应该可以发挥一定的作用。但在随后的量化研究中发现，除了信息来源风险、心理风险和隐私风险之外，其余风险维度并没有得到量化研究的验证。这可能是由于定性研究与量化研究的研究对象存在着较大的知识能力的不足。定性研究的访谈对象选择了经常使用网络健康信息，并接受过良好教育的用户，这些受访者能够清晰、流畅地表达自己对于网络健康信息存在的风险的观点；而在量化研究时，问卷发放的对象在信息素养能力和健康认知能力上参差不齐，对网络健康信息风险感知的理解相对片面，无法全面勾勒出网络健康信息风险感知的全貌。虽然本书以信息来源风险、心理风险和隐私风险这三个方面作为网络健康信息风险感知的结构，但从扎根理论中解析出的其他风险感知维度也具有极重要的研究价值。国际相关研究已经证实，对于使用在线健康数据系统的用户来说，担心的风险要素除了信息隐私之外，还担心成本风险、时间风险和系统质量风险[1]；部分用户可能因为身边亲友遵循网络健康信息或医疗建议而受到伤害，从而对网络健康信息的社会风险存在顾虑[2]。

此外，风险感知是在心理学视角下，用户个体对风险产生的根源所导致的风险事件的发生概率与影响大小的主观建构，即个体根据直观判断和主观感受获得的经验，对环境风险信息的刺激进行处理与判定，并以此作为风险应对行为的决策依据。本书已经证实，用户对于网络健康信息的风险感知会影响到用户对风险事件（即采纳网络健康信息）的应对行为。但用户通过主观感受的风险与客观风险之间是存在一定的偏差，而这些偏差会导致不安全或不合理的行为。以用户感知的系统质量风险

---

① UNDERN T. Consumers and health information technology：a national survey［EB/OL］.［2018-04-12］. http：//www.lahealthaction.org/library/ConsumersHealthInfoTechnology-NationalSurvey.pdf.

② FOX S. The social life of health information, 2011. Pew research center's internet & American life project［EB/OL］.［2017-06-24］. http//www.pewinternet.org/2011/05/12/the-social-life-of-health-information-2011/.

为例，本书发现，用户在采纳网络健康信息时的风险感知，一方面来自于网站上的信息内容风险，包括健康信息内容的准确性和完整性（通过是否根据医学教科书或临床指南进行衡量），可信度和可读性（通过作者信息、版权信息和参考文献来衡量）；另一方面则来自于网站设计风险，包括技术方面（可访问性、美观度、导航、交互性等）和社会方面（隐私政策和社会文化适宜性）。而客观的健康网页评价体系则认为，一个高质量的、设计清晰、以人为本的疾病干预措施网页，其辅助用户建立健康观点和提高健康干预的效果，要比单纯增加更多的健康网页数字可交互性和视听表现更显著。用户的个人感知使其更容易通过关注健康网页的设计美学、在搜索引擎中的页面排名来预测健康网页内容是否可靠，但这种感知结果并不符合健康网页评价的客观结果，反而因为用户的这一主观感知，一些健康网页开发者会在健康网页的内容质量得不到保证的时候，有意通过页面设计，故意让健康网页看起来更具交互性、更能满足用户的需求，并通过其精心设计的无访问障碍的健康信息，使得用户认为其网页具有较高的可信度，从而误导用户的网络健康信息采纳行为。因此，由于风险信息的广泛性、个体感知能力的有限性（风险知识、风险感知技能的不足），以及组织规则与组织文化的影响，个体在感知风险时总是有选择性地获取风险信息，从而影响风险感知信息评估与决策。

因此，虽然用户很难认识到自己的感知存在偏差，但从本书中可以看出，对风险感知偏差的干预需要用户自身和外界的协同配合，以实现更好的风险感知和决策。一方面，用户的风险感知偏差来自于自身技能和知识水平的限制，因此须加强学习和培训，增强风险意识，学习风险知识，从而促进风险意愿的自我评估和提升；另一方面，外界（如网络健康信息的发布者、政府机构、信息服务机构（如图书馆等）等）对用户的风险感知进行干预，例如，进行健康素养和网络素养的培训、模拟风险事件发生的情境、风险行为预测等，探究用户风险认知偏差的产生来源，正确看待专家与用户的认知差异，从而更好地认识网络健康信息的风险结构，实现传统的风险沟通向"以人为本"的风险沟通进行转变。

9.2 多维度风险感知需要区别化的风险控制策略

本书通过访谈分析和实证验证，解析出三个维度的网络健康信息风险感知，分别是隐私风险、心理风险和信息来源风险。以此为依据，在制定风险控制策略时需要针对不同的风险感知维度，进行区别化的风险控制策略。

就风险的多样性而言，一般情况下，风险可以分为"硬"风险和"软"风险①。"硬"风险是一种实体性风险，具体到网络健康信息风险中，包括信息来源不清、质量参差不齐等方面的威胁和不确定性。而"软"风险则是一种弹性风险，往往由人和社会系统中的主观性因素造成，在网络健康信息的采纳过程中，人们在其中感受到的心理和隐私方面的威胁和危险属于"软"风险。硬风险更为明显，也更容易受到人们的关注和重视，而隐蔽的软风险也会使受众备感威胁。

用户在网络健康信息采纳过程中，对于风险感知和利益的博弈日趋常态化。用户在虚拟环境下，在使用网络健康信息支持健康决策之前，越来越多地关注心理上和个人隐私上产生的不确定性对健康决策的影响作用。因此，需要根据用户感受到的风险类别分别建立对应的风险控制与处理机制，从而降低用户在利用网络健康信息时的不确定性，促进国民健康的提升。

降低隐私风险，要求积极识别健康信息敏感性的内在隐私和中介作用以及相关的隐私问题，通过定制和个性化他们的网络健康信息服务来提高他们对访问者的信任程度②。首先，身体出现健康问题的用户可能对他们的隐私信息和医疗信息比较敏感，对隐私有更多的关注，需要更多的保证，他们的健康信息将得到保密和安全的处理。因此，健康网站可以个性化地提供个人健康状况的评估，例如，可以通过间接询问用户对他们感知的健康状况来实

---

① 周敏. 阐释·流动·想象：风险社会下的信息流动与传播管理[M]. 北京：北京大学出版社，2014：174.

② BANSAL G, GEFEN D. The impact of personal dispositions on information sensitivity，privacy concern and trust in disclosing health information online [J]. Decision support systems，2010，49（2）：138-150.

现。其次，如果可以通过简单调查或者使用数据挖掘，从用户的在线行为中推断出用户的个性，那么这些信息可以帮助评估访问者的信息敏感性和个性化网站，用以提供对抗信息敏感度和相关的隐私问题。此外，处理高度信息敏感性的另一种方式是依靠社会性特征，在上下文敏感的网站上增加社交互动的途经可以增强用户对该网站的信任。而降低信息敏感度的策略（如法律和情感支持保证）可以保护用户对个人除私信息的控制力，增加用户对披露个人信息的意愿。此外，政府应当明确任何互联网医疗企业必须严格保护用户隐私，严厉打击买卖泄露用户隐私信息的行为。

降低心理风险，要求积极识别用户在访问网络健康信息时可能存在的心理压力。选择网络健康信息会对用户的心情安宁或自我认知产生负面影响[1]，而恐惧回避、灾难性思维和情绪困扰都被认为是导致不良结果的因素。对于网络健康素养能力较差的个体来说，在网络上获取合适的、相关的、高质量的健康信息会导致了与压力相关的心理风险的出现，因此，在进行风险管控时，必须设计易于多数用户访问和使用的界面，允许用户访问易于使用的页面和全部信息，要求拥有用户评论，要求具备与医生进行沟通和互动的功能。其次，对于健康自我效能较强的个体而言，网络健康信息提供的健康建议可能会导致与自我认知不一致[2]，这也是一种风险，它将朋友或家人产生的社会风险结合起来，认为用户因为采纳了网络健康信息而做出了拙劣的选择[3]。因此，信息提供企业需要使用户了解他们在健康网站上获取健康建议的过程、程序，应该在健康网站上提供商品或服务信息等详细承诺，提供健康信息的担保资料（如信息出处、认证信息等），并提供免责声明。最后，健康信息网站需要进行第三方认证，通过权威第三方对其声誉和能力的认证，使得用户更加相信网站信息。

---

① KIM L H, KIM D J, LEONG J K. The effect of perceived risk on purchase intention in purchasing airline tickets online [J]. Journal of hospitality & leisure marketing, 2005, 13（2）: 33-53.

② FORSYTHE S M, SHI B. Consumer patronage and risk perceptions in Internet shopping [J]. Journal of business research, 2004, 56（11）: 867-875.

③ MITCHELL V W. A role for consumer risk perceptions in grocery retailing [J]. British food journal, 1998, 100（4）: 171-183.

在降低信息来源风险时，传统的网络健康信息风险管理更注重系统性风险的防护和管理，而在新的互联网环境下，对信息来源风险可以从可信性、专业性、清晰性和客观性等维度进行管理。研究已经证实了，网站设计（如布局清晰、有互动功能、平台具有权威性等）和内容特征（作者的权威度、易用性和可读性）对健康信息的来源可信性有正面影响，而广告有负面影响[①]。用户对信息来源风险的判断是在网站的设计特征和所发现的信息的内容特征上进行的。因此，在制定信息来源风险控制策略时，在加强健康信息质量建设之外，还要加强平台建设，制定合理的网络架构，注重网络体系的总体规划，满足用户的应用体验。此外，为了降低信息来源风险，用户从权威的政府来源或其他有经验的人那里寻求可靠的信息，作为应对和减轻风险的一种方式。网络健康信息缺乏同行评审或监管，用户在网络上可以获取各种类型的未经审查的信息来源，包括庸医和骗子。有人充满善意，根据个人经验提供健康信息，但也有庸医发布未经证实的治疗方案，给予用户虚假的希望和不准确的信息；最令人担忧的是骗子们散布欺诈信息。不受监管的网络健康信息，且准确性、时效性和倾向性各不相同，无法判定发布动机的信息在网络上大量传播，也导致了信息来源风险感知。

9.3　用户群体特征需要差异化的风险沟通机制

本书在调查影响网络健康信息的因素时发现，年龄、教育程度对网络健康信息风险感知具有比较明显的影响；健康认知能力、风险态度也显著影响了网络健康信息风险感知的强度。因此，在制定风险沟通机制时，要根据不同用户群体特征，采取差异化的风险沟通机制。

---

① SBAFFI L, ROWLEY J. Trust and credibility in web-based health information: a review and agenda for future research [J]. Journal of medical internet research, 2017, 19 (6): e218.

9.3.1 个体差异的影响

先前的研究已经调查了用户对于网络健康信息的风险感知。人口因素是最早被国外学者们关注的风险感知影响因素。研究表示，女性的风险感知水平较男性显著要高[①]，Lorence 和 Park 发现，在信息技术的使用方面，但男性更偏爱使用计算机服务，女性更偏爱使用网络健康信息，而旨在减少在获取网络资源差距的技术举措对消除性别差距的影响不大[②]。Hargittai和 Shafer 调查发现，尽管男性和女性的在线获取信息能力没有很大差异，但女性对网络技能的自我评估明显低于男性，这可能会严重影响她们在线获取信息行为的程度以及她们使用网络媒介的种类[③]。但本书并没有证明性别显著网络健康信息影响风险感知水平，以及性别与健康自我效能、网络健康素养和风险态度也没有相关性。Gelb 等人在分析国际上广泛认可的五个健康促进框架后发现，虽然性别有时候被认为是健康的决定因素，但从来没有被确定为国际健康促进框架的关键因素[④]。虽然性别的影响并不显著，但性别因素需要成为研究健康信息风险感知的重要决定因素，以促进健康卫生研究和时间，确保所有群体都能享受到互联网带来的潜在健康益处，使他们具有平等获取健康信息的机会。

年龄对网络健康信息风险感知的影响呈现两极化。在隐私风险水平上，年纪越小，其隐私风险水平越低。这是由于年轻人较少考虑后期的健康后果和风险，更关注使用效率，因此更有可能执行危险的健康行为，而年长者倾向于采取更多的保护性健康行为。用户对隐私和个人信息保护关注程度的不同造成了隐私风险感知水平的差异。而在信息来源风险上，年

---

① BYRNES J P, MILLER D C, SCHAFER W D. Gender differences in risk taking: a meta-analysis [J]. Psychological bulletin, 1999, 125(3): 367.

② LORENCE D, PARK H. Gender and online health information: a partitioned technology assessment [J]. Health information & libraries journal, 2007, 24(3): 204-209.

③ HARGITTAI E, SHAFER S. Differences in actual and perceived online skills: the role of gender [J]. Social science quarterly, 2006, 87(2): 432-448.

④ GELB K, PEDERSON A, GREAVES L. How have health promotion frameworks considered gender? [J]. Health promotion international, 2011, 27(4): 445-452.

纪越小，其对信息来源风险的感知水平越高。对信息来源进行分析的时候，要根据以往的经验、可用信息的显著性和来源可信度进行分析。然而对于青少年来说，他们既往的健康经验较少，难以从专业的健康卫生提供者那里获取医疗服务；虽然互联网上确实存在高质量的网络健康信息，但青少年往往没有足够的技巧来找到它。互联网用户对健康信息可信度的看法各不相同，有些人认为制药行业是权威的，有些则更倾向于独立的来源，如教育机构和政府部门，而青少年有时难以确定其专业知识和可信度，因此，更容易在获取网络健康信息时感受到信息来源的不确定性，信息来源风险也随之提升。此外，健康网站需要为老年用户提供更清晰的信息特征，使老年用户可以轻松识别信息的来源和作者身份；提供更简单和更清晰的布局，使老年用户易于操作并容易实现搜索。

教育程度与心理风险和信息来源风险部分相关，但与隐私风险呈现出显著负相关关系。隐私问题可能会影响人们使用互联网获取健康信息，研究发现，受教育程度较低的人，比受教育程度更多的人不相信互联网信息，并且担心互联网隐私，担心未经授权的人员获取他们的个人数据，因此隐私风险较高。教育程度较低的人由于阅读水平较低，获得新信息来源的渠道有限以及对自身健康问题的外部控制低，经济上处于劣势等特点，可能无法充分利用网络健康信息，而相比之下，教育程度较高的人会更加频繁地使用互联网获取信息，这些用户可以更好地区分有用信息和无用信息，更多地接受和保留信息，并具有更好的沟通技巧，因此，他们对于在网络上鉴别信息来源具有更多的经验，其信息来源风险水平相对较低。

在职业差异上，医务人员与一般用户在隐私风险和信息来源风险上呈现出部分弱差异性，但在心理风险显示出显著差异性。作为卫生保健专业人士，医务人员既具有专业知识，又具有相关经验。对知识的研究发现，渊博的知识会导致个人成为一个更加自信的人，更有效地处理可用的信息[①]。此外，高知识的消费者对产品或服务拥有丰富的属性信息的基础知

---

① COWLEY E, MITCHELL A A. The moderating effect of product knowledge on the learning and organization of product information [J]. Journal of consumer research, 2003, 30 (3): 443-454.

识，这使得他们可以利用这些知识做出决策，而无须依赖人际关系或其他信息源来做出判断[1]。因此，医务人员对使用网络健康信息更具有信心，而不会经历因为信息过载、信息不实等缺陷所带来的担忧和焦虑，心理风险水平较低；而他们专业的知识储备和丰富的医学经验也帮助他们判断信息质量做出决策，因此对信息来源风险的感知水平也较低。

9.3.2 健康认知能力的影响

感知信息质量与心理风险呈现强烈负相关关系。研究发现，提供合适的信息与心理焦虑之间呈现负相关关系，获取信息的满意度越高、信息需求的满足度越高、获取的信息质量越高越明确，心理焦虑值就越低[2]。对于大多数用户来说，对网络中的健康信息质量做出判断是一项艰巨的任务，因为对于网络通常没有质量控制机制，任何人都可以成为网络上的信息发布者，在向用户提供健康信息之前，没有人需要审阅和批准信息的内容，用户不得不自己判断网络信息的质量和权限。因此，用户感知到的网络健康信息的质量越低，由此产生的不确定性越强，从而产生焦虑、犹豫、紧张等情绪，造成心理风险水平的上升。虽然信息质量的高低直接与信息源的可信程度之间存在一定的关系，但研究发现，互联网用户在实际使用中，并没有积极运用信息质量的评价标准来获取信息[3]，也很少严格评估他们通过网络获取信息的质量[4]，来源归属差异对消费者对信息质量的评价没有显

---

① SELNES F, GRONHAUG K. Subjective and objective measures of product knowledge contrasted [J]. Advances in consumer research, 1986, 13 (1): 67–71.

② HUSSON O, MOLS F, VAN dE POLL-FRANSE L V. The relation between information provision and health-related quality of life, anxiety and depression among cancer survivors: a systematic review [J]. Annals of oncology, 2010, 22 (4): 761–772.

③ SCHOLZ-CRANE A. Evaluating the future: a preliminary study of the process of how undergraduate students evaluate web sources [J]. Reference services review, 1998, 26 (3/4): 53–60.

④ EYSENBACH G, KOHLER C. How do consumers search for and appraise health information on the world wide web? Qualitative study using focus groups, usability tests, and in-depth interviews [J]. Bmj, 2002, 324 (7337): 573–577.

著影响①。而我们的研究也证实了，感知信息质量微弱影响信息来源风险。

健康自我效能对网络健康信息风险感知各个维度的影响是相应稳定的，且有着较高的影响力。健康自我效能显著负向影响隐私风险，这印证了Akhter的研究，互联网自我效能对隐私问题产生负面影响②。尽管隐私问题普遍困扰着互联网用户，但研究表明，对网络技术不太了解的人群最关注的就是隐私问题，而自我效能较强的人对信息安全的关注较少③，随着健康自我效能的增加，人们对安全使用互联网的能力表现出更多的自信。他们会知道要提供哪些信息，以及如何提供这些信息，从而缓解隐私问题，降低隐私风险。因此，健康自我效能能够显著降低隐私风险水平。同时，使用互联网获取健康信息需要具备一定的知识和技能，研究表明，具有较高健康自我效能的人更有信心在互联网上实现不同的目标，并更关注于任务要求，而较少注意到表现焦虑和注意力分散④。相反，健康自我效能较低的人可能对使用互联网获取信息缺乏信心⑤，更容易被网络上消极的健康信息分散注意力，并且受到消极的认知偏差和自身能力的不确定性的影响⑥，导致在获取、评价网络健康信息时经历心理上的担忧和焦虑，心理风险程度被提升。此外，与Hocevar等人的研究结论相同，个人的健康自我效能

① BATES B R, ROMINA S, AHMED R, et al. The effect of source credibility on consumers' perceptions of the quality of health information on the internet [J]. Medical informatics and the internet in medicine, 2006, 31（1）: 45-52.

② AKHTER S H. Privacy concern and online transactions: the impact of internet self-efficacy and internet involvement [J]. Journal of consumer marketing, 2014, 31（2）: 118-125.

③ HAN P, MACLAURIN A. Do consumers really care about online privacy? [J]. Marketing management, 2002, 11（1）: 35-38.

④ BANDURA A. Self-efficacy: the exercise of control [M]. New York: W H Freeman/ Times Books/ Henry Holt & Co., 1997: 98.

⑤ VENKATESH V. Determinants of perceived ease of use: integrating control, intrinsic motivation, and emotion into the technology acceptance model [J]. Information systems research, 2000, 11（4）: 342-365.

⑥ BROWN S P, GANESAN S, Challagalla G. Self-efficacy as a moderator of information-seeking effectiveness [J]. Journal of applied psychology, 2001, 86（5）: 1043-1051.

可以显著影响其对信息来源可信度的风险感知①。用户的健康自我效能也会影响信息超载的各种替代方案的合理评估，在获得信息方面具有较高自我效能水平的客户可以有效地获得足够的产品规格，以便进行比较以达到在采购过程中至关重要的最佳决策②。由于对信息来源的先前经验和熟悉度的影响，健康自我效能较高的人可能更容易将网络健康信息感知为可信任的③，但由于网络健康信息是存在不准确或误导风险的，因此，健康自我效能较高的人很可能会低估信息来源风险，从而导致个人损失。

本书发现，网络健康素养显著影响网络健康信息的风险感知。健康素养在寻求健康信息的环境中发挥着至关重要的作用，健康素养较低的用户，可能会较少搜索健康信息，选择较差的信息来源，并不具备评估网络健康信息的能力，这些能力的缺失，会显著增加用户在使用网络健康信息时的心理不确定性，影响用户寻求、发现、理解和使用网络健康信息，增加用户的心理风险和信息来源风险。对于具有较低网络健康素养的用户来说，他们不相信来自优质信息源（如政府网站）的网络健康信息，或者会通过评价网站在搜索结果中的位置和图像质量来评价网络健康信息的质量④，而这些评价标准都是不正确的。网络健康素养所具有的评估不同来源健康信息的能力⑤，可以帮助用户更好地识别信息质量，从而获取高质量的网络健康信息，降低风险感知。

在互联网这个独特的环境中，网络阅读习惯与印刷的书面信息的习惯

① HOCEVAR K P, FLANAGIN A J, METZGER M J. Social media self-efficacy and information evaluation online [J]. Computers in human behavior, 2014, 39（C）: 254-262.

② PAVLOU P A, FYGENSON M. Understanding and predicting electronic commerce adoption: An extension of the theory of planned behavior [J]. MIS quarterly, 2006: 115-143.

③ GEFEN D. E-commerce: the role of familiarity and trust [J]. Omega, 2000, 28（6）: 725-737.

④ MACKERT M, KAHLOR L A, TYLER D, et al. Designing e-health interventions for low-health-literate culturally diverse parents: addressing the obesity epidemic [J]. Telemedicine and e-Health, 2009, 15（7）: 672-677.

⑤ SCHULZ P J, NAKAMOTO K. Health literacy and patient empowerment in health communication: the importance of separating conjoined twins [J]. Patient education and counseling, 2013, 90（1）: 4-11.

完全不同。网络用户倾向于在决定阅读全文之前首先对网页进行浏览，这种浏览行为被称为屏幕收集（screen and glean）[①]。用户通过这种行为对网页进行初始筛选，当用户发现网页提供的健康信息无用或难以理解时，他们会放弃继续阅读，研究发现，只有10%的网页访问时间超过两分钟，而52%的网页其访问时间少于10秒[②]。这种阅读习惯为网络健康信息的风险沟通机制提出了巨大的挑战。用户对于在线健康信息的读取量非常有限，"易于阅读"的健康资料有限，较低可读性会引起许多读者可能误解信息并导致不适当的医疗决定。因此，网络健康信息并不仅仅是将书本上的知识电子化，而是要根据网络阅读习惯进行优化，健康信息的语言与文字需要适合目标人群的文化水平与阅读能力；要将信息通俗化，把复杂的医学健康信息制作成简单、明确、通俗的信息，使目标人群容易理解与接受；要对信息进行风险评估，以确保信息发布后，不会与法律法规、社会规范、伦理道德、权威信息冲突，导致负面社会舆论，不会因信息表达不够科学准确或有歧义，引起社会混乱和用户恐慌或对用户造成健康伤害。

9.3.3　风险态度的影响

除了认知能力的可变性以及个体对特定风险结果的评估之外，人们有不同的总体风险态度，有些倾向于冒险，有些倾向于规避。这些风险态度会影响用户从事有风险的活动。本书发现，个人的风险态度比较显著地影响用户网络健康信息隐私风险和心理风险，而对信息来源风险的影响不显著。

Frik和Gaudeul的研究发现，风险厌恶与愿意承担隐私泄露风险之间

---

① LIU C, WHITE R W, DUMAIS S. Understanding web browsing behaviors through Weibull analysis of dwell time [C]. Proceedings of the 33rd international ACM SIGIR conference on research and development in information retrieval, ACM, Geneva, Switzerland, 2010: 379–386.

② WEINREICH H, OBENDORF H, HERDER E, et al. Not quite the average: an empirical study of web use [J]. Acm transactions on the Web, 2008, 2(1): 1–31.

存在一致的正向关系，对风险的规避趋势个人保护隐私信息的意图①。本书也证实了，积极承担风险的用户对于隐私风险的感知水平较低，愿意承担一定的泄露隐私风险，从而换取网络健康信息中的价值；规避风险的用户对隐私风险的感知程度较高，更注重保护个人隐私。用户在获取网络健康信息的时候，对隐私保护政策的选择总是受到个人总体风险态度的驱使。

本书也发现，用户对采纳网络健康信息的意图也会受到个人风险态度的负面影响。根据心理风险—收益模型可以看出，用户会权衡行动的风险感知和感知利益，用以做出最终决策。当个人风险态度倾向于风险偏好，将更重视新奇和兴奋，将更有可能比风险厌恶的人更着重衡量网络健康信息所带来的好处，从而更有可能参与网络健康信息利用，而忽略或低估网络健康信息因为容易被误解而造成困扰或焦虑的风险。对网络健康信息风险的态度也会影响个人对使用互联网的信心，更倾向风险偏好的用户会更有信心不受到朋友和家人对获取网络健康信息的负面担忧情绪的影响，因此心理风险水平较低。

9.4 采纳效率受到网络健康信息风险感知的负向影响

9.4.1 网络健康信息风险感知负向影响采纳意图

本书发现，网络健康信息风险感知并没有直接作用于采纳意图。多年来，网络健康信息经历了巨大的发展，特别是随着一大批移动健康APP、网络医疗平台的发展，在其注册声明中，都会强调保障用户的隐私、保证内容质量等详细说明，旨在提高健康信息使用水平、减少用户对风险的不确定性。这些声明信息使得网络用户将保护个人信息安全和保障信息质量视为是健康平台基本功能，因此尽管用户面对网络健康信息时可以感知到多维度的风险，但这些风险感知对其采纳网络健康信息意图很难产生直接

---

① FRIK A, GAUDEUL A. Privacy protection, risk attitudes, and the need for control: an experimental study [R]. Cognitive and experimental economics laboratory, department of economics, university of Trento, Italia, 2016: 1-16.

影响。网络健康信息风险感知是通过并行多重中介模型，间接地对采纳意图产生影响力。

在网络健康信息风险感知的三个维度中，信息来源风险采纳意图的影响强度最大，达到-15.275%。此外，隐私风险、心理风险和信息来源风险之间是相互作用的，感知信息来源也会对用户的心理和隐私产生一定的影响，因此，信息来源风险也有可能通过隐私风险和心理风险，进而负向影响网络健康信息采纳意图。信息来源风险可以从权威性和可信性两个维度上进行管理。权威性涉及信息来源是否能够进行真实或正确的判断。用户应该寻求来自专家的证据资料和建议，通常情况下，医生和医疗机构被认为是权威的；此外，医学院校的研究项目也比较科学。判断信息来源是否权威可参考：网站明确提供内容的作者或出处；提供参考文献，特别是临床研究；明确网站编辑审查流程，使用认证系统；提供反馈和交互的机会，允许用户通过电子邮件等方式联系信息提供者进行交流；与其他网站的链接等。可信性是指诚实地提供发布信息的动机；披露信息发布的任务、目的、流程和标准；披露网站赞助商的潜在利益冲突；披露收集用户信息的过程和最终目标；对一些夸张宣传的词语提供警告标志，如"包治百病""万能药"等；免责声明，如警告用户不要使用网站来取代传统的医疗保健等。

心理风险对采纳意图的间接影响强度次之，达到-6.758%。心理风险来自于精神或情感创伤或压力的痛苦。虽然通过网络获取健康信息具有保密性，通过保障在线身份的匿名性，以及从任何位置私下使用互联网等特点，使用户避免受到尴尬、羞辱或不平等的对待。但同时，用户也认为，相比于线下使用网络获取健康，线上获取健康信息会因为沟通形式的限制（网络沟通、文字沟通）等，造成心理上的不舒服，因此，对网络沟通交互形式的改善对于降低用户的心理风险，增强用户的采纳行为至关重要。此外，当网络健康信息不符合用户的期望（如，用户可能无法获得准确的全面的健康信息，或者获取的健康信息不能符合预期）时，也会使用户感受到心理风险。网络健康信息可能会夸大病情和后果，给人产生误导，从而使用户经历不必要的紧张。由于网络健康信息的质量不能得到保证，人们可能会将网络健康信息视为无效质量的信息，因此，他们可能会担心在日常生活中应用这些健康信息的潜在负面后果，这会导致用户经历不必要的焦虑感，以及朋友及家人反对采纳网络健康信息的态度会给用户带来不必要的担忧。在跨文化研究中发现，中国人对心理风险更为敏感，他们认为与医生亲自分享健康问题是解决健康问题的更好方法，而在网络上向非医护专业人士咨询健康问题可能得到的利益并不超过他们可能会感到的沮丧（心理风险）。因此，网络健康信息提供者须采取更多方便快捷的服务方式，优化健康网站的功能，用来降低用户的心理风险。

隐私风险对用户采纳网络健康信息的意图的影响强度为 -6.727%，说明隐私问题也是制约采纳行为的重要原因之一。健康信息的隐私性对用户具有重要的意义，美国一项民意调查显示，当人们感到隐私的丧失时，80%以上的用户表示如同"失去了对个人信息的全部控制权"[1]。健康信息包含个人关于身心健康、行为和关系的私密信息，未经授权披露健康信息可能会导致尴尬，羞辱和歧视。隐私风险对采纳意图较强的负向影响因素，反映了用户对在采纳网络健康信息的过程中可能发生的侵犯个人隐私信息情况的担忧。首先，互联网使得获取、操纵和传播大量信息变得高效；其次，技术的发展使得高度敏感的数据信息的系统性流动变得轻而易举，用户担心由于滥用这些信息可能造成的不良经济和社会后果。对信息隐私问题的研究，其问题实质是关于如何控制信息、保护信息交换的安全性以及要求信息收集者适当的行动。增强网络健康信息的隐私和安全性，将有利于增强用户的信任和信心，促进健康信息技术的迅速普及和实现。为此，隐私保护框架需要为从事网络健康信息的所有实体制定明确的网络健康信息访问、使用和披露规则，并包括适当的监督和问责制。而健康网站也须采取多种干预措施来缓解潜在的隐私风险，例如，程序公正性有助于建立社会契约，而社会存在和社会契约（即信任）则鼓励消费者的个人信息的社会回应和自我披露。

---

[1] GOSTIN L O. National health information privacy: regulations under the health insurance portability and accountability act [J]. The journal of the American medical association, 2001, 285 (23): 3015-3021.

9.4.2 感知利益的中介作用

信息交换的成本—收益理论认为，当消费者可以获得提供信息的特定收益时，他们并不介意泄露一部分的个人信息[①]。本书证实了感知利益在隐私风险、心理风险对采纳意图的间接影响中起到重要的中介作用。

根据沟通隐私管理理论（communicative privacy management，CPM），个人对隐私信息进行披露须遵循包括渗透性规则（披露的广度、深度和数量）、联动规则（如何判定与私人信息的相关性）和所有权规则（隐私信息的共同所有者必须做出独立判断的程度）[②]在内的判断规则。一些用户在获取网络健康信息时，可能会为了获取信息的速度和便利性而放弃一部分隐私（如使用个人社交媒体账户登录移动健康APP获取信息），如果他们认为消息披露所带来的经济或社会利益比隐私损失更重要，他们将会最终采纳信息。因此，预估用户对网络健康信息采纳的意图会受到他们对从网络健康信息中获得潜在利益的影响，当对隐私风险的感知程度较高时，用户是不愿意采纳网络健康信息的，但如果用户对此时隐私披露所带来的潜在利益具有更高感知的话，对拒绝采纳的意图将相应减弱，有些用户甚至会在获取网络健康信息的时候还可能会从事适应性应对行为，如提供虚假或不完整的个人信息，以在保证个人隐私的前提下，尽可能多地获取更多的网络健康信息用以使自身的健康状况获益。

感知利益也在心理风险对采纳意图的影响中起到重要作用。用户在使用网络健康信息改善个人健康行为时，试图努力达到期望收益与预期风险的平衡，因此，他们会通过各种手段来降低风险并增加收益，从而在战略上分享他们的信息。感知利益可以分为表达、社会控制、关系发展、社会

---

① MILNE G R, GORDON M E. Direct mail privacy-efficiency trade-offs within an implied social contract framework [J]. Journal of public policy & marketing, 1993, 12 (2): 206-215.

② PETRONIO S. Boundaries of privacy: dialectics of disclosure [M]. New York: State University of New York Press, 2012.

认同和自我澄清①。在获取网络健康信息的过程中，通过与病友、网上医生进行交流，验证自己的感受和意见，阐明自己的处境和感受，从而避免自己收到担忧、焦虑和外界压力等心理风险。而当用户对网络健康信息的心理风险水平较高时，他们就会越少地感知到网络健康信息带来的潜在收益，对其采纳意图也会进一步降低；当心理风险足够低时，用户受到潜在网络健康信息带来好处的强烈影响，会显著增强采纳意图。

9.4.3 信任的中介作用

信任在网络健康信息风险感知三个维度对采纳意图的影响中都发挥了显著的中介作用。

由于健康信息的有效性至关重要，因此用户会更加强调对信息的信任，然而，网络健康信息又充满了不确定性，用户的健康信息应该是私密的，因为这些信息反映了用户的社会行为、人机关系、财务状况和其他敏感信息，如果由于隐私风险而导致健康信息的泄露，可能会导致极其严重的后果。因此，只有用户信任提供网络健康信息的网站，并认为这些网站是可靠的，才可能采纳由这些网站提供的健康信息。

心理风险对信任也具有显著的影响。由于网络健康信息许多都具有误导性或欺骗性，用户对这些信息的信赖程度会不同，信任越多，用户愿意承担的风险程度就越高。信任在心理风险影响采纳意图的过程中发挥中介作用，说明信任因素可以降低用户的心理风险对采纳意图的不确定性，为用户采纳网络健康信息的行为提供更多可确定和可预测的信息。

信息来源风险更是仅通过信任的中介作用，对网络健康信息的采纳意图产生间接的影响。研究发现，许多网络健康信息的用户通过寻找专业组织或政府支持来确定网络健康信息服务提供商的来源准确性水平②。

---

① PETRONIO S. Boundaries of privacy：dialectics of disclosure [M]. New York：State University of New York Press，2012.

② SCHWARTZ K L, ROE T, NORTHRUP J, et al. Family medicine patients' use of the internet for health information：a MetroNet study [J]. Journal of the American Board of Family Medicine，2006，19（1）：39-45.

对信息来源的信任是一个多层面的结构，可以在不同的层次上进行探索。Flanagin 和 Metzger 发现，消息的可信度在不同的网站类型中有所不同。具体而言，新闻机构网站上的信息被认为比所有其他类型网站上的信息更可靠。电子商务网站上消息的可信度与感兴趣的特殊兴趣小组网站上的消息的可信度没有区别[①]。网络健康信息的来源比较复杂，经过多重转载、发表在多个平台上，都会导致信息来源的复杂性。Sundar 和 Nass 认为，信息来源包括可见来源、技术来源和接收者来源[②]，在互联网环境下，主要影响用户采纳健康信息的是可见来源，即"接收者看到传送信息或内容的来源"。基于此，Hu 和 Sundar 发现，不同来源的健康网站采购平台对用户的采纳行为意图具有不同的影响，其影响幅度级别为：网站≥公告板≥博客≥首页≥互联网[③]。用户更加信任由编辑人员控制的网站信息、有版主进行监控的公告版信息，而不信任缺乏编辑管理和主持人控制的博客和个人主页。因此，信任在降低信息来源风险对采纳意图的负向影响时发挥了巨大的作用，当用户信任他们获取的网络健康信息时，他们会更少关注于来源风险，而增加网络健康信息的采纳意图。

9.5 网络健康信息资源社会采纳效率提升实践建议

Eysenbach 认为网络健康信息质量管理依赖于：教育，旨在提高用户的网络健康信息素养，如编写用户指南、成立用户俱乐部等；鼓励，旨在促进健康信息提供者的自我管理，遵守道德规范，如披露作者身份信息、赞助者信息等；评估，通过委托可靠的协会和机构等第三方提供优质信息的评估框

① FLANAGIN A J, METZGER M J. The role of site features, user attributes, and information verification behaviors on the perceived credibility of web-based information [J]. New media & society,2007,9（2）:319-342.

② SUNDAR S S, NASS C. Conceptualizing sources in online news [J]. Journal of communication,2001,51（1）:52-72.

③ HU Y, SUNDAR S S. Effects of online health sources on credibility and behavioral intentions [J]. Communication research,2010,37（1）:105-132.

架和指定网页标签等；执法，制定法规，打击欺诈、误导和传播错误的网络健康信息①。在管理网络健康信息风险时，也要根据网络健康信息活动的参与主体，分别提出相应的风险管理对策。医疗健康行业与其他行业的不同在于，因为其涉及人的生命健康，因此须限定其参与主体资格。具体而言，网络健康信息涉及的主体包括政府机构、互联网企业（联结医生、患者、医疗机构、药品经营机构）、信息服务和评估机构（如图书馆等）、用户（包括患者和寻求健康信息的普通用户）。

从整个风险管理的角度来看，如果用户积极参与风险传播，对风险信息具有比较透彻的理解，且反馈信息比较一致的话，这是非常有利于进行风险管理的。所有参与风险信息传播的组织或团体必须自愿抛弃先前在传播问题上采取的鼓吹、辩护政策，转变为乐于与用户分享决策制定的过程；同时，所有的团体也必须从以前被动地接受信息转变为决策制定的积极参与者。不仅政府组织部门需要进行转向，健康信息网站开发企业、图书馆等信息服务机构和用户也同时需要进行转向。有效的、成功的风险管理必须可以有效传达信息，使利益相关者明白自己所处的风险，多主体之间能够就风险问题展开沟通和交流，形成共识，从而有效地管理风险。

9.5.1 政府层面：完善法律法规体系建设

随着"互联网＋医疗"和大数据的发展，网络健康信息的快速发展是大势所趋。但必须加强网络健康信息保障体系建设，制定完善健康网络健康信息发展的法律法规，以切实保护相关各方合法权益，避免法律风险。目前，中央、各部委出台的法律、法规、规章中针对网络健康信息有相应的特别规定，本书将相关法律、法规、规章进行整理，见附录四。

国家已陆续出台关于规范网络健康信息发展的相关政策，现有的医疗法律法规制度针对网络健康信息可能存在的潜在风险规定包括以下几个方面。

---

① EYSENBACH G. Towards ethical guidelines for e-health：JMIR theme issue on eHealth ethics [J]. Journal of medical internet research，2000，2（1）：e7.

第一，隐私风险。我国的《宪法》《民法通则》等相关法律并没有对网络健康信息及相关记录的保护提出明确的规定，隐私保护法相对缺失，因此，亟待建立监管我国人口健康信息隐私保护法。

国家卫生部于2009年制定了《互联网医疗保健信息服务管理办法》（以下简称《办法》），该《办法》规定："非医疗机构不得在互联网上储存和处理电子病历和健康档案信息。"然而，随着"互联网+医疗"的发展，为了适应互联网医疗的发展，国家卫计委根据当前的新形势和多元化的健康需求已于2016年废止该《办法》。因此，目前并没有一个国家层面的互联网医疗健康信息管理办法。互联网医疗所涉及的诊疗记录和病历资料存储与电子介质之中，可以轻易地被复制、披露和传播，患者因此会感受到隐私泄露和其他心理伤害的风险。目前，对患者的病例资料保护的法律法规包括《刑法》《侵权责任法》及卫生行政部门的规范性文件《医疗机构病历管理规定》《电子病历基本规范（试行）》等，但这些政策文件多以宣示性条款为主，不具备可操作性，面对迅速发展的网络健康信息服务，这些保护性法律法规很难落地执行。

除了医疗健康信息记录之外，健康医疗大数据的隐私保护问题也是网络健康信息风险感知的重要组成部分。作为健康医疗大数据的收集者与使用者，互联网医疗机构应当保证所收集的信息的真实准确，同时还应当根据现行的信息安全等级保护要求履行一定的安全保护义务，不得泄露患者医疗数据信息①。这要求健康医疗大数据必须合法收集，严格执行信息安全和医疗数据保密制度，在使用时注意脱敏清洗和标准化处理，不得侵犯患者隐私和商业秘密。但，我们并没有颁布禁止向境外输出健康医疗大数据及个人信息数据的法律规定。而在规章层面，国家卫计委颁布的《人口健康信息管理办法（试行）》明确禁止将人口健康信息存储在境外服务器上，但这一管理办法并不适用于移动健康APP采集的一般个人健康信息和脱敏处理后的人口健康信息。面对丰富的健康医疗大数据形式，更具针对性和执行性的法律法规和管理办法需要尽快推出。

---

① 国务院办公厅. 国务院办公厅关于促进和规范健康医疗大数据应用发展的指导意见 [EB/OL]. [2018-04-12]. http://www.gov.cn/zhengce/content/2016-06/24/content_5085091.htm.

第二，心理风险。网络健康信息在深刻改变传统诊疗模式的同时，也挑战现有的医疗法律法规制度。《执业医师法》第二十三条规定："医师实施医疗、预防、保健措施，签署有关医学证明文件，必须亲自诊查、调查。"但在进行互联网医疗过程中，医师应履行亲自诊查的义务，但又不得不凭借患者的自述等"传闻信息"而实施医疗措施，这种执业行为应如何界定，当互联网医疗出现服务过失时，标准应如何认定，医疗损害的责任应如何划分等，都是困扰网络健康信息服务发展的实务性问题。

此外，国家工商总局就2015年修订的《医疗广告管理办法》第十五条规定，"禁止利用新闻报道形式、医疗资讯服务类专题节（栏）目或以介绍健康、养生知识等形式发布或变相发布医疗广告"，还要求"医疗机构发布医疗广告，应当在发布前申请医疗广告审查"。但目前互联网上依然存在大量的没有经过申请并获得审批的医疗广告。医患双方的信息不对称现象非常严重，而大量医疗广告又存在夸大治疗效果或进行虚假宣传的情况，这使得本身就缺乏医疗专业知识，很难评估辨别医生和医院的患者们，很容易在"病急乱求医"的心态干扰之下，轻信这些虚假夸大的治疗效果，给自身的财产安全和个体健康带来损失。因此，医疗机构的广告宣传必须制定严格的管理标准。但目前的《医疗广告管理办法》对于虚假广告和过度宣传的处罚力度不足，导致违法发布医疗广告的企业或个人的违法成本过低，很难收到理想的监管效果。我国对网络医疗广告还需要密切监管，加大管理和处罚力度，切实保障患者的知情权。

第三，信息来源风险。2017年，国家卫生计生委发布的《互联网诊疗管理办法（试行）（征求意见稿）》第四条规定，允许开展的互联网诊疗活动仅限于医疗机构间的远程医疗服务和基层医疗机构提供的慢性病签约服务。不得开展其他形式的互联网诊疗活动。而此前，国家卫生计生委《关于推进医疗机构远程医疗服务的意见》规定，非医疗机构不得开展远程医疗服务。也就是说，医生作为个体单位被禁止开展远程医疗服务。因此，医务人员利用互联网提供信息咨询时，要厘清医生在医疗机构的职务行为和医生作为个体单位进行诊疗咨询服务的界限，因为这不仅涉及医疗服务合规性问题，也涉及发生医疗纠纷后的责任承担问题。

此外，2018年1月，《基本医疗卫生与健康促进法（草案）》向社会公开征求意见。草案第二十八条指出，国家应建立健康教育制度，提高国民的健康素养水平，"鼓励和支持各类媒体发布传播健康知识。媒体发布健康信息应当科学、准确"。这是我国首次通过立法，在全面保障人民健康，大幅提高健康水平，显著改善健康公平等方面做出法律规范和制度设计。在传统的网络健康信息监管体系中，主要强调事前监管，如已废止的卫生部第66号《互联网医疗保健信息服务管理办法》试图从控制信息源的角度出发，规范互联网操作与运行中涉及医疗保健信息服务的相关内容[1]，要求申请提供互联网医疗保健信息服务的机构需要向有关部门提出申请，核发《互联网医疗保健信息服务审核同意书》后方可以提供互联网医疗保健信息服务。但随着互联网医疗的快速发展，这种监管已不能满足需求，因此，应逐步过渡为过程监管，提高违规成本。

国家食品药品监督管理总局2013年发布的《关于加强互联网药品销售管理的通知》中规定，药品零售连锁企业通过药品交易网站只能销售非处方药，一律不得在网站交易相关页面展示和销售处方药。但在互联网上，许多售药APP、医药O2O平台上存在处方药违规零售的现象，还有一些人通过微信、QQ、微博等进行兜售。网上信息多、平台多、药品种类多等，使得食药监部门对处方药的监管更加困难。

需要构建基于互联网和新媒体的传播模式，借助网络传播优势，开展健康信息服务工作。一方面，国家有关部门要积极组织，搭建具有权威性的健康信息服务平台，鼓励医疗专业人员投身到公众的健康知识科普活动中，提高群众的科学素养[2]。这些健康服务平台要遵循医疗健康知识科普的一般规律，明确规划和管理各类网络健康信息的传播，对信息来源、出处、作者身份、审核者身份等内容要在平台的显著位置标明，及时更新、修订信息日期，增加科学依据等；同时，加强各类健康信息平台的沟通合

---

[1] 张敬婕.决定传播效果的是传播内容本身——从《互联网医疗保健信息服务管理办法》谈起[C]// 性与性别研究（第4辑）——年度性与性别事件评点（2008—2010）.北京林业大学性与性别研究所,2011: 3.

[2] 国家卫生计生委办公厅. 关于加强健康教育信息服务管理的通知[EB/OL].[2018-04-12]. http://www.nhfpc.gov.cn/xcs/s3581/201708/bee077f7a7314d0d990363ab60d45394.shtml.

作及对相关人员的培训和指导，并通过其他媒体积极推广其可靠的网络健康信息资源，如通过其他媒体（如广播、电视等传统媒体以覆盖老年人用户，通过网络推广覆盖年轻的学生群体）或在其他门户网站上推广标签等方式，健康教育信息服务媒体联盟，形成合力和传播声势，达到健康教育信息传播效果最大化。

此外，目前对网络健康信息的监管还存在许多问题，远程医疗会诊咨询、视频医学教育等互联网信息服务，微信、微博等自媒体提供的网络健康信息服务，移动医疗应用程序中存在的植入性广告、虚假医疗和药品广告问题，以及移动医疗应用程序的功能、内容、执业主体及全责、安全与隐私等均缺乏相应的监管。需要理清政府职责，通过政府的监督和引导，形成监管者与被监管者共同参与的创新治理模式。

9.5.2　互联网企业层面：加强内容建设和技术研发

提供网络健康信息和医疗服务的互联网企业，在经历2014年资本推动下的行业大爆发，2015年政策、技术、资本与市场多方驱动带来的野蛮生长和烧钱大战后，到2016年下半年，由于深陷盈利困境，单纯地"连接医生与患者"难以解决医疗行业痛点等问题，整个行业进入寒冬，众多互联网医疗企业陷入裁员甚至倒闭风波。易观智库发布的《中国移动问诊白皮书2018》调查发现，2017年，移动医疗领域有超过1000家公司被注销，企业总数由两年前鼎盛时的5000家暴跌至50家[①]。对于互联网企业而言，在寻求成功的商业模式，实现盈利的同时，也需要实现企业自律、社会共治，构建行业自净自律的体系格局。一直以来，网络健康信息服务的宗旨在于通过医疗服务流程再造，提高服务效率和质量，并推出在线挂号问诊、远程医疗、健康管理、移动支付等功能。而如今，在人工智能场景下，通过图像识别、深度学习、神经网络等前沿技术的应用，网络健康信息服务正逐步向智能诊疗的方向过渡。微医、平安好医生、阿里健康、腾讯等企业

---

① 易观. 中国移动问诊白皮书2018 [EB/OL]. [2018-04-12]. https://www.analysys.cn/analysis/trade/detail/1001147/.

纷纷加入了智慧医疗、智能医疗的行业，打造医疗AI产业链和服务链。但过去多年来困扰互联网医疗的诸多难题——数据规范和标准缺失、尚无成熟的变现模式以及监管挑战等，参与智慧医疗的互联网公司同样需要直面并破解。互联网企业在开发产品时，要把握用户的真正需求，设计准确的定位产品，切实帮助用户解决健康和医疗问题。一些针对健康行为的研究发现，基于互联网的认知行为疗法和健康干预手段对慢性病患者的心理和生理结果有显著的影响[1]，如对老年糖尿病患者的情绪困扰、心情抑郁、生活质量、社会支持和自我效能都有显著的改善，但对血糖控制并没有有益的影响[2]。可以看出，网络健康信息针对某些健康行为变化和决策支持的干预有很可靠的影响，但对相关或更远端结局的影响则较少。因此，网络健康信息服务企业要抓住这一特点，利用互联网，特别是移动互联网平台进行慢病和健康管理，以其覆盖率以及检测技术的进步，为传统的慢性病管理工作创造更多便利，使得常见慢性病将会可防、可控、可治；生物科技、应用大数据分析、中西医结合，将是预防和治疗慢性病的方向。2016年12月，陕西省卫计委启动了全省预约挂号及支付平台项目建设，方便医生对其长期对接的慢性病和复诊患者进行更高效的管理。

互联网企业须意识到，优质的健康网页要以内容质量及健康传播效果为导向，确保网络健康信息内容的权威性与专业性，如腾讯开发"企鹅医典"，与Healthwise等美国权威医疗健康信息平台签署了独家的战略协议，把海外优质版权内容引入国内，同时与《健康时报》达成战略合作，结合中国临床经验将互联网医学科普内容本土化，更贴近国情。同时，高质量的健康网站或健康服务应用程序不仅要易于使用，还要关注用户的文化差异和群体差

---

① BEUGEN S V, FERWERDA M, HOEVE D, et al. Internet-based cognitive behavioral therapy for patients with chronic somatic conditions: a meta-analytic review [J]. Journal of medical Internet research, 2014, 16(3): e88.

② BOND G E, BURR R L, WOLF F M, et al. The effects of a web-based intervention on psychosocial well-being among adults aged 60 and older with diabetes [J]. The diabetes educator, 2010, 36(3): 446-456.

异①。精准医疗时代，传统的粗放型的信息分发方式已经无法满足用户对内容精准化和场景化的需求，要更加强调用户个体的个性化，通过精准的分发方式触达最终用户，为更多的用户提供融入生活的精准健康科普。

随着以患者为中心的"价值医疗"模式的发展，用户通过互联网获取健康信息，健康信息的知情情况越来越多。用户希望用户决策的健康信息是基于事实并被验证是正确的。此外，如果医生的诊断或建议与用户从网络上获取的结果不同，患者也可能会因此对医生产生不信任。因此，互联网企业在提供网络健康信息及健康服务时，如果能帮助患者获取所患疾病的基本资料，就能在沟通的过程中能更好地理解医生传达的信息，减少沟通中的误会和矛盾，缓解当下紧张的医患关系。春雨医生发布的《2017年互联网医疗价值报告》指出，通过网络健康平台，越来越多的用户与医生建立了紧密的信任关系，特别是在儿科、皮肤科和产科等科室，用户对平台和医生的信任度、用户自身的依从性都非常高，通过线上服务的持续使用和反馈，这些科室和病种的用户，已经养成了在线的健康管理习惯②。互联网企业提供高质量的网络健康信息会显著地改善医患关系，积极推动医患关系由被动到合作的转变。

9.5.3 信息服务机构层面：加强用户网络健康素养教育

以往的多项研究发现，图书馆的许多参考咨询问题与健康有关③④。

---

① NASSER S, MULLAN J, BAJOREK B. Assessing the quality, suitability and readability of internet-based health information about warfarin for patients [J]. The Australasian medical journal,2012,5(3):194.

② 春雨医生. 2017年互联网医疗价值报告 [EB/OL]. [2018-04-12]. http://www.199it. com/archives/691832.html.

③ BORMAN C B, MCKENZIE P J. Trying to help without getting in their faces:public library staff descriptions of providing consumer health information [J]. Reference & user services quarterly,2005,45(2):133-146.

④ WOOD F B, LYON B, SCHELL M B, et al. Public library consumer health information pilot project:results of a National Library of Medicine evaluation [J]. Bulletin of the medical library association,2000,88(4):314.

在互联网环境下，用户获取健康信息的需求持续增加，而公共图书馆作为面向用户的信息服务机构，有必要在用户获取高质量的网络健康信息服务中提供帮助。健康咨询具有敏感性和隐私性，因此图书馆在开展健康信息咨询时可能会面临沟通的困难，需要更多的时间来解释用户对问题的描述，确定其真实性和完整性。此外，对于一般的图书馆员来说，由于缺乏专业的健康医疗信息培训，他们往往不确定如何回答健康咨询，害怕提供错误信息或主观意见[①]。因此，对于图书馆来说，开设健康信息中心，或者集中于提供健康信息服务，都会为其管理、人员培训、资金筹集等方面带来障碍。因此，公共图书馆想要提供健康咨询服务，主要立足点应该聚集在提升读者的网络健康信息素养，开展读者健康信息专业培训方面。

如前所述，网络健康信息由于种种原因，可能存在不完善或不准确的现象。如果没有高质量的健康信息，用户就无法根据其健康状况做出适当和明智的医疗决策。一些研究已经证实，通过图书馆提供网络健康信息是有价值的，并且会影响医疗决策[②]。为了更好地满足用户对网络健康信息的需求，图书馆应该提供透明的信息路径，为读者提供如何改进搜索技能和在线沟通技巧，从而提高读者的网络健康素养和自我效能，使其在使用互联网满足自我健康信息需求方面变得更有信心和能力，进而帮助他们在互联网上寻求到适合年龄的、值得信赖的健康信息。

图书馆提供的网络健康信息素养提升服务可以为读者带来以下几个方面的提升：

（1）能力，包括：关于自身健康的知识，如了解身体的基本功能和结构，了解自己当前的健康状况，并且能够意识到健康风险因素，以及如何避免这些风险因素或减少它们对自身健康的影响；与信息交互的能力，如能够阅读、书写和记忆，能够理解特定情境的语言，能够批判性地评估信息，能够清晰描述自己的信息需求；技术接触的能力，如比较自如地使用计算机和其他数字媒体处理信息。

---

① LUO L, PARK V T. Preparing public librarians for consumer health information service: a nationwide study [J]. Library & information science research, 2013, 35 (4): 310-317.

② DWYER D S, LIU H. The impact of consumer health information on the demand for health services [J]. The quarterly review of economics and finance, 2013, 53 (1): 1-11.

（2）访问技术，包括：有效的技术支持，可以在用户需要时提供其所需的技术，如计算机和其他数字媒体；获得适合个人需求的技术，如有权访问适合用户特定需求和偏好的技术，能够适应身体和精神残疾人使用的设备和界面。

（3）使用技术的经验，包括：使用技术时感觉有益，指用户感觉参与使用技术将有助于他们比其他方式更有效地管理自己的健康；控制和使用技术时感觉安全，指用户存储在系统中的个人数据是安全的并只能由相关人员进行访问。

图书馆员给用户留下的首选印象是使用印刷型资料提供信息服务①，但在互联网环境下，越来越多的用户通过他们的上网设备，包括移动终端来访问图书馆网站，因此，图书馆需要根据发展，创建或修改用于传播网络健康信息的图书馆网站，以适应读者的需求。

图书馆具有公益性质，因此，在提供服务时需要对读者的文化水平进行评估，并假定为读者是读写水平较低，并刚开始使用网络信息服务的群体。当人们面临新的诊断时，常常会感到压力和焦虑，从而会降低他们理解信息的能力，图书馆使用安全的信息服务图像，将有助于将用户放到一个更安全的环境中，从而理解信息需求并获取信息。有些图书馆采取在参考咨询的电脑终端上添加收藏夹等方式，为读者推荐具有较好信息质量和较强可读性的健康网站②，从而确保读者使用到易于访问、易于理解的网站进行读者教育和自我健康管理。

面对大量用户希望通过互联网获取健康信息的需求，图书馆需要分层次开展技术培训，根据不同群体的特点提供服务，确保网络健康信息的可获取性。例如，针对低收入的老年人，网络信息获取能力很低的人群，公共图书馆就要提供使用电脑或其他设备访问互联网的培训服务；对于已经具备基本搜索网络健康信息技术的人员，公共图书馆需要为他们执行更复

---

① WOOD F B, LYON B, SCHELL M B, et al. Public library consumer health information pilot project: results of a national library of medicine evaluation [J]. Bulletin of the medical library association, 2000, 88（4）: 314.

② LUO L. Consumer health reference interview: ideas for public librarians [J]. Public library quarterly, 2015, 34（4）: 328-353.

杂的任务（如使用安全密码、保护隐私信息等）提供培训。通过分层技术培训的方式，提高读者使用网络获取健康信息的水平，推动技术和健康管理的发展。此外，通过与医疗机构及医疗专业人士合作，公共图书馆还可以为社会、读者提供更丰富的健康信息服务。例如，公共图书馆与医疗系统合作（如临床医生或健康教育工作者），征求他们对读者所需的健康信息资源的看法和建议，包括对特定疾病的科普知识、图书馆提供的信息是否对读者来说过于复杂、使用多媒体形式是否比单一文字描述更为有效等，从而优化公共图书馆的健康信息服务内容。

9.5.4　用户层面：树立个人健康信息风险管理意识

网络健康信息目前并未形成一个整合归纳的专业平台。从其发展历程来看，不同类型的网络健康信息平台都或多或少都存在着问题，获利时间长、资源难整合等种种原因让其发展颇为不顺。网络健康信息用户须采取多种措施，强化风险意识，建立个人健康信息风险管理体系。互联网以较低的成本、较快的响应时间和不受限制的地点等优势，成为用户获取健康信息和自我健康管理支持的重要工具。研究已证实，旨在改善生活方式（如饮食、体育锻炼等）的互联网干预措施对健康改善具有良好的效果[1]。而随着移动互联网、大数据、人工智能等技术与网络健康信息的结合，网络健康信息呈现出多种业态、多平台、多信息源的特点。因此，用户在获取和采纳网络健康信息时，需要根据不同平台采取不同的风险策略。

尽管搜索引擎方便且能提供更多健康网页选择的特性使得用户更习惯于使用它，但用户在使用过程中依然要注意分辨信息质量，尽量选择权威机构发布的信息（如通过域名判断网站属性）。此外，搜索引擎可能会收集和分发用户的搜索记录，用来发布定向精准的广告信息，因此，要养成及时清理涉及个人敏感信息和医疗信息的搜索记录的习惯。同时，通

---

① ELBERT N J, OS-MEDENDORP H V, RENSELAAR W V, et al. Effectiveness and cost-effectiveness of ehealth interventions in somatic diseases: a systematic review of systematic reviews and meta-analyses [J]. Journal of medical internet research, 2014, 16 (4): e110.

用搜索引擎存在以排名决定搜索结果，用户倾向于将注意力限制在首页结果，而使用具有影响力的医疗健康垂直搜索引擎能够更好地提高搜索查询的精度，结果会自动分析和增强，检索结果权威可靠，实现搜索医疗结果和在线挂号的一站式服务，让用户在最短时间内获取有价值的健康医疗信息。部分健康垂直搜索引擎还会对检索结果进行评价和认证（如 HON 和 MedlinePlus 等网站提供的搜索引擎仅返回经过质量审查的网站[①]，360 推出的良医搜索提供网友对搜索结果网站的评价汇总），从而极大地保障了用户获取的网络健康信息的质量。

在以集合资源为主的社交类平台，因为缺乏相应的审查机制，专业化程度不高，用户须分辨医疗内容和广告信息。随着数字健康鸿沟的缩小和社交媒体的"老龄化"持续下去，移动设备的所有权将有可能改变老年慢性病患者的医疗保健。此外，社交媒体上分享健康信息存在的隐私风险更具有威胁性，因此，对于社交媒体的信息需要考察其发布者资质，注重信息质量的同时，注意保护个人隐私信息。本书已经证实，网络健康素养对于降低用户对网络健康信息的风险感知具有显著的影响，网络健康素养对于用户识别和分别网络健康信息的来源非常重要，具有较强网络健康信息素养的用户通常更愿意参与临床决策和正式的疾病自我管理计划。对于用户来说，网络健康素养包括四个关键主题：①处理技术问题，能够解决使用网络资源的技术问题；②信息数量庞大，大量的复杂的网络健康信息的存在妨碍了用户的可用性；③信息寻求动机，由个人的信念影响个人进行健康管理或获取健康决策建议；④具体的专业意见，用户上网寻求健康信息更多的是作为医疗专业人士的专业医疗建议的补充，而非完全的取代专业医疗建议[②]。因此，用户使用网络获取健康信息时，须理解分辨信息来源及是否具备经认证的发布健康信息的资质，从而积极筛选合适的网络健康信息服务平台。

---

① KITCHENS B, HARLE C A, LI S. Quality of health-related online search results [J]. Decision support systems, 2014, 57: 454-462.

② PARSONS L B, ADAMS J. The accessibility and usability of an Australian web-based self-management programme for people with lower health literacy and joint pain in the UK: a qualitative interview study [J]. Musculoskeletal care, 2018, 16（4）: 500-504.

　　同时，本书也发现，高自我效能的用户对网络健康信息的风险感知程度较低。高自我效能的用户可能认为自己更擅长在线查找健康和医疗信息，更积极地使用交互式的健康传播方式干预其自身的健康管理。高自我效能的用户通常对自己使用互联网来查找资源和回答关于他们的健康的问题的能力非常有信心，但是，他们对区分低质量和高质量的在线健康信息的能力缺乏信心，研究也已证实，他们过于信任由健康网站提供的信息，并高估了所呈现信息的可信度和准确性[①]。用户在获取网络健康信息时会存在各种挑战，包括信息过载，信息不相关，信息质量参差等。用户须意识到在参与健康决策过程并吸收所有可用信息是一个困难的过程，一个人对不确定性的潜在敏感性可能无法完全由健康自我效能提供。因此，用户使用网络获取健康信息时，除了网络信息之外，尽量从多个渠道对信息进行证伪，如咨询多位医生、查找相关科普文章或医学文献、听取病友经验等，从而验证信息真伪，减少错误的健康信息对个体健康的影响。

---

　　① 　SECKIN G, YEATTS D, HUGHES S, et al. Being an informed consumer of health information and assessment of electronic health literacy in a national sample of internet users: validity and reliability of the e-HLS instrument [J]. Journal of medical internet research, 2016, 18（7）: e161.

10　结论与展望

随着互联网健康信息的增多和用户越来越强烈地获取健康信息、参与健康决策的意图不断增强，我国用户对于网络健康信息的风险感知及其对用户采纳信息行为的影响受到更多的关注。本书以网络健康信息为研究对象，在用户信息行为理论的基础上，以风险感知理论为关注点，借助行为科学的研究方法，综合采取了质性研究和问卷调查等多种研究方法，对网络健康信息风险感知进行了系统而深入的研究，揭示了网络健康信息风险感知的多维度结构、影响因素，构建出网络健康信息风险感知影响模型。

10.1　讨论与结论

本书综合运用了理论分析与实证分析的方法，通过理论分析提出研究假设模型，以用户对网络健康信息的风险感知为研究对象，通过深度访谈和问卷调查等实证研究方法对假设进行了检验，进而对网络健康信息风险感知的维度结构、测量量表，网络健康信息风险感知影响模型进行了系统研究。对上述问题进行研究后，得出的主要结论如下：

10.1.1　构建网络健康信息风险感知多维度结构

本书首先基于扎根理论，对访谈内容进行了初始编码、聚焦编码、轴心编码，运用理论对照分析进行了理论编码，初步构建网络健康信息风险感知的多维度结构，包括6个风险维度。而后，通过调查问卷的形式，将这些风险维度进行项目分析。通过对505份有效样本数据进行探索性因子分析之后，将网络健康信息风险感知因素集中反映在心理风险、隐私风险、信息来源风险三个维度，这三个分维度共解释了68.187%的方差变异量。而后，通过对测量量表进行信度和效度（包括内容效度和结构效度）的分析，证实了该风险感知测量量表的信度和效度达到统计学的显著性要求。由此，确立了由3个维度（心理风险、隐私风险、信息来源风险），14个题项共同组成的网络健康信息风险感知量表，可以较为全面地反映我国用户对网络健康信息风险感知的整体感知。最终形成的网络健康信息风险感知测量量表，见表10-1。

表10-1　网络健康信息风险感知测量量表

风险维度	测量序号	测量题项
隐私风险	PrR1	我担心我的健康信息检索记录可能会被未经授权的人员访问
	PrR2	我担心我的个人信息可能在我不知情的情况下被使用
	PrR3	我对于透露个人疾病信息感到不安全
	PrR4	我对于透露个人身份信息感到不安全
	PrR5	我担心使用网络健康信息会使我失去对隐私数据的控制
心理风险	PsR1	获取网络健康信息会让我感到心理上不舒服
	PsR2	获取网络健康信息会带给我不必要的焦虑感
	PsR3	网络健康信息会夸大病情和后果，使我经历不必要的紧张
	PsR4	我的朋友和家人对获取网络健康信息的态度会让我感到担忧
信息来源风险	PISR1	网络健康信息的发布机构缺乏权威性
	PISR2	网络健康信息的发布动机不明确
	PISR3	网络健康信息与医生提供的信息存在矛盾
	PISR4	网络健康信息缺乏明确的信息来源
	PISR5	我担心网络上医生在回答健康问题的时候不负责任，缺乏信誉

10.1.2　探索影响网络健康信息风险感知的因素

首先，通过文献梳理，识别出影响网络健康信息风险感知的潜在因素，包括个体差异、感知信息质量、网络健康素养、健康自我效能、风险态度。而后，通过656份有效样本数据，利用多元线性回归分析，确认了这些因素对网络健康信息风险感知各个分维度变量的影响。

本书发现，人口统计学变量对网络健康信息风险感知各维度变量具有合理的解释力。其中，性别并没有对网络健康信息影响风险感知水平产生显著影响，以及性别与健康自我效能、网络健康素养和风险态度也没有相关性。年龄对网络健康信息风险感知的影响呈现两极化。在隐私风险水平上，年龄越小，其隐私风险水平越低；而在信息来源风险上，年龄越小，其信息来源风险感知水平越高。教育程度与心理风险不相关，但与隐私风险和信息来源风险都呈现出显著负相关关系。在职业差异上，医务人员与一般用户在隐私风险上并没有呈现出显著差异，但医务人员对心理风险和信息来源风险的感知水平较低。

其次，健康认知能力对网络健康信息风险感知各维度具有显著的影响结果。感知信息质量与心理风险呈现强烈负相关关系，微弱影响信息来源风险，但并不影响隐私风险。健康自我效能对网络健康信息风险感知各个维度的影响是相应稳定的，且有着较高的负向影响力。网络健康素养与网络健康信息风险感知三个维度都存在显著的负相关作用。此外，在调节效应分析中，健康自我效能和网络健康素养对感知健康信息与网络健康信息风险感知各个维度之间的调节效应也非常显著。

最后，个人的风险态度比较显著地影响用户网络健康信息隐私风险和心理风险，而对信息来源风险的影响不显著。

10.1.3　构建网络健康信息风险感知影响模型

本书通过理论推演，构建网络健康信息风险感知影响模型，并通过实证验证了该模型。结构方程模型分析结果表明，网络健康信息风险感知中，隐私风险和心理风险通过感知利益、信任的多中介作用，间接地影响用户对网络健康信息的采纳意图；信息来源风险直接影响采纳意图的同时，也通过信任的中介作用间接地对用户的采纳意图产生影响。

10.2 研究局限及展望

在对用户的网络健康信息行为研究中，对风险感知的研究还相对较少涉及。本书作为一种探索性研究，尽管研究结论可以进一步完善我国网络健康信息管理的现状，对政府、互联网企业、信息服务机构和用户都分别制定了科学有效的网络健康信息资源采纳效率提升实践建议，但还存在一些有待进一步研究和完善的地方，具体表现在以下三个方面。

10.2.1 样本限制

本书主要采取的是横截面研究，但风险感知是一个发展中的心理学概念，会随着个体的认知能力、社会环境的变化而发生变化，因此，本书可能会限制各个变量彼此之间的因果关系。在未来的研究中，须考虑进行对比追踪研究，通过采纳行为和采纳后行为的对比研究，观察个体随着时间的推移、个人健康认知能力的提升和社会环境的变化，对网络健康信息风险感知的动态变化过程。

此外，调查问卷的方法可能会导致参与者提交符合社会期待的答复。例如，无法向调查问卷参与者详细解释和说明网络健康信息的内涵，可能导致参与者在提交问题时，在范围上有所限制。后续研究中，应尽可能地为参与者提供所讨论的网络健康信息的类型，以便减少个人认知和个人经验对用户评估网络健康信息风险感知可能带来的偏差。

另外，对于特定人群对网络健康信息风险感知的研究也须加强。本书由于发放途径的限制，老龄样本（60岁以上）只占到总样本的8.7%。在老龄化社会日益加剧的今天，老年人日益频繁地访问互联网，并具有更加积极的健康改善行为。探索老龄人口对网络健康信息的使用和风险感知态度将是未来非常重要的研究问题之一。

10.2.2　网络健康信息风险感知多维度结构限制

本书采取抽样调查的方法，经统计分析得出网络健康信息风险感知的三个分维度，分别是隐私风险、心理风险和信息来源风险。但是，抽样调查可能存在的样本差异。在第4章的扎根理论研究中，一共从访谈材料中提取了6个维度的网络健康信息风险感知，而其他3个维度的变量并没有纳入研究范围。但在不同地区、不同人群，其对网络健康信息风险感知的多维度结构是否具有一致性？面对不同表现形式的网络健康信息，用户对其的风险感知多维度结构又是否存在差异？这些问题都有待进一步检验和深入研究。

10.2.3　网络健康信息风险感知影响因素限制

本书讨论了个体差异、健康认知能力和风险态度对网络健康信息风险感知的影响，构建了网络健康信息风险感知对用户网络健康信息采纳意图的多中介影响模型。但囿于研究资料的限制和理论检阅的考虑，研究的变量数量较少，无法穷尽所有网络健康信息采纳意图的影响因素，所构建的网络健康信息风险感知影响模型的解释力较低。未来的研究，须考虑增加其他一些新的变量的研究，以丰富模型的描述和解释力，提供对网络健康信息采纳意图和行为的洞察力。

附　　录

附录一　网络健康信息风险感知访谈提纲

一、访谈开场白

尊敬的先生/女士，您好！

此次访谈，想了解您对采纳网络上健康信息的一些基本想法和态度，从感知层面获取大家在采纳网络健康信息的时候，是否认为其中存在哪些风险？或者说，您是否因为担心某些不良影响而不从网上获取健康信息？

在本次访谈中，网络健康信息就是指"网络健康信息是指包括在网络环境中与人们身心健康、疾病、营养、养生等相关的一系列信息"；信息采纳是指"在使用互联网寻求可信的预防性健康信息作为增强个人健康知识的沟通渠道时，对信息进行有目的分析、评价、选择、接受和利用的过程"。

在访谈过程中，请您畅所欲言。你的观点只会用于科学研究，我会保障您在访谈中的所有隐私。非常感谢您能接受我的访谈！

二、说明情况

1.此次访谈完全出于您的自愿，如果您有什么不便，请告知我们。

2.在访谈过程中，您对问题的回答没有对错与好坏之分，您只须表达自己内心真实的想法和态度即可，尽管畅所欲言。

3.为了便于记录您的谈话内容，提高我们研究的准确度，此次访谈需要全程录音，录音材料不会对任何人公开，请您放心。

三、访谈问题

1.您是否曾在网络上获取过健康信息？

2.您觉得在网络上获取健康信息是否存在风险？如果有，都有哪些风险？

3.这些风险会给您带来什么样的损失？

4.如果有风险，那您为什么还要在网上获取健康信息？

5.您认为哪些原因导致了网络上健康信息存在风险？

附录二　网络健康信息风险感知量表问卷

尊敬的女士/先生：

您好！感谢您在百忙之中抽出时间参与本次调查问卷。本问卷旨在调查您在利用**网络健康信息（包括在网络环境中与人们身心健康、疾病、营养、养生等相关的一系列信息）**的过程中的对可能发生的风险的认知态度，以探究当前情况下影响互联网健康信息发展的制约因素。您的回答对于我们的研究具有非常重要的参考价值。本次问卷调查结果仅用于学术研究统计分析，您的个人数据绝对不会对外公开。

再次感谢您的支持和合作！祝您万事如意！

1.在您通过互联网获取健康信息的时候，请您对以下风险发生的可能性进行评价，在适当的分数上打钩"√"。

序号	指标	非常不可能	不太可能	有些不可能	有些可能	比较可能	非常可能
A1	网络中存在大量无用的健康信息，不能帮助我解决健康问题	1	2	3	4	5	6
A2	网络健康信息的内容重复，我需要看很多网页进行筛选	1	2	3	4	5	6
A3	网络健康信息存在风险，因为它与医生提供的信息存在矛盾	1	2	3	4	5	6
A4	网络健康信息存在风险，不同平台上发布的健康信息存在矛盾	1	2	3	4	5	6
A5	网络健康信息可能存在虚假信息，不真实	1	2	3	4	5	6
A6	网络健康信息存在风险，因为这些健康信息不准确	1	2	3	4	5	6

续表

序号	指标	非常 不可能	不太 可能	有些 不可能	有些 可能	比较 可能	非常 可能
A7	网络健康信息存在风险，因为信息发布者的资质（如：是否具有专业知识或职称，是否是正规医疗机构等）很难核实	1	2	3	4	5	6
A8	网络健康信息存在风险，因为健康信息的发布机构缺乏权威性	1	2	3	4	5	6
A9	网络健康信息存在风险，因为信息发布者发布信息的动机不明确	1	2	3	4	5	6
A10	网络健康信息可能包含没有明显标识的广告信息（医院广告、药商广告等）	1	2	3	4	5	6
A11	健康信息网页中会存在大量的广告，影响阅读体验	1	2	3	4	5	6
A12	网络健康信息存在风险，因为许多健康信息没有明确的信息来源	1	2	3	4	5	6
A13	我担心使用网络健康信息存在风险，因为这些健康信息已经过时	1	2	3	4	5	6
A14	健康信息网页的界面设计存在缺陷，看起来不正规或不专业	1	2	3	4	5	6
A15	获取网络健康信息时，我对于透露个人身份敏感信息（如性别，年龄，工作等个人基本信息）感到不安全	1	2	3	4	5	6
A16	获取网络健康信息时，我对于透露个人疾病敏感信息（如患病情况，用药记录等）感到不安全	1	2	3	4	5	6
A17	我担心我的健康信息检索记录可能会被未经授权的人员（如互联网服务商、广告商等）访问	1	2	3	4	5	6

续表

序号	指标	非常 不可能	不太 可能	有些 不可能	有些 可能	比较 可能	非常 可能
A18	使用网络健康信息会导致我丧失隐私权，因为我的个人信息可能在我不知情的情况下被使用	1	2	3	4	5	6
A19	我担心使用网络健康信息会使我失去对隐私数据的控制	1	2	3	4	5	6
A20	网络健康信息可能具有误导性	1	2	3	4	5	6
A21	基于低质量的网络健康信息，我可能会对我的健康做出错误的决定，从而延误治疗时机	1	2	3	4	5	6
A22	我在网络上获取高质量的健康信息比较费力	1	2	3	4	5	6
A23	我在解读、理解网络健康信息的时候比较吃力	1	2	3	4	5	6
A24	我通过网络获取健康信息会浪费时间，效率不高	1	2	3	4	5	6
A25	健康信息相关网页数量太多，找到目标信息比较困难	1	2	3	4	5	6
A26	网络健康信息可能会危害我的身体健康和正常生活	1	2	3	4	5	6
A27	使用文字交流的方式在网络上获取健康信息让我感觉不舒服	1	2	3	4	5	6
A28	网络健康信息会夸大病情和后果，使我经历不必要的紧张	1	2	3	4	5	6
A29	网络健康信息会让我感到心理上不舒服	1	2	3	4	5	6
A30	获取网络健康信息会带给我不必要的焦虑感	1	2	3	4	5	6
A31	我担心网络上医生在回答健康问题的时候不负责任，缺乏信誉	1	2	3	4	5	6

续表

序号	指标	非常 不可能	不太 可能	有些 不可能	有些 可能	比较 可能	非常 可能
A32	我担心获取网络健康信息会造成金钱损失	1	2	3	4	5	6
A33	我的朋友和家人对获取网络健康信息的态度会让我感到担忧	1	2	3	4	5	6
A34	我的医生对获取网络健康信息的态度会让我感到担忧	1	2	3	4	5	6

2.您的基本情况

（1）您的性别　　□男　　□女
（2）您的年龄　□18岁以下　□18—30岁　□31—40岁　□41—50岁　□51—60岁 □60岁以上
（3）教育背景　□普通高中/中专及以下　□高职/大专　□大学本科　□硕士　□博士
（4）您的职业　□学生　□军人/武警/警察　□农民　□公司职员　□政府公务员 □个体从业者　□教师　□律师　□医务人员　□自由职业者　□无业　□其他
（5）您每天使用互联网状况　□1—3小时　□3—5小时　□5—8小时　□8小时以上

附录三　网络健康信息风险感知作用机制调查问卷

尊敬的女士/先生：

您好！感谢您在百忙之中抽出时间参与本次调查问卷。本问卷旨在调查您对**网络健康信息（如疾病、营养、养生、运动等信息）的采纳行为（如检索、选择与利用信息等）**及影响因素。您的回答对于我们的研究具有非常重要的参考价值。本问卷采用**匿名**方式填写，您的个人数据绝对不会对外公开，**请不要遗漏任何项目**。感谢您的支持和合作！

（1）在获取网络健康信息时，请您对以下**风险发生的可能性**进行评价：						
指标	强烈不赞同	不赞同	比较不赞同	比较赞同	赞同	强烈赞同
我担心我检索健康信息的记录可能会被他人访问	1	2	3	4	5	6
我担心我的个人信息在不知情的情况下被使用	1	2	3	4	5	6
透露个人疾病信息（如患病情况，用药记录等）会使我感到不安全	1	2	3	4	5	6
透露个人身份信息（如性别，年龄，工作等）会使我感到不安全	1	2	3	4	5	6
我担心使用网络健康信息会使我失去对隐私数据的控制	1	2	3	4	5	6
使用网络获取健康信息会让我感到心理上不舒服	1	2	3	4	5	6
获取网络健康信息会带给我不必要的焦虑感	1	2	3	4	5	6

续表

网络健康信息会夸大病情和后果，使我经历不必要的紧张	1	2	3	4	5	6
我担心网络上医生在回答健康问题的时候不负责任	1	2	3	4	5	6
我的朋友和家人对获取网络健康信息的态度会对我产生影响	1	2	3	4	5	6
网络健康信息的发布机构缺乏权威性	1	2	3	4	5	6
网络上健康信息的发布动机不明确	1	2	3	4	5	6
网络健康信息与医生提供的信息存在矛盾	1	2	3	4	5	6
网络健康信息缺乏明确的信息来源	1	2	3	4	5	6
（2）请您对您**获取网络健康信息的能力**进行评价：	强烈不赞同	不赞同	比较不赞同	比较赞同	赞同	强烈赞同
我可以从网络上找到有用的健康信息	1	2	3	4	5	6
我可以利用网络健康信息解决自身健康问题	1	2	3	4	5	6
我有能力评估网络健康信息并分辨出高质量信息	1	2	3	4	5	6
我对应用网络信息做出健康相关决定充满自信	1	2	3	4	5	6
（3）请您对**网络健康信息的质量**进行评价：	强烈不赞同	不赞同	比较不赞同	比较赞同	赞同	强烈赞同
互联网提供准确的健康信息	1	2	3	4	5	6
互联网可以提供与我有关的健康信息	1	2	3	4	5	6
互联网可以满足我对健康信息的需求	1	2	3	4	5	6
互联网提供最新的健康信息	1	2	3	4	5	6
互联网提供高质量的健康信息	1	2	3	4	5	6

（4）请您对**未来使用网络健康信息的可能性**进行评价：	强烈不赞同	不赞同	比较不赞同	比较赞同	赞同	强烈赞同
在将来我愿意持续使用网络健康信息	1	2	3	4	5	6
在将来我愿意经常使用网络健康信息	1	2	3	4	5	6
我愿意把利用网络获取健康信息的方式推荐给其他人	1	2	3	4	5	6
（5）以下指标是您对**掌握自己健康状况**的看法，请您进行评价：	强烈不赞同	不赞同	比较不赞同	比较赞同	赞同	强烈赞同
我有信心，我能够积极改善自己的健康状况	1	2	3	4	5	6
我设定了一些明确的目标来改善自己的健康状况（如戒烟，运动等）	1	2	3	4	5	6
我积极努力改善自己的健康状况（如：采取更健康的生活方式）	1	2	3	4	5	6
（6）以下指标是对**网络健康信息的优势**的看法，请您进行评价：	强烈不赞同	不赞同	比较不赞同	比较赞同	赞同	强烈赞同
我认为使用网络健康信息很方便	1	2	3	4	5	6
我认为使用网络健康信息很省钱	1	2	3	4	5	6
我认为使用网络健康信息可以节省时间	1	2	3	4	5	6
我认为使用网络健康信息可以提高效率	1	2	3	4	5	6
（7）以下指标是关于您对**冒险行为**的看法，请您进行评价：	强烈不赞同	不赞同	比较不赞同	比较赞同	赞同	强烈赞同
我很喜欢尝试新奇的事物	1	2	3	4	5	6
有挑战性的任务令我感到兴奋	1	2	3	4	5	6
我更喜欢变化而不是维持现状	1	2	3	4	5	6

续表

一般来说,我比较容易接受风险	1	2	3	4	5	6
(8)请您对您获取网络健康信息的**态度**进行评价:	强烈不赞同	不赞同	比较不赞同	比较赞同	赞同	强烈赞同
我认为使用网络健康信息是一个好主意	1	2	3	4	5	6
我认为使用网络健康信息是一个明智的想法	1	2	3	4	5	6
在我看来,使用网络健康信息是积极的	1	2	3	4	5	6
(9)在获取网络健康信息时,请您评价**其他人的态度**对您的影响:	强烈不赞同	不赞同	比较不赞同	比较赞同	赞同	强烈赞同
对我很重要的人认为我应该使用网络健康信息	1	2	3	4	5	6
对我有影响的人认为我应该使用网络健康信息	1	2	3	4	5	6
那些意见对我有价值的人认为我应该使用网络健康信息	1	2	3	4	5	6
(10)请您对网络健康信息的**信任**程度进行评价:	强烈不赞同	不赞同	比较不赞同	比较赞同	赞同	强烈赞同
我知道网络健康信息是值得信任的	1	2	3	4	5	6
我相信网络健康信息提供了良好的服务	1	2	3	4	5	6
我相信网络健康信息可以帮助我管理个人健康	1	2	3	4	5	6

8.您的基本情况

(1)您的性别　　□男　　□女
(2)您的年龄是　□18岁以下　□18—30岁　□31—40岁　□41—50岁　□51—60岁　□60岁以上

（3）教育背景　□普通高中/中专及以下　□高职/大专　□大学本科　□硕士　□博士	
（4）您的职业　□学生　□公司职员　□政府公务员　□医务人员　□教师　□其他	
（5）您每天使用互联网时间是　□1—3小时　□3—5小时　□5—8小时　□8小时以上	
（6）您使用过哪些网络平台获取健康信息（多选）： □在线医疗平台（如丁香医生、好大夫在线）　□开放论坛（如天涯论坛、百度知道） □医学信息网（如搜狐健康、39健康网等）　□自媒体（如微博、微信、博客等） □医院官方网站	
（7）您在网上获取健康信息的目的是（多选）： □查询自己或家人的疾病症状信息　□获取治疗方案和副作用 □获取疾病最新的治疗方案　　　　□健康生活方式建议（如饮食、锻炼等） □了解疾病后期护理信息　　　　　□其他	
（8）网络健康信息对您会产生什么影响（单选）： □积极配合医生治疗　□质疑医生的治疗决定　□自己买药解决，不需要就医 □更加注重养生，按照网络建议采取健康的生活方式　□网络健康信息对我没有用处，不会有任何影响	

附录四　网络健康信息管理相关法律、 法规、规章内容摘录

法律、法规、规章	相关内容
《"健康中国2030"规划纲要》	加强健康医疗大数据相关法规和标准体系建设，强化国家、区域人口健康信息工程技术能力，制定分级分类分域的数据应用政策规范，推进网络可信体系建设，注重内容安全、数据安全和技术安全，加强健康医疗数据安全保障和患者隐私保护。加强互联网健康服务监管。
《国务院办公厅关于促进和规范健康医疗大数据应用发展的指导意见》	建立健全健康医疗大数据开放、保护等法规制度，强化标准和安全体系建设，强化安全管理责任，妥善处理应用发展与保障安全的关系，增强安全技术支撑能力，有效保护个人隐私和信息安全。
	强化健康医疗数字身份管理，建设全国统一标识的医疗卫生人员和医疗卫生机构可信医学数字身份、电子实名认证、数据访问控制信息系统，积极推进电子签名应用，逐步建立服务管理留痕可溯、诊疗数据安全运行、多方协作参与的健康医疗管理新模式。
	开展大数据平台及服务商的可靠性、可控性和安全性评测以及应用的安全性评测和风险评估，建立安全防护、系统互联共享、公民隐私保护等软件评价和安全审查制度。加强大数据安全监测和预警，建立安全信息通报和应急处置联动机制，建立健全"互联网＋健康医疗"服务安全工作机制，完善风险隐患化解和应对工作措施，加强对涉及国家利益、公共安全、患者隐私、商业秘密等重要信息的保护，加强医学院、科研机构等方面的安全防范。
《中华人民共和国刑法》	侵犯公民个人信息罪、拒不履行信息网络安全管理义务罪。
《中华人民共和国侵权责任法》	第六十二条　医疗机构及其医务人员应当对患者的隐私保密。泄露患者隐私或者未经患者同意公开其病历资料，造成患者损害的，应当承担侵权责任。

法律、法规、规章	相关内容
《中华人民共和国基本医疗卫生与健康促进法》	第四条　国家和社会尊重、保护公民的健康权。国家实施健康中国战略，普及健康生活，优化健康服务，完善健康保障，建设健康环境，发展健康产业，提升公民全生命周期健康水平。国家建立健康教育制度，保障公民获得健康教育的权利，提高公民的健康素养。
	第四十九条　国家推进全民健康信息化，推动健康医疗大数据、人工智能等的应用发展，加快医疗卫生信息基础设施建设，制定健康医疗数据采集、存储、分析和应用的技术标准，运用信息技术促进优质医疗卫生资源的普及与共享。
	第六十七条　各级人民政府应当加强健康教育工作及其专业人才培养，建立健康知识和技能核心信息发布制度，普及健康科学知识，向公众提供科学、准确的健康信息。医疗卫生、教育、体育、宣传等机构、基层群众性自治组织和社会组织应当开展健康知识的宣传和普及。医疗卫生人员在提供医疗卫生服务时，应当对患者开展健康教育。新闻媒体应当开展健康知识的公益宣传。健康知识的宣传应当科学、准确。
	第九十二条　国家保护公民个人健康信息，确保公民个人健康信息安全。任何组织或者个人不得非法收集、使用、加工、传输公民个人健康信息，不得非法买卖、提供或者公开公民个人健康信息。
《互联网信息服务管理办法》	第六条　从事经营性互联网信息服务，除应当符合《中华人民共和国电信条例》规定的要求外，还应当具备下列条件：（一）有业务发展计划及相关技术方案；（二）有健全的网络与信息安全保障措施，包括网站安全保障措施、信息安全保密管理制度、用户信息安全管理制度；（三）服务项目属于本办法第五条规定范围的，已取得有关主管部门同意的文件。
《互联网诊疗管理办法（试行）》	第三条　国家对互联网诊疗活动实行准入管理。
	第十二条　医疗机构开展互联网诊疗活动应当符合医疗管理要求，建立医疗质量和医疗安全规章制度。
	第十三条　医疗机构开展互联网诊疗活动，应当具备满足互联网技术要求的设备设施、信息系统、技术人员以及信息安全系统，并实施第三级信息安全等级保护。

续表

法律、法规、规章	相关内容
《互联网诊疗管理办法（试行）》	第二十条　医疗机构应当严格执行信息安全和医疗数据保密的有关法律法规，妥善保管患者信息，不得非法买卖、泄露患者信息。发生患者信息和医疗数据泄露后，医疗机构应当及时向主管的卫生健康行政部门报告，并立即采取有效应对措施。
《互联网医院管理办法（试行）》	第六条　实施互联网医院准入前，省级卫生健康行政部门应当建立省级互联网医疗服务监管平台，与互联网医院信息平台对接，实现实时监管。
	第十五条　互联网医院信息系统按照国家有关法律法规和规定，实施第三级信息安全等级保护。
	第十六条　在互联网医院提供医疗服务的医师、护士应当能够在国家医师、护士电子注册系统中进行查询。互联网医院应当对医务人员进行电子实名认证。鼓励有条件的互联网医院通过人脸识别等人体特征识别技术加强医务人员管理。
	第十七条　第三方机构依托实体医疗机构共同建立互联网医院的，应当为实体医疗机构提供医师、药师等专业人员服务和信息技术支持服务，通过协议、合同等方式明确各方在医疗服务、信息安全、隐私保护等方面的责权利。
	第二十三条　互联网医院应当严格执行信息安全和医疗数据保密的有关法律法规，妥善保管患者信息，不得非法买卖、泄露患者信息。发生患者信息和医疗数据泄露时，医疗机构应当及时向主管的卫生健康行政部门报告，并立即采取有效应对措施。
	第二十八条　互联网医院应当建立互联网医疗服务不良事件防范和处置流程，落实个人隐私信息保护措施，加强互联网医院信息平台内容审核管理，保证互联网医疗服务安全、有效、有序开展。
《人口健康信息管理办法（试行）》	第十六条　责任单位应当做好人口健康信息安全和隐私保护工作，按照国家信息安全等级保护制度要求，加强建设人口健康信息相关系统安全保障体系，制定安全管理制度、操作规程和技术规范，保障人口健康信息安全。利用单位和个人应当按照授权要求，做好所涉及的人口健康信息安全和隐私保护工作。
	第十八条　责任单位应当建立痕迹管理制度，任何建立、修改和访问人口健康信息的用户，都应当通过严格的实名身份鉴别和授权控制，做到其行为可管理、可控制、可追溯。

法律、法规、规章	相关内容
《医疗机构病历管理规定》	第六条　医疗机构及其医务人员应当严格保护患者隐私，禁止以非医疗、教学、研究目的泄露患者的病历资料。
《互联网药品信息服务管理办法》	第九条　提供互联网药品信息服务网站所登载的药品信息必须科学、准确，必须符合国家的法律、法规和国家有关药品、医疗器械管理的相关规定。
	第十条　提供互联网药品信息服务的网站发布的药品（含医疗器械）广告，必须经过食品药品监督管理部门审查批准。 提供互联网药品信息服务的网站发布的药品（含医疗器械）广告要注明广告审查批准文号。
《医疗广告管理办法》	第三条　医疗机构发布医疗广告，应当在发布前申请医疗广告审查。未取得《医疗广告审查证明》，不得发布医疗广告。
	第五条　非医疗机构不得发布医疗广告，医疗机构不得以内部科室名义发布医疗广告。
	第十五条　禁止利用新闻报道形式、医疗资讯服务类专题节（栏）目或以介绍健康、养生知识等形式发布或变相发布医疗广告。
《电子病历基本规范（试行）》	第十三条　电子病历系统应当满足国家信息安全等级保护制度与标准。严禁篡改、伪造、隐匿、抢夺、窃取和毁坏电子病历。
	第二十四条　电子病历数据应当保存备份，并定期对备份数据进行恢复试验，确保电子病历数据能够及时恢复。当电子病历系统更新、升级时，应当确保原有数据的继承与使用。
	第二十五　条医疗机构应当建立电子病历信息安全保密制度，设定医务人员和有关医院管理人员调阅、复制、打印电子病历的相应权限，建立电子病历使用日志，记录使用人员、操作时间和内容。未经授权，任何单位和个人不得擅自调阅、复制电子病历。
《卫生行业信息安全等级保护工作的指导意见》	国家信息安全等级保护制度将信息安全保护等级分为五级：第一级为自主保护级，第二级为指导保护级，第三级为监督保护级，第四级为强制保护级，第五级为专控保护级。重要卫生信息系统安全保护等级原则上不低于第三级。

后 记

2006年，我进入武汉大学图书馆学专业开始学习。本科、硕士六年的学习时间里，我登上过樱园山顶的老图书馆，一览武汉大学美景；也曾在图书馆总馆书库的海洋中流连忘返，更在专业老师的言传身教中，体会着"智慧与服务"的文华精神在新时代的传承和发展。

从本科学习时起，我就非常关注互联网技术的发展对人们信息获取的影响。随着越来越多的人依赖网络获取健康信息，网络健康信息的优势不断呈现，如方便、快捷、免费等。但同时，它存在的一些弊病，如质量不高、来源不明、缺乏规范等问题也备受诟病。我关注过生物医学期刊的开放存取分布及质量，关注过网络健康信息的质量评价，也关注过网络医学信息的可获取性是如何影响医学研究的可重复性的，但这些研究更多的是从信息服务工作人员的角度出发。直到2015年"魏则西事件"后，我才意识到，从网络健康信息用户的角度去研究他们眼中的网络健康信息质量和获取问题，才是解决网络健康信息发展的全新视角。因此，2015年我重新回到校园，在陈传夫教授门下攻读博士学位。我怀着极大的热情和爱好去研究网络健康信息，希望能发现其中存在的问题，了解人们是如何应用它们，以及图书馆人如何为用户提供精准的网络健康信息服务。

2016—2017年是我国卫生与健康事业发展新的转折点。国家先后提出了"健康中国2030""互联网＋医疗健康"等顶层规划，引领网络健康信息的综合性治理。在这一背景下，我与导师商讨，在吸收博士论文开题报告会专家建议的基础上，将论文选题定为"网络健康信息风险感知研究"。在博士学位论文的写作中，我学习并借鉴了信息行为领域、健康管理领域的相关研究视角和研究方法，从风险感知的角度入手，研究阻碍用户采纳网络健康信息的影响因素。我希望借助关于中国公众对网络健康风险的感知及其对网络健康信息采纳的影响机制的研究，为理解用户对网络健康信息的采纳效率和决策机制提供新的视角，促进网络健康信息生态环境的优化、有效传播和利用，助力健康国民的发展和健康中国的建设。

非常感谢陈老师，一直很坚定地支持我的研究方向，为我把舵领航。也非常感谢在我的论文写作过程中，给予我帮助的同学、老师和家人。

2018年5月26日，我的博士学位论文顺利通过答辩。答辩结束后，我的这篇博士论文得到武汉大学信息管理学院的推荐，并经过专家评议，最终获得中国图书馆学会编译出版委员会的择优推荐，得以作为《图书情报与档案管理博士文库》第一批图书，在国家图书馆出版社出版。感谢我的责编高爽，耐心细致地帮助我进行成书的打磨。经过近两年的修订，终于在2020年得以正式出版。

图书的出版并不意味着研究的终结，很多问题还有待做进一步的探索研究。如今，作为一名图书馆学专业的教师，我也希望将我从导师和武汉大学图书馆学专业那里学来的知识传递给我的学生，利用所学为中国图书馆事业的发展贡献力量。

赵蕊菡

于2020年10月